军队高等教育自学考试教材
计算机信息管理专业（专科）

信息系统灾难恢复基础

马军生　马建锋　主　编

国防工业出版社
·北京·

内 容 简 介

随着信息化程度的提高,信息系统灾难带来的损失日益增大。减少信息系统灾难对社会的危害和人民财产带来的损失,保证信息系统所支持的关键业务能在灾害发生后及时恢复并继续运作成为信息安全领域的重要研究方向。世界各国政府、组织、机构和企业都投入巨资进行包括信息系统安全保障、安全事件应急响应、系统灾难恢复等内容的信息系统灾难防御体系研究和建设。

本书系统介绍了信息系统灾难恢复的发展过程、定义、概念、法规和规划实施方法、步骤,介绍了信息系统灾难恢复的相关知识,包括存储设备、存储系统、网络存储和硬盘数据恢复知识。

本书根据军队高等教育自学考试计算机信息管理(专科)《信息系统灾难恢复基础自学考试大纲》的要求编写,可作为参加全军自学考试计算机信息管理专业(专科)课程考试的学习参考书,也可供学习信息系统灾难恢复相关知识的人员参考。

图书在版编目(CIP)数据

信息系统灾难恢复基础/马军生,马建锋主编.—北京:国防工业出版社,2019.11
ISBN 978-7-118-11993-0

Ⅰ.①信… Ⅱ.①马… ②马… Ⅲ.①信息系统—安全技术 Ⅳ.①TP309

中国版本图书馆 CIP 数据核字(2019)第 258158 号

※

*国防工业出版社*出版发行
(北京市海淀区紫竹院南路23号 邮政编码100048)
三河市腾飞印务有限公司印刷
新华书店经售

*

开本 787×1092 1/16 印张 7.5 字数 335 千字
2019年11月第1版第1次印刷 印数1—4000册 定价 59.00 元

(本书如有印装错误,我社负责调换)

国防书店:(010)88540777 发行邮购:(010)88540776
发行传真:(010)88540755 发行业务:(010)88540717

本册编审人员

主　编　马军生　马建锋

副主编　朱　敏　刘明星

编　写　姜　晨　董长富

前　言

本书从信息系统的基本概念入手,系统介绍了存储系统与设备、网络存储技术、硬盘数据恢复技术等知识。在讲解灾难恢复基础知识,系统介绍了灾难恢复规划和实施。读者可以利用本书中的知识和方法去解决实际应用中的常见问题。通过阅读本书,读者可全面地了解灾难恢复系统的基础知识以及灾难恢复系统的建设,掌握常用的灾难恢复策略与解决方案。

本书共分6章。第一章"绪论"介绍信息系统的基本概念,信息系统灾难恢复现状以及信息系统灾难恢复的基础知识。通过阅读本章内容,读者可在认识信息系统基础上,学习信息系统灾难建设发展状况,基本概念和相关知识,认知灾难恢复系统建设的意义。

第二章存储系统与设备,介绍了存储系统的层次结构、文件系统、存储设备,重点介绍了磁盘存储系统。信息系统中数据的基本载体是存储设备,在存储设备中用得最多的存储介质是硬盘,因此重点介绍了硬盘存储设备。本章通过介绍存储系统和设备,为数据恢复打下基础。

第三章网络存储技术,在讲解直接附加存储、网络附加存储和存储区域网络的基础上,介绍了目前流行的虚拟化存储技术和云存储技术。网络存储是目前数据机房中主要的存储架构,灾难恢复建设中数据备份与恢复中数据流主要通过网络进行流动,学习网络存储结构能更好地理解灾备系统建设中数据备份与恢复数据的流向。

第四章数据恢复技术介绍了数据恢复基础知识,重点讲解硬盘数据恢复技术,最后介绍了 EasyRecovery 和 Ghost 两个硬盘数据恢复软件的使用方法。硬盘数据常常会出现人为误操作,硬盘损坏导致数据丢失。本章帮助读者了解硬盘的基本知识和维护方法,学会简单的硬盘数据恢复与系统修复。

第五章数据备份与灾难恢复技术主要介绍数据备份的基础知识、数据备份技术和主要数据备份方式。讲解了灾难备份方案设计、备用数据处理系统和备用网络系统。数据备份是系统容灾的基础。数据安全的基础是数据备份、备份、再备份,只有做好数据备份,在灾难发生时才能有效地恢复数据。

第六章灾难恢复规划和实施，按灾难恢复需求与计划、灾难恢复策略、灾难备份中心的建设、灾难恢复的组织及流程管理，从需求、技术和管理三个方面介绍了灾难恢复规划与实施。通过学习本章，读者可了解灾难恢复需求计划、策略制定、灾难恢复建设、组织管理、技术支持、维护管理、预案实现等容灾备份中心运营维护的知识。为从事信息系统灾难恢复工作打下基础。

本书编写人员与分工：马军生副教授负责统稿并编写第五章和第六章，马建锋副教授制定了全书的编写计划并对内容进行了审定，董长富副教授编写了第一章，朱敏副教授编写了第二章，刘明星讲师编写了第三章，姜晨讲师编写了第四章。在本书编写过程中，得到了全军自学考试命题中心同志的大力支持，在此表示衷心的感谢。

编　者

2019 年 7 月

目 录

信息系统灾难恢复基础自学考试大纲

Ⅰ. 课程性质与课程目标 ………………………………………………………… 3

Ⅱ. 考核目标 ……………………………………………………………………… 3

Ⅲ. 课程内容与考核要求 ………………………………………………………… 4

Ⅳ. 实践环节 ……………………………………………………………………… 8

Ⅴ. 关于大纲的说明与考核实施要求 …………………………………………… 8

附录1 题型举例 ………………………………………………………………… 10

附录2 参考样卷 ………………………………………………………………… 11

第一章 绪 论

第一节 信息系统的基本概念 …………………………………………………… 15
    一、软件资源 …………………………………………………………………… 16
    二、计算资源 …………………………………………………………………… 16
    三、网络资源 …………………………………………………………………… 17
    四、存储资源 …………………………………………………………………… 18

第二节 信息系统灾难恢复和现状 ……………………………………………… 19
    一、国外灾难恢复的发展状况 ………………………………………………… 19
    二、国内灾难恢复的发展概况 ………………………………………………… 20

第三节 信息系统灾难恢复概述 ………………………………………………… 22
    一、信息安全与灾难恢复 ……………………………………………………… 22

  二、信息系统灾难恢复的概念和意义 ………………………………………… 22
  三、信息系统灾难恢复有关术语 …………………………………………… 25
  四、灾难恢复的层次和目标 ………………………………………………… 27
本章小结 ……………………………………………………………………………… 28
作业题 ………………………………………………………………………………… 29

第二章　存储系统与设备

第一节　存储系统 …………………………………………………………………… 30
  一、存储系统概述 …………………………………………………………… 30
  二、存储层次结构 …………………………………………………………… 31
  三、文件系统 ………………………………………………………………… 32
第二节　存储设备 …………………………………………………………………… 35
  一、机械硬盘 ………………………………………………………………… 35
  二、固态硬盘 ………………………………………………………………… 42
  三、光盘存储 ………………………………………………………………… 44
  四、优盘存储 ………………………………………………………………… 46
  五、磁带存储 ………………………………………………………………… 47
第三节　磁盘阵列存储 ……………………………………………………………… 50
  一、磁盘阵列(RAID)技术原理 …………………………………………… 50
  二、RAID 级别 ……………………………………………………………… 54
  三、不同 RAID 级别的对比 ………………………………………………… 65
  四、RAID 数据保护 ………………………………………………………… 66
第四节　存储阵列技术 ……………………………………………………………… 69
  一、存储阵列系统架构 ……………………………………………………… 69
  二、存储阵列高可靠性技术 ………………………………………………… 69
第五节　高级数据存储与保护技术 ………………………………………………… 73
  一、自动精简技术 …………………………………………………………… 73
  二、分层存储技术 …………………………………………………………… 74
  三、重复数据删除技术 ……………………………………………………… 77
  四、快照技术 ………………………………………………………………… 78
  五、远程复制技术 …………………………………………………………… 80
  六、LUN 复制技术 …………………………………………………………… 82
本章小结 ……………………………………………………………………………… 83
作业题 ………………………………………………………………………………… 83

第三章　网络存储技术

第一节　直连式存储技术及应用 …………………………………………………… 87
  一、直连式存储技术概述 …………………………………………………… 87

二、直连式存储技术实现 ·· 88
第二节　网络附加存储技术及应用 ·· 88
　　一、网络附加存储技术概述 ·· 89
　　二、网络附加存储网络 ·· 91
　　三、网络附加存储的文件共享协议 ·· 95
第三节　存储区域网络技术及应用 ·· 97
　　一、存储区域网络技术概述 ·· 97
　　二、存储区域网络的组成与部件 ·· 99
　　三、FC-SAN ·· 101
　　四、IP-SAN ·· 102
　　五、SAN 与 NAS 的区别 ·· 104
第四节　云存储技术 ·· 105
　　一、云存储 ·· 105
　　二、云存储技术应用 ·· 106
本章小结 ·· 110
作业题 ·· 110

第四章　数据恢复技术

第一节　数据恢复基础 ·· 113
　　一、数据恢复的定义 ·· 113
　　二、数据恢复的原则 ·· 113
　　三、数据恢复的步骤 ·· 114
第二节　软件级数据恢复 ·· 115
　　一、软故障的定义 ·· 115
　　二、软件级数据恢复流程 ·· 115
　　三、软件级数据恢复关键步骤详解 ·· 116
第三节　硬件级数据恢复 ·· 127
　　一、硬故障的定义 ·· 127
　　二、硬件级数据恢复流程 ·· 127
　　三、硬件级数据恢复关键步骤详解 ·· 128
本章小结 ·· 131
作业题 ·· 131

第五章　数据备份与灾难恢复技术

第一节　数据备份 ·· 133
　　一、数据备份概念、目的和意义 ·· 133
　　二、数据备份类型及策略 ·· 135
　　三、备份系统 ·· 137

四、备份场景 ··· 139
　　五、备份和恢复流程 ··· 140
第二节　主要数据备份架构 ··· 142
　　一、DAS-Base 结构 ··· 142
　　二、LAN-Base 结构 ··· 143
　　三、LAN-Free 结构 ··· 144
　　四、Server-Free 结构 ······································· 145
第三节　灾难备份方案设计 ··· 146
　　一、基于备份恢复软件的灾难备份方案 ······················ 146
　　二、基于数据库的数据复制灾难备份方案 ···················· 147
　　三、基于专用存储设备的数据复制灾难备份方案 ············· 147
　　四、基于主机的数据复制灾难备份方案 ······················ 148
　　五、基于磁盘的数据复制灾难备份方案 ······················ 148
本章小结 ··· 149
作业题 ··· 150

第六章　灾难恢复规划和实施

第一节　灾难恢复需求与计划 ······································· 152
　　一、需求分析的必要性和特点 ································ 152
　　二、风险分析 ·· 153
　　三、业务影响分析 ··· 160
　　四、需求分析的结论 ··· 164
第二节　灾难恢复策略 ··· 164
　　一、成本效益分析 ··· 164
　　二、灾难恢复资源 ··· 169
　　三、灾难恢复等级 ··· 170
　　四、同城和异地 ·· 175
　　五、灾难恢复策略的制定方法 ································ 176
第三节　灾难恢复建设 ··· 177
　　一、灾难恢复建设的内容与流程 ····························· 177
　　二、灾难恢复建设的基本原则 ································ 179
　　三、灾难恢复建设的模式 ···································· 179
第四节　灾难备份中心建设 ··· 185
　　一、建设灾难备份中心的重要意义 ··························· 185
　　二、灾备中心选址 ··· 185
　　三、灾难备份中心基础设施的要求 ··························· 186
第五节　灾难恢复的组织管理 ······································· 188
　　一、灾难恢复的组织机构 ···································· 188

二、灾难恢复组织的外部协助 …………………………………………… 189
　第六节　灾难恢复技术支持和运行维护 …………………………………… 189
　　一、技术支持和运行维护的目标和体系构成 …………………………… 189
　　二、技术支持和运行维护的组织结构 …………………………………… 190
　　三、灾难备份中心运行维护的内容和制度管理 ………………………… 191
　第七节　灾难恢复预案的实现 ……………………………………………… 192
　　一、灾难恢复预案的内容 ………………………………………………… 192
　　二、灾难恢复预案的管理 ………………………………………………… 194
　　三、灾难恢复预案的培训 ………………………………………………… 197
　　四、灾难恢复预案的演练 ………………………………………………… 198
本章小结 ………………………………………………………………………… 204
作业题 …………………………………………………………………………… 205
附录　信息系统灾难恢复规范 ………………………………………………… 208
参考文献 ………………………………………………………………………… 223
作业题参考答案 ………………………………………………………………… 225

军队高等教育自学考试
计算机信息管理专业（专科）

信息系统灾难恢复基础
自学考试大纲

Ⅰ．课程性质与课程目标

一、课程性质与特点

信息系统灾难恢复基础是高等教育自学考试计算机信息管理专业（专科）考试计划中规定的必考课程，是为了满足计算机及应用领域的人才培养需求而设置的专业教育课程。设置本课程的目的是使考生掌握信息存储系统的基本概念、组织结构、数据恢复的基本方法、容灾备份系统的架构，了解数据备份和灾难恢复规划与实施的流程，为今后从事计算机信息管理和设备运维打下必备的基础。

二、课程目标

通过本课程的学习，考生应达到以下目标。

（1）了解信息系统中数据安全的重要性，认识到数据备份与灾难恢复系统建设的必要性。掌握存储、备份和容灾的基本概念、作用和意义，识别常用的数据备份和灾难恢复软件的类型。

（2）通过学习存储介质，了解存储的类型和分类，掌握磁盘组织数据的方法，描绘各类 RAID 系统磁盘的组织方式。

（3）了解网络存储系统的基本概念和 DAS、SAN、NAS 系统的组成。掌握存储高级技术的实现方法。

（4）了解数据恢复的基本原理，能用工具软件进行磁盘数据恢复。

（5）了解数据备份系统的组成、备份类型与策略、主要备份架构。掌握容灾备份系统的组网方式。

（6）了解灾难备份中心的选址和建设原则、灾难恢复组织与策略制定的流程、灾难恢复需求确定的原则，容灾系统等级的划分，掌握灾难恢复的技术方案，能拟制简单灾难恢复预案。

三、与相关课程的联系与区别

本课程的学习需要考生具备管理信息系统、计算机与网络技术基础、计算机应用技术等基础知识。因此，考生在学习本课程之前需先完成管理信息系统、计算机与网络技术基础、计算机应用技术等课程的学习。

四、课程的重点和难点

本课程的重点是信息存储系统的基础知识、容灾备份系统的概念和组织形式、数据恢复技术。难点是磁盘系统的存储技术、容灾备份系统的组织形式及相关技术的原理。

Ⅱ．考 核 目 标

本大纲在考核目标中，按照识记、领会和应用三个层次规定其应达到的能力要求。三个能力层次是递升的关系,后者必须建立在前者的基础上。各能力层次的含义如下。

识记(Ⅰ):要求考生能够识别和记忆本课程中有关信息系统灾难恢复的概念性内容(如磁盘的相关术语、盘片、磁道、柱面、簇等),并能够根据考核的不同要求,做出正确的判断、描述和解释。

领会(Ⅱ):要求考生能够领悟信息系统灾难恢复中的基本概念、基本原理、主要存储结构、备份策略等内涵、原理与技术,理解信息系统灾难恢复的方法、流程、架构等,并能根据考核的不同要求,做出正确的判断、描述和解释。

应用(Ⅲ):要求考生根据已知信息系统灾难恢复的基本概念、基本原理等基础知识,分析和解决应用问题。例如,不同 RAID 系统的应用场景、备份策略的实现等。

Ⅲ. 课程内容与考核要求

第一章 绪 论

一、学习目的与要求

本章学习的目的是要求考生认识信息系统的组成,了解灾难恢复系统国内外发展状况。理解灾难恢复系统和建设的意义,与信息系统灾难恢复的有关术语,认识灾难恢复的层次和目标。

二、课程内容

(1) 信息系统的概念与组成。
(2) 信息系统灾难恢复国内外发展状况。
(3) 信息系统灾难恢复的概念和建设意义。
(4) 信息系统灾难恢复有关术语。
(5) 灾难恢复的层次和目标。

三、考核内容与考核要求

1. 信息系统的基本概念

识记:软件资源、计算资源、网络资源和存储资源概念;软件资源的分类,计算资源的组成,网络架构,存储资源的组成。

领会:信息系统的组成。

2. 信息系统灾难恢复知识

识记:灾难的概念及来源;灾难恢复、灾难备份、灾难恢复预案、灾难恢复规划、灾难恢复能力、数据中心、灾难备份中心的概念。

领会:信息灾难恢复系统建设的重要性,灾难恢复的层次和目标。

四、本章重点、难点

本章重点是灾难恢复的有关术语。难点是数据备份与灾难恢复系统的层次和目标。

第二章　存储系统与设备

一、学习目的与要求

本章学习的目的是要求考生了解存储系统的物理组成和逻辑结构,存储介质的分类与组成。掌握机械硬盘与固态硬盘的结构及原理。理解 RAID 技术及等级划分,RAID、LUN 以及逻辑卷之间的关系,各类 RAID 的实现原理,RAID 的数据保护技术。理解高级数据存储与保护技术。

二、课程内容

（1）存储系统的组成。

（2）基本存储设备。

（3）RAID 基本概念。

（4）RAID 技术。

（5）存储阵列技术。

（6）高级数据存储与保护而技术。

三、考核内容与考核要求

识记:存储资源、存储的层次结构;RAID 概念、条带、条带深度、热备盘、失效重构、预复制。

领会:硬盘的机械结构与逻辑结构、固态硬盘的存储原理、存储阵列系统;各级别 RAID 的原理、组织形式、实现方式。自动精简技术、分层存储技术、重复删除技术、快照技术、复制技术、LUN 复制技术的概念。

应用:RAID 配置方法、计算 RAID 容量、磁盘阵列配置方法。

四、本章重点、难点

本章重点是硬盘存储的机械结构与逻辑结构、存储阵列系统的组成,RAID 级别的数据组织方式。难点是 RAID 0、RAID 1、RAID 5、RAID 6 的容错方式和容量计算,高级存储技术与数据保护技术。

第三章　网络存储技术

一、学习目的与要求

本章学习的目的是要求考生了解 DAS 的基本概念、类型、原理和特点,SAN 组件、光纤通道的框架,NAS 的组成与部件,NAS 与 SAN 的区别。理解多路径问题,掌握 SAN 的组网方式、光纤的工作方式、CIFS/NFS 协议,SAN、NAS 的配置方法。

二、课程内容

（1）DAS 基本概念、类型、原理。

（2）SAN 组件、组网方式、多路径问题。

（3）FC-SAN、IP-SAN 的区别及应用场景。

（4）NAS 组成与部件、NAS 与 SAN 的区别。

（5）NAS 文件共享协议、CIFS/NFS 协议。
（6）云存储技术及应用。

三、考核内容与考核要求

识记：DAS、SAN、NAS 的概念以及三者的区别，网络存储的组成与部件，云存储的概念。

领会：DAS 技术、SCSI 协议、SAN 组网、FC SAN 与 IP SAN 的区别与应用背景、FC 协议和 CIFS/NFS 协议。

应用：SAN 组网配置方法和 NAS 配置方法。

四、本章重点、难点

本章重点是 SAN 与 NAS 的网络组件、组网方式，IP SAN、FC SAN、NAS 的配置步骤。难点是网络存储的相关协议，包括 CIFS 协议和 NFS 协议。

第四章 数据恢复技术

一、学习目的与要求

本章学习的目的是要求考生了解数据恢复的概念、数据恢复原理、服务范围、组织原则和通用标准，掌握硬盘数据恢复技术，具备数据恢复的实施能力，利用工具软件完成常见文件系统的数据逻辑恢复。

二、课程内容

（1）数据恢复的概念、原理、原则。
（2）数据恢复的步骤与操作规范、通用标准。
（3）硬盘数据恢复技术。
（4）数据恢复工具与方法。

三、考核内容与考核要求

识记：数据恢复的概念、原理、服务范围与原则。

领会：硬盘的逻辑结构、日常维护方法。

应用：利用工具软件进行硬盘数据逻辑恢复。

四、本章重点、难点

本章重点是数据恢复的概念、原则，以及硬盘数据恢复技术。难点是利用工具软件进行硬盘的数据逻辑恢复。

第五章 数据备份与灾难恢复技术

一、学习目的与要求

本章学习的目的是要求考生理解容灾备份的基本概念，主要了解数据备份架构，掌握备份系统的组成、备份组网的结构及备份类型，灾难备份方案。

二、课程内容

（1）数据备份的概念、目的、意义。

(2) 备份类型与策略。
(3) 备份系统组成、备份与恢复的流程。
(4) 数据备份架构。
(5) 灾难备份方案。

三、考核内容与考核要求

识记:备份概念、备份类型、备份系统组成、备份恢复流程。
领会:备份策略、备份方案、备份的架构及优缺点。
应用:灾难备份系统方案的应用场景。

四、本章重点、难点

本章重点是备份类型、策略、备份系统组网方式。难点是灾难备份系统的方案设计及应用场景。

第六章 灾难恢复规划和实施

一、学习目的与要求

本章学习的目的是要求考生了解灾难恢复的组织管理,熟悉灾难恢复需求的确定,容灾备份中心的选址与建设,掌握灾难备份系统技术方案的设计、技术支持与运维能力,灾难恢复策略与预案的制定。

二、课程内容

(1) 灾难恢复需求与计划。
(2) 灾难恢复策略。
(3) 灾难恢复建设。
(4) 灾难备份中心建设。
(5) 灾难恢复的组织管理。
(6) 灾难恢复技术支持和运行维护。
(7) 灾难恢复预案的实现。

三、考核内容与考核要求

识记:灾难风险分析方法,灾难恢复的成本效益,灾难恢复资源;灾难备份中心同城异地的含义和优缺点。灾难恢复的组织机构、内容、流程、灾难恢复建设的基本原则与模式;业务影响分析;灾难备份中心选址原则及基础设施的要求。
领会:灾难对业务的影响,灾难恢复中的 RTO/RPO 指标,灾难需求分析,灾难恢复策略的制定方法,灾难备份系统技术方案的设计。
应用:合理确定数据中心的容灾等级;灾难恢复预案的实现。

四、本章重点、难点

本章重点是灾难恢复策略的制定,灾难备份系统技术方案的实现;难点是灾难恢复等级的划分。

Ⅳ. 实 践 环 节

一、类型
课程实验。

二、目的与要求
通过上机实验加深对课程内容的理解,提高设备配置与操作能力,全面掌握所学知识。

要求能按照实验要求正确配置设备,给出操作的主要步骤。能分析排除实验中的问题,写出实验报告。

三、与课程考试的关系
本课程实验必须在课程笔试前完成,以促进学习者掌握课程内容。实验考试应在课程笔试后择时进行,考生在规定时间内完成题目要求,写出实验报告。

四、实验大纲
结合实验学习本课程主要是加深对所学知识的理解与掌握,以下实验在考生学习过程结合所学内容进行,考虑到考生的实验条件,以下实验都可以通过软件模拟实现。

(1) RAID 的配置。掌握软件 RAID 和硬件 RAID 的配置方法。

(2) IP SAN 配置实验。利用 Windows Server Storage 或者 FreeNAS 提供的服务,通过 iSCSI 协议完成 IP SAN 配置。

(3) NAS 配置实验。通过虚拟机,利用 FreeNAS 或者 Openfile 软件完成实验配置。

(4) 单机系统恢复实验。本实验通过 WinPE 和 Acronis True Image 软件完成单机系统出现问题时,进行系统的恢复。

(5) 网络数据备份恢复实验。利用 Symantec Backup Exec 软件完成数据备份与恢复实验,掌握备份软件的安装、配置与备份策略制定。

(6) 双机热备实验。利用联想 SureHA 软件配置磁盘镜像双机热备实验。

(7) 数据恢复实验。利用常用恢复软件如 Final Data、EasyRecovery 等恢复误删除或误格式化的文件。

Ⅴ. 关于大纲的说明与考核实施要求

一、自学考试大纲的目的和作用
课程自学考试大纲是根据专业自学考试计划的要求,结合自学考试的特点来制定。其目的是对个人自学、单位助学和课程考试命题进行指导和规定。

课程自学考试大纲明确了课程自学内容及其深度和广度,规定出课程自学考试的范围和标准,是编写自学考试教材的依据,是单位助学的依据,是个人自学的依据,也是进行自学考试命题的依据。

二、关于自学教材与参考书

［1］马军生,等.信息系统灾难恢复基础［M］.北京:国防工业出版社,2019.

［2］中国信息安全测评中心.信息系统灾难恢复基础［M］.北京:航空工业出版社,2009.

［3］林康平,孙杨.数据存储技术［M］.北京:人民邮电出版社,2017.

三、关于考核内容及考核要求的说明

（1）课程中各章的内容均由若干知识点组成,在自学考试命题中知识就是考核点。因此,课程自学考试大纲所规定的考核内容是以分解为考核知识点的形式给出的。因各知识点在课程中的地位、作用以及知识自身的特点不同,自学考试将对各知识点分别按三个认知层次确定其考核要求(认知层次的具体描述请参看Ⅱ考核目标)。

（2）按照重要程度不同,考核内容分为重点内容和一般内容。为有效地指导个人自学和单位助学,本大纲已指明了课程的重点和难点,在各章的"学习目的与要求"中也指明了本章内容的重点和难点。在本课程试卷中重点内容所占分值一般不少于60%。

本课程共5学分。

四、关于自学方法的指导

信息系统灾难恢复基础作为计算机信息管理(专科)的专业教育课,内容多,难度大,对于考生理解问题的能力,逻辑性思维有着比较高的要求,要取得好的学习效果,请注意以下事项。

（1）在学习本课程之前应仔细阅读本大纲的第一部分,了解课程的性质、特点和目标,熟知本课程的基本要求和与相关课程的关系,使接下来的学习紧紧围绕本课程的基本要求。

（2）在学习每一章内容之前,先认真了解本自学考试大纲对该章知识点的考核要求,做到在学习时心中有数。

（3）从信息存储介质、磁盘的RAID系统、存储的组网方式到数据恢复、容灾备份,采用逐次递进的方法,理解信息系统灾难恢复的重要性、原理和组织方式。本课程的难点包括固态硬盘的存储原理,网络存储协议、SCSI协议、iSCSI协议、FC协议,存储高级技术原理,文件系统的组织结构和数据恢复,备份系统的安装配置及使用,灾难恢复预案的实现。

（4）在自学过程中应有良好的计划和组织。例如,可以制定"行动计划表"来监控管理自己的学习进展;在阅读课本时做好读书笔记,如有需要重点注意的内容,可以用彩色标注。

（5）在当今互联网时代,可以充分利用互联网在线开放课程资源,辅助自学,提高学习效率与学习效果。在本课程学习过程中,建议参加国防科技大学信息通信学院自学考试在线课程《信息系统灾难恢复基础》的学习,里边有教师对考试知识点的讲解和在线答疑。

（6）考生要按照实验手册实验题目要多练习几遍才能做到考试时心中不慌,从容应对。

五、考试指导

在考试过程中应做到卷面整洁,书写工整,段落与间距合理,书写不清楚会导致不必要的丢分。回答试卷所提出的问题,不要所答非所问,避免超过问题的范围。

如有可能,请教已经通过该科目考试的人。合理安排自己所承担的工作,提前熟悉考场。考试之前,根据考试大纲的要求将课程内容总结为"记忆线索"。当阅读考卷时,一旦有了思路就快速记下,按自己的步调进行答卷。为每个考题或部分分配合理时间,并按此时间安排进行答题。

考生在笔试通过后,应积极备考实验,要求能熟练掌握实验题目。

六、对助学的要求

(1) 要熟知考试大纲对本课程的总的要求和各章的知识点,准确理解对各知识点要求达到的认知层次和考核要求,并在辅导过程中帮助考生掌握这些要求,不要随意增删内容和提高或降低要求。

(2) 要结合典型例题,讲清楚信息系统灾难恢复的核心知识点,引导学生独立思考,理解信息系统灾难恢复的过程和相关原理,掌握解决应用问题的思路和技巧,帮助考生真正达到考核要求,并培养良好的学风,提高自学能力。

(3) 助学单位在安排本课程辅导时,授课时间建议不少于 50 课时。

(4) 助学单位应能提供考生完成实验题目的上机环境。

七、关于考试命题的若干规定

(1) 考试方式为闭卷、笔试,考试时间为 120 min。考试时只允许携带笔、橡皮和直尺,答卷必须使用蓝色或黑色钢笔或签字笔书写。

(2) 本大纲各章所规定的基本要求,知识点及知识点下的知识细目,都属于考核的内容。考试命题既要覆盖到章,又要避免面面俱到。要注意突出课程的重点,加大重点内容的覆盖度。

(3) 不应命制超出大纲中考核知识点范围的题目,考核目标不得高于大纲中所规定的相应的最高能力层次要求。命题应着重考核自学者对基本概念、基本知识和基本理论是否了解或掌握,对基本方法是否会用或熟练。不应命制与基本要求不符的题目。

(4) 本课程在试卷中对不同层次要求的分数比例大致为:识记占 20%,领会占 40%,应用占 40%。

(5) 要合理安排试题的难易程度,试题难度可分为易、较易、较难和难四个等级。每份试卷中不同难度试题的分数比例一般为 2∶3∶3∶2。

必须注意试题的难易程度与能力层次有一定的联系,但二者不是等同的概念,在各个能力层次都有不同难度的试题。

(6) 课程考试命题的主要题型一般有单项选择题、填空题、判断题和简答题等。

(7) 实验考试的考试时间和具体实施办法由主考单位制定。

附录 1 题 型 举 例

一、单项选择题

1. 下列哪些级别的 RAID 提供冗余?(　　)

A. RAID 0　　　　B. RAID 1　　　　C. RAID 5　　　　D. RAID 10

2. 下列对 RAID 6 的描述,哪项是不正确的?(　　)
A. 通常 RAID 6 技术包括 RAID 6 P+Q 技术和 RAID 6 DP 技术
B. RAID 6 要求双重奇偶校验
C. RAID 6 至少要 3 块硬盘
D. RAID 6 可以在两块成员盘失效的情况下恢复数据
3. 常见的备份介质有哪些?(　　)。
A. 带库　　　　B. 磁盘阵列　　　C. 虚拟带库　　　D. 光盘库/塔

二、填空题

1. 在传统 RAID 相关数据保护技术中,＿＿＿＿＿＿是在数据失效之前将其备份到热备盘里,而是在数据失效之后利用相应算法进行重新构造。在数据满盘的情况下,＿＿＿＿＿＿需要更长的时间和更多的计算资源。
2. 固态硬盘的三种类型是＿＿＿＿,＿＿＿＿,＿＿＿＿。
3. 容灾系统常用衡量指标中,＿＿＿＿＿＿指灾难发生后,信息系统或业务功能从停止运作至必须恢复运作的时间要求,值越小表明业务中断时间越＿＿＿＿,＿＿＿＿是指灾难发生后,系统和数据必须恢复到的时间点要求,值越小表明丢失的数据越＿＿＿＿。

三、简答题

1. 多路径软件有哪些功能?
2. 容灾和备份是什么关系?容灾可以替代备份吗?
3. NAS 与 SAN 有什么区别?
4. 数据容灾过程中能否使用重复删除技术?为什么?

附录 2　参 考 样 卷

一、单项选择题(本大题共 25 道小题,每小题 1 分,共 25 分)。

(每道题共四个选项,只有一个正确答案,将正确答案写在题后括号内。多选、少选、错选不得分)

1. 信息系统中软件资源是指(　　)。
A. 程序和文档　　B. 数据库　　　C. 操作系统　　　D. 应用系统
2. 数据中心中常见的服务器是(　　)。
A. 塔式服务器　　B. 机架式服务器　C. 刀片服务器　　D. Web 服务器
3. 现在机房主要存储介质是(　　)。
A. 光盘　　　　B. 磁带　　　　C. 磁盘　　　　　D. 优盘
4. 下列读取速度最快的存储介质是(　　)。
A. 内存　　　　B. 磁带　　　　C. HDD　　　　　D. SSD
5. 数据级容灾主要对(　　)备份。
A. 数据库数据　　B. 日志文档数据　C. 业务数据　　　D. 系统数据
6. 扩大存储空间主要靠(　　)。

A. 高速缓冲存储器　　B. 主存储器　　C. 辅助存储器　　D. 磁盘阵列

7. 目前 Windows 支持的主流文件系统是(　　)。
A. FAT16　　B. FAT32　　C. NTFS　　D. HDFS

8. HDFS 文件系统一般保存(　　)副本。
A. 2　　B. 3　　C. 4　　D. 1

9. 硬盘读写的最小单位是(　　)。
A. 扇区　　B. 簇　　C. 磁道　　D. 柱面

10. 在磁盘上建立文件系统的过程通常称为(　　)。
A. 格式化　　B. 分区　　C. 备份　　D. 镜像

11. 常见闪存盘接口是(　　)。
A. USB　　B. SATA　　C. IEEE1394　　D. E-SATA

12. 下列 RAID 技术中无法提高可靠性的是(　　)。
A. RAID 0　　B. RAID 1　　C. RAID 10　　D. RAID 0+1

13. 8 个 300G 的硬盘做 RAID 5 后的容量空间为(　　)。
A. 1200G　　B. 1.8T　　C. 2.1T　　D. 2400G

14. 8 个 300G 的硬盘做 RAID 1 后的容量空间为(　　)。
A. 1200G　　B. 1.8T　　C. 2.1T　　D. 2400G

15. 通用的温彻斯特硬盘结构是由(　　)提出的。
A. 希捷公司　　B. 赛门铁克公司　　C. IBM 公司　　D. 日立公司

16. NAS 客户端和存储设备之间通过(　　)网络通信。
A. TCP　　B. IP　　C. FTP　　D. WWW

17. DAS 的优点不包括(　　)。
A. 能实现大容量存储　　B. 可实现应用数据和操作系统的分离
C. 实施简单　　D. 资源利用率高

18. 存储区域网络的英文简写为(　　)。
A. NAS　　B. DAS　　C. SAN　　D. ANS

19. ghost 软件备份文件格式是(　　)。
A. iso　　B. img　　C. gho　　D. sse

20. 新硬盘购买后,应进行的第一个操作是(　　)。
A. 硬盘高级格式化　　B. 硬盘低级格式化
C. 装入操作系统　　D. 硬盘分区

21. 在制定备份计划时,下列哪个备份类型必须做(　　)。
A. 全备份　　B. 差异备份　　C. 增量备份　　D. 全备份

22. 常用的备份硬件不包括(　　)。
A. 磁带库　　B. 软盘　　C. 磁盘阵列　　D. 虚拟带库

23. 信息系统灾难恢复规范中对第五级灾难恢复能力规定的 RTO 和 RPO 分别是(　　)。
A. 数分钟至 2 天、0~30min　　B. 数小时至 2 天、数小时至 1 天

C. 数小时至 2 天、0~30min   D. 数分钟至 2 天、数小时至 1 天

24. 用于表示灾难发生后恢复系统运行所需时间的指标是(　　)。
A. RIO   B. RTO   C. RPO   D. TCO

25. SHARE 78 国际组织提出的标准,可将灾难恢复解决方案分为(　　)。
A. 8 级   B. 5 级   C. 7 级   D. 4 级

二、多项选择题(本大题共 10 道小题,每小题 2 分,共 20 分)。

(每道题共四个选项,正确答案为 2~4 个,将正确答案写在题后括号内。多选、少选、错选不得分)

1. 服务器与普通 PC 的区别是(　　)。
A. 使用的操作系统不同
B. 业务连续性不同,服务器可以做到 7×24 不间断运行,而 PC 不行
C. 硬件配置不同,服务器的 CPU 和内存与普通 PC 不通用
D. 外观不同,服务器都是机架式,PC 均为塔式

2. 文件系统的功能包括(　　)。
A. 管理和调度文件的存储空间
B. 提供文件的逻辑结构、物理结构和存储方法
C. 实现文件从标识到实际地址的映射
D. 实现文件的控制操作和存取操作

3. 下列 RAID 组中需要的最小硬盘数为 3 个的是(　　)。
A. RAID 1   B. RAID 3   C. RAID 5   D. RAID 0

4. NAS 采用的文件服务协议有(　　)。
A. NFS   B. NTFS   C. CIFS   D. SYS

5. 多路径下会出现一个 LUN 在主机端被多次识别,出现多个物理设备的情况,需要增加多路径管理软件,以下哪些是多路径软件的功能?(　　)
A. 将同一个 LUN 经由多条路径产生的重复设备虚拟为一个设备
B. 多产生销售 licence,增加销售额
C. 保证虚拟设备供主机的驱动程序正常访问
D. 提供冗余或负载均衡等更多的功能

6. 硬盘低级格式化的主要功能是(　　)。
A. 检测硬盘磁介质   B. 划分磁道   C. 划分扇区   D. 划分柱面

7. 数据被破坏的原因包括(　　)。
A. 不安装杀毒软件   B. 系统管理员或维护人员误操作
C. 计算机设备故障   D. 病毒感染或"黑客"攻击

8. 数据备份系统由哪几部分组成(　　)。
A. 备份服务器   B. 备份网络   C. 备份设备   D. 备份软件

9. 灾备中心的日常运营管理要求包括(　　)。
A. 7×24×365 的要求
B. "小概率、高风险"的管理要求

C. "演练为主,实操为辅"的日常管理要求

D. 工作重复性较强,质量控制难度较大

10. 风险计算是采用适当的方法与工具确定威胁利用脆弱性导致信息系统灾难发生的可能性,主要包括(　　)内容。

　　A. 计算灾难发生的可能性　　B. 计算灾难发生后的损失
　　C. 计算风险值　　D. 计算灾难恢复时间

三、填空题(每空1分,共25分)。

(请将正确答案填写在横线上,填错、不填不得分)

1. 按照承载关系,从底层硬件到上层应用,软件依次可以分为:_____、_____、_____、_____。

2. 根据信息系统系统的功能将灾难恢复的层次划分为_____、_____和_____3个层次。

3. 硬盘在逻辑上被划分为_____、_____和_____。

4. 划分存储层级时,_____盘对应到高性能层,_____盘分配到性能层,_____和_____分配到容量层。

5. 实现RAID主要有两种方式:_____、_____。

6. 操作系统中负责管理和存储文件信息的软件机构称为_____。

7. NAS的实现方式有两种:_____和_____。

8. NAS是基于IP网络、通过文件级的_____和_____供存储资源的网络存储架构。

9. 数据故障可划分为_____、_____和_____三大类。

10. 备份工作的核心是_____。

四、简答题(本大题共5个小题,每小题5分,共25分)。

1. 建设灾难恢复系统的重要性主要体现在哪些方面?
2. 列出三种数据保护技术并解释。
3. 比较SAN与NAS的区别。
4. 简述四种备份架构的优缺点。
5. 简述灾难备份中心的选址原则。

第一章 绪 论

本章主要讲述信息系统的组成、信息系统灾难恢复的国内外发展状况以及信息系统灾难恢复的基础知识。第一节阐述信息系统的基本概念和组成要素,帮助读者认识信息系统;第二节讲述信息系统灾难恢复的国内外发展状况;第三节主要讲述信息系统灾难恢复的基础知识,包括灾难恢复的概念,灾难系统建设的意义和重要性,灾难系统的有关名词和术语,灾难恢复的层次和目标。通过本章的学习,读者可初步认知灾难恢复系统建设对现代信息社会的重要性,同时为后面学习数据备份和灾难恢复方式、方法、策略打下基础。

第一节 信息系统的基本概念

现代通信与计算机技术的发展,使信息系统的处理能力得到很大的提高。现代各种信息系统已经离不开通信与计算机技术,我们现在所说的信息系统一般均指人、机共存的系统,是由计算机硬件、网络和通信设备、计算机软件、信息资源、信息用户和规章制度组成的以处理信息流为目的的人机一体化系统。随着大型计算能力、海量数据存储的发展,信息系统对计算能力、数据存储资源方面都有更高的要求,独立的计算机系统已经很难满足需求。因此,就需要把多个计算机系统集成起来,构成一个整体的信息系统。信息系统是在计算机系统的基础上所进行的扩展和延伸。如图1-1所示,信息系统由软件资源、计算资源、网络资源和存储资源组成。

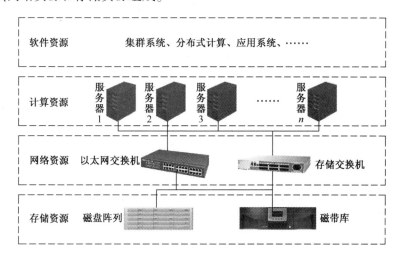

图1-1 信息系统构成

一、软件资源

在信息系统基础设施中,软件是必不可少的一部分。软件是与计算机系统操作有关的计算机程序、规程、规则,以及可能有的文件、文档及数据,是一系列按照特定顺序组织的计算机数据和指令的集合。软件不仅包括运行在计算机上的程序,还包括与这些程序相关的文档,简言之,软件是程序与文档的集合体。信息系统的软件资源不再是独立计算机系统的单一操作系统,它已发展成集群软件系统、分布式文件系统等,支持集群业务管理和分布式应用。

如图 1-2 所示,按照承载关系,从底层硬件到上层应用,软件依次可以分为:硬件底层驱动程序、操作系统、数据库、应用软件。

硬件底层驱动程序是应用软件访问底层硬件的接口:一方面,应用软件对驱动程序发送指令,驱动程序将它翻译成硬件控制的动作指令;另一方面,驱动程序将从硬件上获得的数据传送给应用程序,实现应用程序与驱动程序间的交互。也就是说,硬件底层驱动实现了访问底层硬件的人机交互。

操作系统是管理计算机硬件与软件资源的计算机程序,提供一个让用户与系统交互的操作界面。操作系统需要处理如下基本事务:管理与配置内存、决定系统资源的优先次序、控制 I/O 设备、操作网络与管理文件系统等。目前,采用的操作系统有 Windows 操作系统、Linux 操作系统、UNIX 操作系统、AIX 系统等。

数据库是按照数据结构来组织、存储和管理数据的仓库。随着信息技术和市场的发展,数据库发展出很多种类型,包括最简单的数据表格、存储少量数据的小型数据库、存储海量数据的大型数据库等。小型数据库系统有 Access、MySQL 等,大型数据库系统有 Oracle、DB2、SQL 等。

应用软件是为满足用户不同领域、不同业务的应用需求而提供的上层软件。它可以拓宽计算机系统的应用领域,放大硬件的功能,如办公软件、E-mail 应用、财务系统等。

应用软件
数据库
操作系统
硬件底层驱动

图 1-2　软件资源

二、计算资源

信息系统中的计算资源,通常由各式各样的服务器构成。当单个的服务器计算能力不能够满足应用需求时,通常采用服务器集群来提供更大计算能力。在信息系统中,往往会把多台服务器组成集群,通过集群方式实现计算资源的负载均衡,提升整体计算能力;同时提高系统的冗余度,保证系统的可靠性。常用服务器包括塔式服务器、机架式服务器和刀片式服务器,如图 1-3 所示。

塔式服务器也称为通用类别服务器,其外观和内部结构与普通 PC 机相似,整体体积比 PC 稍大一些,它的外形尺寸没有相关的统一标准。由于塔式服务器的机箱比较大,可

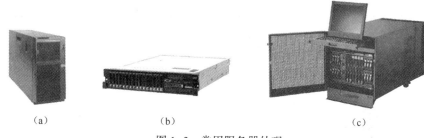

图 1-3 常用服务器外观
(a)塔式;(b)机架式;(c)刀片式。

以采用高档配置和冗余配置。塔式服务器支持多种常见的服务,应用范围非常广,可以适合计算应用和存储应用,是目前使用率较高的一种服务器。塔式服务器的缺点是它体积比较大,占用空间多,也不方便管理。

机架式服务器是一种工业标准化的产品,其外观按照统一标准来设计,配合机柜统一使用,以满足企业的服务器密集部署需求。机架式服务器是市面上使用最多的服务器平台,它设计之初的目的就是可以安装到 19 英寸(1 英寸 = 25.4mm)标准机柜中,多台机架服务器能够装到一个机柜上,这与塔式服务器不同,在节省空间的同时,也便于统一的安装和管理。机架服务器的宽度为 19 英寸,高度有 1U、2U、3U、4U、5U、7U 几种标准的服务器,这里的 U 为高度单位(1U = 1.75 英寸 = 44.45mm)。最常用的为 2U 和 4U 产品。机架式服务器也存在一些弊端,由于内部空间有限,扩展性和散热性受限制,其单机系统性能也比较有限,往往应用于特定业务,如远程存储和网络服务等。通常地,机架式服务器应用较多的是大型企业,使用时通过机柜将多台机架式服务器放在一起,获得大容量存储或高性能服务。

刀片式服务器是指在标准高度的机架式机箱内可插装多个卡式的服务器单元。它是一种高可用高密度(High Availability High Density,HAHD)的低成本服务器平台,刀片式服务器更多用于需要高密度堆叠的服务,专为高密度计算机环境和一些特殊应用场景设计的。刀片服务器的主要外观特征和结构特征是巨大的主体机箱,在其机箱内可插上许多"刀片",每 1 块"刀片"实际上就是一台服务器系统主板,可以搭载不同的硬盘,安装和启动自己的操作系统,构成独立的一个个服务器。一方面,每一块刀片相互之间都是隔离的,运行自己的系统;另一方面,通过集群系统可以将各个单独的"刀片"整合成一个服务器集群,提高服务器和应用的可用性。在服务器集群中通过插入新刀片,可以提高集群整体性能。刀片支持热插拔功能,系统可以进行轻松的升级维护操作,并将维护时间减少到最小。刀片式服务器通过近些年的发展已经成为高性能计算集群的核心设备,并成为主要架构方式。一般应用于大型的数据中心或者需要大规模计算的领域,如银行、电信、金融行业以及互联网数据中心等。但是,刀片服务器也存在一些问题,如散热问题,往往需要在机箱内装上强力风扇来散热。

三、网络资源

从独立计算机系统发展成为信息系统,需要强大网络资源提供数据通路,比较常用的网络架构包括基于 TCP/IP 协议的 IP 网络和基于 FC 协议的 FC 网络。信息系统的基础设施网络架构可以划分成四个层次,从下到上依次为:存储层、服务器层、核心层、外部接入层。四层网络结构实现了数据快速存储和交换,如图1-4所示。

存储层通过TCP/IP或FC网络连接到服务器层,为服务器提供数据存储空间资源;服务器层接入核心层,外部用户通过接入层也连接到核心层,在核心层实现快速数据交换。

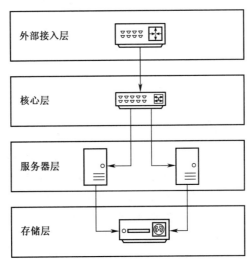

图1-4 网络层次结构

四、存储资源

信息系统对存储系统提出高可扩展性、高可靠性要求,从而外部存储成为主流的存储资源组织方式。一般通过构建专用的外部存储系统来提供安全可靠的大容量存储空间。存储资源根据存储的位置可分为内部存储和外部存储。后续章节重点介绍外部存储,如SAN存储和NAS存储。这里介绍一些常见的存储设备,如图1-5所示。

光盘是以光信息为存储的载体并用来存储数据的一种物品。分为不可擦写光盘(如CD-ROM、DVD-ROM等)和可擦写光盘(如CD-RW、DVD-RAM等)。光盘存储有两大优点:①支持数据长期保存,光盘数据可以保存100年;②支持海量数据的离线存储。

硬盘是数据存储媒介之一。传统硬盘由一个或者多个铝制或者玻璃制的碟片组成。碟片外覆盖有铁磁性材料,容量规格多样,有500GB、1TB、2TB、4TB、6TB等。

磁带是载有磁层的带状材料,主要用于记录声音、图像、数字或其他信号。磁带采用专门装置和软件进行读取,不易感染病毒,并且支持离线数据存放,因此银行等注重数据安全的单位常用磁带来存储重要数据。磁带库是一种基于磁带的备份系统,由磁带槽位、机械手臂(Robots)和驱动器(Drivers)组成,数据的读写由驱动器完成,磁带的拆卸和装填由机械手臂自动实现。磁带库能够提供基本自动备份和数据恢复功能,是集中式网络数据备份的主要设备。

磁盘阵列是由多个磁盘组合而成的一个大容量磁盘组。一方面,利用数据条带化方式来组织各磁盘上数据来提升整个磁盘系统性能;另一方面,利用冗余校验和镜像机制来提高数据安全性,在磁盘出现故障时,仍可以提供数据访问,并能恢复出失效数据。

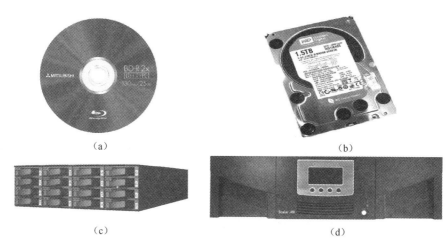

图 1-5 存储设备
(a)光盘；(b)硬盘；(c)磁盘阵列；(d)磁带库。

第二节 信息系统灾难恢复和现状

一、国外灾难恢复的发展状况

灾难备份和恢复于 20 世纪 70 年代中期在美国起步，源于美国中西部地区对电脑设施进行的备份。灾难恢复行业的历史性标志是 1979 年在美国宾夕法尼亚州的费城（Philadelphia）建立了专业的商业化灾难备份中心并对外提供服务。在这以后的 10 年里，美国的灾难恢复行业得到了迅猛发展，拥有超过 100 家灾难备份服务商。1989 年以后的 10 年中，灾难备份服务商之间进行了大规模的合并和重组，到 1999 年市场上只剩下 31 家灾难备份服务商。

1982—1998 年的 16 年间，灾难恢复预案经受了大型灾难的考验，业务连续规划（BCP）开始出现，美国灾难恢复行业成功地完成了 582 宗灾难恢复，平均每年约 40 宗。在这些灾难恢复中，44% 的案例是由于发生了区域性的灾难使多个灾难备份服务客户同时受到影响，而从来没有出现客户因灾难备份中心资源不够而无法恢复的情况。灾难发生的原因最常见的是停电，其次是硬件损坏和火灾等。这 582 宗灾难分别由遍布全美的 25 个灾难备份中心进行了成功的恢复，灾难恢复服务商充分显示了其在提供专业可靠、低成本的灾难备份与恢复服务方面的优势。

2005 年，美国德勤公司针对灾难恢复建设及其驱动力等方面，对 273 个机构（覆盖政府、银行、保险、制造、医疗保险、电力、通信、教育和零售业等）进行了调查，结果显示，建设灾难恢复系统的比例在不断增高，如表 1-1 所列。

表 1-1 美国灾难恢复建设情况

机构灾难恢复建设情况	2004 年	2005 年
全部或部分关键业务建立了灾难恢复系统的机构	74.4%	83.6%
全部关键业务建立了灾难恢复系统的机构	21.7%	41.8%

各机构开展灾难恢复建设的驱动力主要来自于确保业务的持续可用、法律法规的要求和机构决策层对风险管理的责任等。

"9·11"事件后,Globe Continuity Inc. 对美国、英国、澳大利亚及加拿大共565个公司使用灾难备份中心的情况进行了调查,发现在拥有或租用了灾难备份中心的公司中,56%使用了商业化的灾难备份服务,29%使用自有的灾难备份中心,15%在商业化灾难备份服务的基础上同时拥有自己的备份设施。两项相加,使用灾难备份服务外包的比例达到71%。

2006年,IDC对40家企业的业务连续性和灾难备份情况进行抽样调查,其中自建占56.8%,外包占43.2%。调查指出,2004—2006年,公司越来越认同在满足他们的可用性要求方面外包模式比自建模式更加安全可靠。2006年,IDC的调查报告中还指出,2006年灾难恢复外包建设模式的比例比2004年高出30.5%;自建的成本是外包费用的3.28倍。

鉴于灾难恢复建设的重要性,美国、欧洲等西方国家的政府和行业主管部门就重要信息系统的灾难恢复建设制定了相应的监管措施来指导和规范行业的灾难恢复工作。尤其是"9·11"事件发生后,各国监管部门纷纷对其行业的抵抗灾难打击和保证连续运作的能力进行了重新评估,制定了新的规范、指引和工作文件。

从用户的行业划分来看,灾难恢复行业面向的主要客户还是金融业。事实上,有近一半的灾难备份中心是专门为金融行业服务的。据CPR(Contingency Planning Research)估计,美国灾难恢复行业的年销售额中有45%来自金融行业。

西方发达国家重要机构都在远离主数据中心的地方拥有一个灾难恢复系统,如美国的Wells Fargo Bank,法国的法兰西银行、新加坡的Citibank等。对于信息系统依赖程度较高的公司往往需要拿出IT总预算的7%~15%用于灾难恢复,每月要支付约5万~10万美元的费用,大公司甚至达到每月100万美元。据Meta预测,在全球大公司中,用于业务连续计划的投入将会持续上升,到2007年,这笔投入将平均达到7%。

二、国内灾难恢复的发展概况

在我国,各行业用户对信息安全的建设越来越重视,其投入也呈现稳定增长的态势,但就单位信息化来说,大部分单位还没有有效的灾难恢复策略,没有建立统一的业务连续管理机制。

20世纪90年代末期,一些单位在信息化建设的同时,开始关注对数据安全的保护,进行数据的备份,但当时,不论从灾难恢复理论水平、重视程度、从业人员数量质量,还是技术水平方面都还很不成熟。

2000年,"千年虫"事件引发了国内对于信息系统灾难的第一次集体性关注,但"9·11"事件所带来的震动真正地引起了大家对灾难恢复的关注。随着国内信息化建设的不断完善、数据大集中的开展和国家对灾难恢复工作的高度重视,越来越多的单位和部门认识到灾难恢复的重要性和必要性,开展灾难恢复建设的时机已基本成熟。21世纪初,国内灾难恢复专业服务商的出现以及灾难恢复外包和咨询项目的开展标志着国内灾难恢复市场的起步。我国的灾难恢复建设在经历几年的探讨之后,正逐步进入实践阶段。

2003年,中共中央办公厅、国务院办公厅下发的《国家信息化领导小组关于加强信息安全保障工作的意见》明确要求；各基础信息网络和重要信息系统建设要充分考虑抗毁性与灾难恢复,制定和不断完善信息安全应急处置预案。为贯彻落实中央的指示,国务院信息化工作办公室于2004年9月份下发了《关于做好重要信息系统灾难备份工作的通知》,文件强调了"统筹规划、资源共享、平战结合"的灾难备份工作原则。为进一步推动八个重点行业加快实施信息系统灾难恢复工作,国务院信息化工作办公室于2005年4月份下发了《重要信息系统灾难恢复指南》,文件指明了灾难恢复工作的流程、灾难备份中心的等级划分及灾难恢复预案的制定。2007年6月,《重要信息系统灾难恢复指南》经修订完善后正式升级为国家标准,国家质量监督检验检疫总局以国家标准的形式正式发布了《信息安全技术信息系统灾难恢复规范》(GB/T 20988—2007),该标准于2007年11月正式实施。

北京、上海、深圳、广州和成都等城市都已出台或正在研究电子政务信息系统灾难恢复工作的意见和规划；中国人民银行发布了《中国人民银行关于加强银行数据集中安全工作的指导意见》《关于进一步加强银行业金融机构信息安全保障工作的指导意见》；银监会发布了《关于印发〈银行业金融机构信息系统风险管理指引〉的通知》,以上文件明确要求银行必须建立相应的灾难备份中心,制定业务连续性计划。中国保险监督管理委员会出台了《加强保险信息安全保障工作的意见》《关于做好保险业信息系统灾难备份工作的通知》和《保险业信息系统灾难恢复管理指引》(征求意见稿)。中国证券监督管理委员会下发了《关于进一步做好证券期货业信息安全保障工作的意见》和《关于印发〈证券期货业信息安全保障管理暂行办法〉的通知》等。

一些业务对信息化依赖程度极高的政府部门已着手本单位灾难恢复建设。国税总局、海关总署、中国人民银行、商务部等部委均已完成或正在建设灾难备份中心；北京、上海、深圳、广州、杭州等各地政府已建设或启动灾难备份中心建设。政府部门以自建为主,大部分采用了专业化灾难恢复/业务连续性咨询服务。

银行业灾难恢复建设起步早,各单位基本上建立了专门的灾难恢复组织机构,大部分国有银行和大中型商业银行都建设了同城或异地的灾难备份中心,这些规划计划在3年内实施或有的正在实施。目前,自建和外包的建设模式并存。工商银行、农业银行、中国银行和建设银行四大国有商业银行以及交通银行、招商银行、兴业银行、民生银行和光大银行等股份制商业银行均采用或计划采用自建模式。国家开发银行同城、远程灾难备份均采用外包模式,以降低管理复杂度,提高专业性。深圳发展银行、广东发展银行、中信银行、华夏银行等股份制商业银行也选择了外包模式。

其他信息化程度较高的行业,如保险、证券、电力、民航、电信、石化和钢铁等企业,正在开展和规划灾难恢复系统的建设。

同时,国内的灾难恢复工作还存在一些问题。部分单位对灾难恢复建设的概念模糊,混淆了数据备份、灾难恢复和业务连续性的区别,存在侥幸心理,缺乏开展灾难恢复工作的积极性；在没有统筹规划的前提下各行业及地方自行建设灾难备份中心,必将产生重复建设的情况,造成社会经济资源的分散和浪费；从事灾难恢复建设和服务的企业良莠不齐,部分企业缺乏专业化能力,所提供的建设方案不能满足灾难恢复的要求,不具备保证灾难恢复和业务连续性能力；灾难备份中心应付灾难的能力必须通过不断的演练来提升和完善,目前已建成的灾难备份中心普遍缺乏严格的演练,灾难备份中心的运营缺乏有效的监管和审计,导致大量的灾难备份中心无法在灾难来临时有效发挥作用。

我国的信息化正逐步进入应用时代,数据量也迅速增长,存储数据的备份与灾难恢复的建设将成为信息化的核心,灾难恢复市场将进入加速发展期。赛迪顾问预测,在未来3年中预计灾难恢复市场规模将持续高速增长。来自IDC的最近调查结果也表明了这一趋势,在未来5年中,我国的灾难恢复业务将发展很快,其综合年增长率将达到46%。

第三节 信息系统灾难恢复概述

一、信息安全与灾难恢复

信息系统灾难恢复是由于人为或自然原因,造成信息系统严重故障或瘫痪,使信息系统支持的业务功能停顿或服务水平不可接受,达到特定时间的突发性事件,通常导致信息系统需要切换到灾难备份中心运行。

灾难是一种具有破坏性的突发事件。我们所关注的是灾难对单位的正常运营和社会的正常秩序造成的影响,其中最明显的影响是信息服务的中断和延迟,致使业务无法正常运营。信息系统停顿的时间越长,单位的信息化程度越高,损失就越大。

国家标准《信息安全技术信息系统灾难恢复规范》(GB/T 20988—2007)将灾难定义为:由于人为或自然的原因,造成信息系统运行严重故障或瘫痪,使信息系统支持的业务功能停顿或服务水平不可接受,通常导致信息系统需要切换到备用场地运行的突发事件。典型的灾难事件包括自然灾害,如火灾、洪水、地震、飓风、龙卷风和台风等,还有技术风险和提供给业务运营所需服务的中断,如设备故障、软件错误、通信网络中断和电力故障等;此外,人为的因素往往也会酿成大祸,如操作员错误、植入有害代码和恐怖袭击等。各事件造成的灾难统计数据比例如图1-6所示。

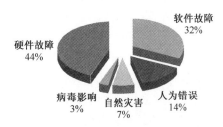

图1-6 各事件造成的灾难统计数据比例示意图

二、信息系统灾难恢复的概念和意义

信息系统灾难恢复(disaster recovery)是为了将信息系统从灾难造成的故障或瘫痪状态恢复到可正常运行状态,并将其支持的业务功能从灾难造成的不正常状态恢复到可接受状态,而设计的活动和流程。它的目的是减轻灾难对单位和社会带来的不良影响,保证信息系统所支持的关键业务功能在灾难发生后能及时恢复和继续运作。

灾难恢复预案(disaster recovery plan)是信息系统灾难恢复过程中所需的任务、行动、**数据**和资源的文件,用于指导相关人员在预定的灾难恢复目标内恢复信息系统支持的**关键业务功能**。

灾难恢复规划(Disaster Recovery Planning,DRP)是为了减少灾难带来的损失和保证信息系统所支持的关键业务功能在灾难发生后能及时恢复和继续运行所做的事前计划和安排。

灾难恢复规划是一个周而复始、持续改进的过程,主要过程如下：

(1) 灾难恢复需求的确定；
(2) 灾难恢复策略的制定；
(3) 灾难恢复策略的实现；
(4) 灾难恢复预案的制定、落实和管理。

灾难恢复能力(Disaster Recovery Capability,DRC)是在灾难发生后利用灾难恢复资源和灾难恢复预案及时恢复和继续运作的能力。

灾难恢复系统通过在异地建立和维护一个备份系统,利用地理上的分散性来保证数据对于灾难性事件的抵御能力。设计一个灾难恢复系统需要考虑多方面的因素,包括:备份/恢复的范围、生产系统和备份系统之间的距离和连接方法、灾难发生时系统要求的恢复速度以及能容忍丢失的数据量、备份系统的管理和经营方法,以及可投入的资金多少等。

目前,社会经济发展比以往任何时候都更加依赖于计算机系统,计算机系统在为用户迅猛发展提供技术基础架构的同时,由于用户业务处理的高度集中,以及不可预见的故障和灾难,导致整个系统存在很多灾难性破坏的隐患,有可能成为整体系统中的单故障点。因此,业务的拓展与灾难的防范是所有用户都必须同步重视的问题。那么,什么是计算机业务系统的灾难呢？通常的定义是指采用计算机系统处理的重要电子数据丢失至不可恢复或由此导致业务中断以至于延长到不可接受的时间。

随着网络技术和存储技术的发展以及IT设备的降价,客户机/服务器体系结构和浏览器/服务器体系结构的信息应用模式应运而生,形成计算机应用和数据存储分布式存在的局面,高速信息交换、大容量存储等困扰IT人员多年的问题基本得到了解决。同时,过于分布的应用和数据所导致的日益昂贵的维护和运营费用,已经给单位的发展带来了束缚。数据的分散存储不利于资源的共享,与之相伴的一个个存储和应用系统也成了孤岛,加大了管理难度,增加了成本。从中国工商银行20世纪90年代末的数据大集中工程开始,国内金融、电信、税务和海关等行业用户纷纷将数据进行整合,各地分公司的数据开始向总行或总部集中。于是,数据大集中已经成为当前信息化领域中的一个热门话题。

以银行为例,目前银行信息化发展正逐步由信息资源建设阶段向信息资源运用阶段演进,支持持续提升信息系统整体效能的各个组成部分,如信息资源安全、整合、开发、配置和管理等。数据大集中,有利于银行深化经营管理体制改革,增强风险防范能力,提高核心竞争力和创新能力,因此数据集中是我国银行信息化最具代表性的发展趋势。从"十五"计划初期开始,我国银行普遍开始了数据大集中的规划与工程实施,各银行将原来分散在全国中心城市的小型数据处理中心,逐步集中到省级的处理中心以至全国性的大型数据处理中心,集中处理业务数据,数据大集中工程由此拉开序幕。

实施数据大集中,可以消除信息孤岛,实现资源共享,加强对分支机构的监管和经营风险的管控,提高单位的经营管理能力。数据集中工程是我国信息化发展的必然结果,同时,随着数据的集中,为业务信息系统的运行搭建了统一的数据平台,从而减少了数据维护的成本,提高了数据管理的效率,使业务得到了集中,技术风险的可控性提高,但风险的集中也随之而来。首先,数据量的激增对用户原有存储系统的容量提出了更高要求,容量的扩展势在必行;其次,数据如何在异构环境中实现更好的整合;最后,数据集中到一起,安全性问题变得更为重要,自然灾害、人为误操作都可能给数据中心带来致命打击,后果不堪设想,灾难备份与恢复工作必须提上议事日程。可以说,数据集中是一把双刃剑。因此,数据大集中赋予了信息安全保障工作的新的特点和任务,实施数据集中必须充分考虑灾难恢复工作的开展。

随着单位的集团化、跨地域经营,构架于 IT 系统之上的统一管理、统一决策、统一运营成了必然趋势。IT 系统成为单位的大脑和神经网络,数据中心成为一个单位运营的关键,一旦出现数据丢失、网络中断、数据服务停止,将导致单位所有分支机构、网点和全部的业务处理停顿或造成客户数据的丢失,给单位带来的经济损失可能是无法挽回的。

这时,信息系统的安全问题自然成了重中之重,一个数据中心显然不能让用户放心,这就是为什么越来越多的大型用户开始着手建立同城或异地灾难备份中心的原因。灾难备份中心的建立,将为主数据中心提供一份"保险",一旦主数据中心出现问题,灾难备份中心可以立即接管业务,并在主数据中心恢复后将业务切回,以保证业务的不中断,这对要求 7×24h 不间断业务的用户来说是十分必要的。可见,信息安全是一个单位持续发展的重要保障,灾难备份与恢复因而成为单位最迫切需要解决的问题之一,是我们积极应对危机事件必要的技术和管理手段。

随着科学技术的迅猛发展和信息技术的广泛应用,我国政府及各行业对信息系统的依赖日益增强,尤其是军队、银行、电力、铁路、民航、证券、保险、海关和税务等行业和部门的信息系统,以及电子政务系统已经成为国家的重要基础设施。重要信息系统的安全直接影响到国民经济的正常运行,直接关系到社会稳定和群众生活。而我国信息安全的防护能力较弱,安全保障水平不高,大部分单位还没有建立统一的灾难恢复和业务连续管理机制,信息安全和灾难恢复工作已刻不容缓。

当前,信息系统灾难恢复工作已经引起了国家、社会、单位的高度重视。灾难恢复是单位保持业务连续运作的需要、长期可持续发展的要求,是单位加强风险管理、提高市场竞争力的重要手段,是行业监管的需要,同时也是保证国家安全、人民利益、社会稳定和经济发展的需要。

建设灾难恢复系统的重要性主要体现以下几个方面。

1. 保持业务连续运作的需要,长期可持续发展的要求

业务中断可能会摧垮一个单位,研究表明,未制定灾难恢复规划的单位比制定了规划的单位所冒的风险要高得多。以下是几组调查数据。

美国得克萨斯州大学的调查显示,只有 6% 的公司可以在数据丢失后生存下来,43% 的公司会彻底关门,51% 的公司会在两年之内消失。

美国明尼苏达大学的研究也表明,在遭遇灾难的同时又没有灾难恢复计划的企业中,将有超过 60% 的企业在 2~3 年后退出市场。而随着企业对数据处理依赖程度的递增,此比例还有上升的趋势。

国际调查机构 Gartner Group 的调查显示,在经历大型灾难而导致系统停运的公司中有 2/5 再也没有恢复运营,剩下的公司中也有 1/3 在两年内破产。

从灾难打击中迅速恢复的能力是战略经营计划中极为重要的环节。灾难恢复建设也是国际先进企业业务策略中的关键环节之一,是保证业务持续稳定运行的基础。灾难恢复建设的实质就是为自己的核心业务运作购买一份保险,保险公司只能为您现有的资产提供保险,但是灾难恢复规划大大减轻了数据大集中后的风险,为单位的未来发展提供了有力的保障。

2. 加强风险管理,提高市场竞争力的重要手段

如何进一步地树立稳健、谨慎、成熟的单位形象,是一个非常重要的命题。一个成熟的负责任的单位不但应当考虑到未来的营利能力和营利手段,也应该考虑到未来面临的风险和如何降低这些风险。防范这些未来的风险就意味着对业务伙伴和服务受众的长期承诺。灾难备份及业务连续性的管理不仅是对单位业务数据和业务连续性的保护,也是对所有客户和合作伙伴的一种信心和信用的保证,是参与市场竞争的重要手段。这在国际上有很多先进的理念和经验可以借鉴。2002年7月,美国发布了Sarbanes-Oxley法案,对所有在美国上市的公司提出了业务连续要求;而美国、英国、新加坡等国家和中国香港地区的金融监管机构对银行和证券等行业的灾难恢复和业务连续规划有明确的要求;随着世界性分工和供应链的形成,是否拥有灾难恢复和业务连续规划已经成为众多国家的政府机构与企业选择合作伙伴或供应商的一个必要条件,越来越体现出其重要性和迫切性。

3. 行业监管的需要

灾难对单位的不利影响进而会严重波及行业的发展和管理。灾难恢复及业务连续性的管理不仅是对单位业务数据的保护,对客户和合作伙伴的一种信心和信用的保证,更是行业监管的需要。为有效防范行业信息系统风险,保护行业客户的合法权益,行业监管部门需要规范和引导行业信息系统灾难恢复工作。

4. 保证国家安全、人民利益、社会稳定和经济发展的需要

国内外系列事件表明,如果没有应对灾难的准备和一定的灾难恢复能力,重要信息系统一旦发生重大事故或者遭遇突发事件,必将严重影响国民经济发展和社会稳定。因此,重要信息系统的灾难恢复工作是保证国家安全、人民利益、社会稳定和经济发展的需要,国家也高度重视重要信息系统的灾难备份和灾难恢复工作,出台了许多有关政策、指南和标准。

三、信息系统灾难恢复有关术语

灾难是一种具有破坏性的突发事件。我们所关注的是灾难对单位的正常运营和社会的正常秩序造成的影响,其中最明显的影响是信息服务的中断和延迟,致使业务无法正常运营。信息系统停顿的时间越长,单位的信息化程度越高,损失就越大。

现阶段,由于我国很多行业正处在快速发展的阶段,很多生产流程和制度仍不完善,加之普遍缺乏应对灾难的经验,这方面的损失屡见不鲜。事实上,2003年我国遭遇的"非典"疫情,从某种意义上讲也是灾难。

为了减少灾难带来的损失和实现灾难恢复所做的事前计划和安排被称为灾难恢复规划。信息系统的灾难恢复工作,包括灾难恢复规划和灾难备份中心的日常运行,还包括灾难发生后的应急响应、关键业务功能在灾难备份中心的恢复和重续运行,以及生产系统的灾后重建和回退工作。

灾难恢复主要涉及的技术和方案有数据的复制、备份和恢复,本地高可用性方案和远程集群等;但灾难恢复不仅是恢复计算机系统和网络,除了技术层面的问题,还涉及风险分析、业务影响分析、策略制定和实施等,灾难恢复是一项系统性、多学科的专业性工作。

为了灾难恢复而对数据、数据处理系统、网络系统、基础设施、技术支持能力和运行管理能力进行备份的过程称为灾难备份。灾难备份是灾难恢复的基础,是围绕着灾难恢复所进行的各类备份工作,灾难恢复不仅包含灾难备份,更注重的是业务的恢复。

数据备份通常包括文件复制、数据库备份。数据备份是数据保护的最后一道防线,其目的是为了在重要数据丢失时能够对原始数据进行恢复。从灾难恢复的角度来看,与数据的及时性相比更应关注备份数据和源数据的一致性和完整性,而不应片面地追求数据无丢失。任何灾难恢复系统实际上都是建立在数据备份基础之上的,数据备份策略的选择取决于灾难恢复的目标。

信息系统灾难恢复是对单位的信息系统进行相应的风险分析和业务影响分析,以确定信息系统面对灾难事故时的预防和恢复策略,开发并制定相应的系统恢复计划、管理方法和流程,以减轻灾难对于单位信息系统的不利影响。

业务连续规划(Business Continuity Planning,BCP)是灾难事件的预防和反应机制,是一系列事先制定的策略和规划,确保单位在面临突发的灾难事件时,关键业务功能能持续运作、有效地发挥作用,以保证业务的正常和连续。业务连续规划不仅包括对信息系统的恢复,而且包括关键业务运作、人员及其他重要资源等的恢复和持续。

对于信息化依赖程度高的单位,信息系统灾难恢复是其业务连续规划的重要组成部分。信息系统灾难恢复的目的是保证信息系统所支持业务的连续。

业务连续管理(Business Continuity Management,BCM)是对单位的潜在风险加以评估分析,确定其可能造成的威胁,并建立一个完善的管理机制防止或减少灾难事件给单位带来的损失。业务连续管理是一项综合管理流程,它使组织机构认识到潜在的危机和相关影响,制定响应、业务和连续性的恢复计划,其总体目标是为了提高单位的风险防范与抗打击能力,以有效地减少业务破坏并降低不良影响,保障单位的业务得以持续运行。业务连续规划是实现业务连续管理的基础环节和重要保障。业务连续管理的主要内容如图1-7所示。

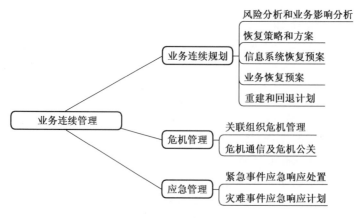

图1-7　业务连续管理的主要内容

构建业务连续管理体系,不仅需要着眼于IT系统的备份与恢复,更重要的是确定或构建基于单位生命周期的业务连续管理目标、策略、制度、组织和资源。业务连续管理关注的内容包括:如何确定关键业务面临的各种威胁?灾难恢复的业务需求是怎样的?如何制定基于业务的灾难恢复策略和恢复方案?事件发生后如何进行应急响应?如何判断是否需要启动灾难备份系统?如何进行恢复?如何进行危机公关和危机通信?如何演练灾难恢复预案?如何持续地维护业务连续管理体系?

数据主中心也称主站点或生产中心,是指主系统所在的数据中心。

灾难备份中心也称备用站点。是指用于灾难发生后接替主系统进行数据处理和支持关键业务功能运作的场所,可提供灾难备份系统、备用的基础设施和专业技术支持及运行维护管理能力,此场所内或周边可提供备用的生活设施。

主系统也称生产系统,是指正常情况下支持组织日常运作的信息系统,包括主数据、主数据处理系统和主网络。

灾难备份系统是指用于灾难恢复目的,由数据备份系统、备用数据处理系统和备用的网络系统组成的信息系统。

恢复时间目标(Recovery Time Objective,RTO)是指灾难发生后,信息系统或业务功能从停顿到必须恢复的时间要求。

恢复点目标(Recovery Point Objective,RPO)是指灾难发生后,系统和数据必须恢复到的时间点要求。

当单位进行完风险分析和业务影响分析,了解单位所存在的各种风险及其程度,以及单位灾难恢复系统建设的需求、业务系统的应急需求和恢复先后顺序,完成了系统灾难恢复的各项指标。我们应当根据风险分析和业务影响分析的结论确定最终用户需求和灾难恢复目标,而灾难恢复时间范围是灾难恢复目标的重要组成部分。需要根据业务影响分析的结果,确定各系统的灾难恢复时间目标和恢复点目标。

四、灾难恢复的层次和目标

根据信息系统系统的功能将灾难恢复的层次划分为数据级、系统级和应用级三个层次,并给出相应的恢复目标。

(1) 数据级容灾层。数据容灾指建立一个异地或本地的数据系统,作为生产系统关键业务数据的一个备份。数据级容灾系统需要保证业务数据的完整性、可靠性和安全性,而对于提供实时服务的信息系统,用户的服务请求在灾难中会中断。数据级容灾只是对业务数据备份,不对系统数据与应用程序进行备份,需要通过安装盘重新安装来进行系统的恢复。

(2) 系统级容灾层。不但进行业务数据的备份,而且要对信息系统的系统数据、运行场景、用户设置、系统参数、应用程序和数据库系统等信息进行备份,以便迅速恢复整个系统。系统级容灾系统需要同时保证业务数据和系统数据的完整性、可靠性和安全性。在网络环境中,系统和应用程序安装起来并不是那么简单:必须找出所有的安装盘和原来的安装记录进行安装,然后重新设置各种参数、用户信息、权限等,这个过程可能要持续好几天。因此,最有效的方法是对整个系统进行备份。这样,无论系统遇到多大的灾难,都能够应付自如。

系统级容灾同数据级容灾的最大区别在于：在整个系统都失效时，用灾难恢复措施能够迅速恢复系统。而数据级容灾则不行，如果系统发生了失效，在开始数据恢复之前，必须重新装入系统。数据级容灾只能处理狭义的数据失效，而系统级容灾则可以处理广义的数据失效。

（3）应用级容灾层。应用级容灾系统提供不间断的应用服务。在灾难发生时，让用户的服务请求能够透明（用户对灾难的发生毫无觉察）地继续运行，保证信息系统所提供服务的完整性、可靠性和安全性。应用级容灾要同时进行业务数据和业务应用的异地备份。当某地方的一个应用节点突然停掉的话，容灾系统能够在另外一个地方启动相同的应用。这就需要建立一个同生产系统功能完全一致（包括数据与应用的一致）的备份系统。在未发生灾难的情况下，生产系统提供信息服务，备份系统则实时跟踪生产系统的处理，备份生产系统的相关信息，保证在灾难发生时，能将信息服务功能切换到备份系统，承担生产系统的职责，抵御灾难，而且服务对于用户完全透明，没有任何损失和影响。应用级容灾是在数据级容灾和系统级容灾的基础上，增加对整个应用的实时备份，使得实现的难度大、费用高，因此一般用于对业务连续性要求很高的系统（如银行业务系统）中。目前国际上对于灾难恢复系统的研究已经由数据的备份及恢复转向系统的连续可用性。

采用何种容灾方式（逻辑数据复制/物理数据复制）实现灾难备份系统的设计目标主要应从以下四个方面来考虑：

（1）具体数据类型与目标的灾难保护。从用户业务系统正常运作的角度分析各种关键业务数据，做出重要性与可恢复性要求的评估，并由此制定系统的数据灾难保护政策。

（2）灾难发生后的可恢复业务分析。对用户各种业务与管理流程进行分析评估，并据此制定出用户核心业务系统的灾难备份/恢复策略。

（3）灾难发生后的可恢复系统分析。对于突发性灾难这样的重大事件，有时受灾地区并不要求所有业务系统都能够可持续运营，故可按实际需求和比例进行分析，并由此配置相应的容灾设备。

（4）灾难发生后的业务可恢复时间指标。可以将灾难的发生分为两类：一类是可以预计具体时间的灾难，如损害性极大的台风等；另一类是不可预计具体时间的突发性灾难，如地震、主机系统的非计划性宕机等。针对两种不同的灾难类型，要设定不同的业务恢复时间指标。一般来说，对第一类灾难的业务恢复时间要大大短于对第二类突发性灾难的业务恢复时间。

本 章 小 结

信息系统是由计算机硬件、网络和通信设备、计算机软件、信息资源、信息用户和规章制度组成的以处理信息流为目的的人机一体化系统，主要有五个基本功能，即对信息的输入、存储、处理、输出和控制。

信息系统灾难是由于人为或自然原因，造成信息系统严重故障或瘫痪，使信息系统支持的业务功能停顿或服务水平不可接受，达到特定时长的突发性事件，通常导致信息系统需要切换到灾难备份中心运行。

信息系统灾难恢复为了将信息系统从灾难造成的故障或瘫痪状态恢复到可正常运行

状态,并将其支持的业务功能从灾难造成的不正常状态恢复到可接受状态,而设计的活动和流程。

根据信息系统系统的功能将灾难恢复的层次划分为数据级、系统级和应用级三个层次。

采用何种容灾方式(逻辑数据复制/物理数据复制)实现灾难备份系统的设计目标主要应从四个方面来考虑:具体数据类型与目标的灾难保护,灾难发生后的可恢复业务分析,灾难发生后的可恢复分析,灾难发生后的业务可恢复时间指标。

作 业 题

一、选择题

1. 存储在数据中心的功能有( )。
   A. 提供海量存储　　　　　B. 提供集中存储
   C. 提供快速的 I/O 响应　　D. 提供计算资源
2. 根据服务器的形态划分,可将服务器分为( )。
   A. 塔式服务器　　　　　　B. 机架式服务器
   C. 刀片式服务器　　　　　D. 集群式服务器
3. 灾难恢复规划是一个周而复始、持续改进的过程,包含( )阶段。
   A. 灾难恢复需求的确定　　B. 灾难恢复策略的制定
   C. 灾难恢复策略的实现　　D. 灾难恢复预案的制定、落实和管理
4. 服务器与普通PC机的区别是( )。
   A. 使用的操作系统不同
   B. 业务连续性不同,服务器可以做到7×24h不间断运行,而PC不行
   C. 硬件配置不同,服务器的CPU和内存与普通PC不通用
   D. 外观不同,服务器都是机架式,PC机均为塔式

二、填空题

1. 信息系统由_____、_____、_____和_____组成。
2. 按照承载关系,从底层硬件到上层应用,软件依次可以分为:_____、_____、_____、_____。
3. 信息系统的基础设施网络架构可以划分成4个层次,从下到上依次为:_____、_____、_____和_____。
4. 存储资源根据存储位置可分为,_____和_____。
5. 根据信息系统的功能将灾难恢复的层次划分为_____、_____和_____三个层次。

三、简答题

1. 什么是信息系统?
2. 简述信息系统灾难恢复的概念?
3. 建设灾难恢复系统的重要性主要体现在哪些方面?
4. 简要回答什么是数据级容灾、系统级容灾和应用级容灾及区别。
5. 实现灾难备份系统的设计目标主要应从哪几个方面来考虑?

第二章 存储系统与设备

本章主要介绍信息存储系统和设备。第一节介绍存储系统的层次和结构；第二节介绍常用的存储设备，包括硬盘、光盘、优盘和磁带。第三节介绍目前数据中心主流的磁盘阵列存储系统，详细解释各种 RAID 系统的特点和使用场合。第四节介绍存储阵列技术，包含存储阵列的架构和高可靠性技术。第五节介绍高级数据存储和保护技术，包含自动精简技术、分层存储技术、重复数据删除技术、快照技术、远程复制技术和 LUN 复制技术，这些技术都是目前采用的主流的数据保护手段。通过本章的学习，读者可认识数据中心为保护数据采用的各类方法和技术。

第一节 存 储 系 统

一、存储系统概述

存储系统是指计算机中由存放程序和数据的各种存储设备、控制部件及管理信息调度的设备(硬件)和算法(软件)所组成的系统。计算机的主存储器不能同时满足存取速度快、存储容量大和成本低的要求，在计算机中必须有速度由慢到快、容量由大到小的多级层次存储器，以最优的控制调度算法和合理的成本，构成具有性能可接受的存储系统。

存储系统的性能在计算机中的地位日趋重要，主要原因是冯·诺伊曼体系结构构建在存储程序概念的基础上，访存操作约占中央处理器(CPU)时间的 70% 左右。存储系统的性能对整机效率有至关重要的影响。另外，随着现代的信息处理，如图像处理、数据库、知识库、语音识别、多媒体等对存储系统的要求越来越高，存储系统的选型也成为信息系统在构建和维护时需要着重考虑的因素。

计算机最初采用串行的延迟线存储器，不久又用磁鼓存储器。20 世纪 50 年代中期，主要使用磁芯存储器作为主存。20 世纪 60 年代中期以后，半导体存储器已取代磁芯存储器。在逻辑结构上，并行存储和从属存储器技术的采用提高了主存的供数速度，缓和了主存和高速的中央处理器速度不匹配的矛盾。1968 年 IBM-360/85 最早采用了高速缓冲存储器——主存储器结构。高速缓冲存储器的存取周期与中央处理器主频周期一样，由硬件自动调度高速缓冲存储器与主存储器之间信息的传递，使中央处理器对主存储器的绝大部分存取操作，可以在中央处理器和高速缓冲存储器之间进行。1970 年，美国 RCA 公司研究成功虚拟存储器系统。IBM 公司于 1972 年在 IBM370 系统上全面采用了虚拟存储技术。

由于科学计算和数据处理对存储系统的要求越来越高，需要不断改进已有的存储技术，研究新型的存储介质，改善存储系统的结构和管理。大规模集成电路和磁盘依然是主要的存储介质。利用新型材料制作大规模集成电路、大容量的联想存储器可大大提高速度,对于计算机系统和软件都会发生影响。磁盘技术、光盘技术,研究新的存储模型,都是计算机存储系统发展的研究课题。此外还要进行新的存储机制的研究。这方面的研究方向是:由一维线性存储发展到面向二叉树存储结构,提供更广阔数据结构所需的动态存储空间;由单纯的数据存储发展到能融合图像、声音、文字、数据等为一体的多维存储系统;由存储精确的数据到能接收模糊数据的输入;面向对象的存储管理的研究;智能存储技术的研究,探索新的记忆原理,发明新的存储器件,构造新的存储系统。

二、存储层次结构

存储系统是指计算机中由存放程序和数据的各种存储设备、控制部件及管理信息调度的设备(硬件)和算法(软件)所组成的系统。计算机的主存储器不能同时满足存取速度快、存储容量大和成本低的要求,在计算机中必须有速度由慢到快、容量由大到小的多级层次存储器,以最优的控制调度算法和合理的成本,构成具有性能可接受的存储系统,如图2-1所示,是一个常见的存储层次结构。在计算机系统中存储层次可分为高速缓冲存储器、主存储器、辅助存储器三级。高速缓冲存储器(CACHE)用来改善主存储器与中央处理器的速度匹配问题;辅助存储器用来扩大存储空间。辅助存储器也称为外部存储,第二节主要介绍外部存储系统。

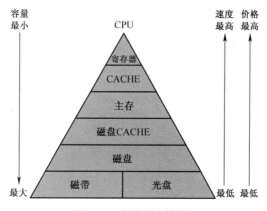

图 2-1 存储层次结构

1. 高速缓冲存储器

高速缓冲存储器(Cache)其原始意义是指存取速度比一般随机存取记忆体(RAM)来得快的一种RAM,一般而言它不像系统主记忆体那样使用DRAM技术,而使用昂贵但较快速的SRAM技术,也有快取记忆体的名称。

高速缓冲存储器是存在于主存与CPU之间的一级存储器,由静态存储芯片(SRAM)组成,容量比较小但速度比主存高得多,接近于CPU的速度。在计算机存储系统的层次结构中,是介于中央处理器和主存储器之间的高速小容量存储器。它和主存储器一起构成一级的存储器。高速缓冲存储器和主存储器之间信息的调度和传送是由硬件自动进行的。

2. 主存储器

主存储器(main memory),简称主存。是计算机硬件的一个重要部件,其作用是存放指令和数据,并能由CPU直接随机存取。现代计算机是为了提高性能,又能兼顾合理的造价,往往采用多级存储体系。即由存储容量小、存取速度高的高速缓冲存储器,存储容量和存取速度适中的主存储器共同构成存储体系。主存储器是按地址存放信息的,存取速度一般与地址无关。32 位(bit)的地址最大能表达 4GB 的存储器地址。这对多数应用已经足够,但对于某些特大运算量的应用和特大型数据库已显得不够,从而对 64 位结构提出需求。

3. 辅助存储器

辅助存储器一般指外存储器。外储存器是指除计算机内存及 CPU 缓存以外的储存器,此类储存器一般断电后仍然能保存数据。外存通常是磁性介质或光盘,像硬盘、软盘、磁带、CD 等,能长期保存信息,并且不依赖于电来保存信息,但是其由机械部件带动,速度与 CPU 相比就显得慢得多。

在传统存储系统中,存储工作通常是由主机内置的硬盘来完成,这种设计方式使得硬盘成为整个系统的性能瓶颈;此外,由于机箱空间有限,不仅限制了硬盘数量的扩展,而且影响了硬件散热和供电布线。内置存储方式也不利于存储空间的利用和共享,因为不同计算机使用各自内置的硬盘,导致存储空间利用率较低,并且分散保存的数据也不利于数据的共享和备份。传统的 C/S 架构中,无论使用的是何种协议,存储设备都直接与服务器相连接,在这种结构下,存储设备上的任何数据读写操作都必须经由服务器,给服务器造成了沉重负担。外部存储系统的出现,彻底将服务器从烦琐的 I/O 操作中解放出来,使服务器只需要承担应用数据的操作任务,可以更充分地释放自身潜能。

三、文件系统

计算机软件系统中,文件系统(File System,FS)是操作系统用于存储文件的方法和数据结构,即在存储设备上组织文件的方法。操作系统中负责管理和存储文件信息的软件称为文件管理系统,简称文件系统。文件系统的功能包括:管理和调度文件的存储空间,提供文件的逻辑结构、物理结构和存储方法;实现文件从标识到实际地址的映射(按名存取),实现文件的控制操作和存取操作(包括文件的建立、撤销、打开、关闭,对文件的读、写、修改、复制、迁移等),实现文件信息的共享并提供可靠的文件保密和保护措施。

为了访问硬盘中的数据,就必须在扇区之间建立联系,也就是需要一种逻辑上的数据存储结构。文件系统负责建立这种逻辑结构,在硬盘上建立文件系统的过程通常称为"格式化"。如图 2-2 所示,硬盘数据的管理通过文件分区表,记录数据的地址,然后通过地址记录实现对数据的读取。

Windows、Linux、Macintosh 操作系统都有对应的文件系统,例如,Windows 的 FAT16、FAT32、NTFS 等;Linux 的 EXT2、EXT3、EXT4 等;Macintosh 的 HFS、HFS+等。上面这些都是主机文件系统,主机文件系统也称为本地文件系统。此外,还有一类重要的文件系统是分布式文件系统。分布式文件系统均为客户端/服务器端(Client/Server,C/S)架构,数据保存在服务器端,而客户端的应用程序能够像访问本地文件系统一样访问位于远程服务器上的文件。限于篇幅,下面简单介绍应用较广的两种本地文件系统 NTFS 和 EXT3 和分布式文件系统 HDFS。

1. NTFS

NTFS 文件系统是一个面向安全性的文件系统,是 Windows NT 所采用的独特文件系

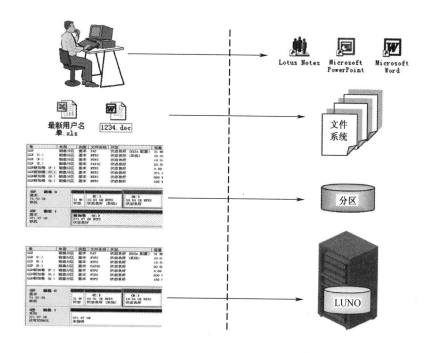

图 2-2 文件系统

统结构，它是建立在保护文件和目录数据的基础上，节省存储资源的一种先进的文件系统。NTFS 的特点主要体现在以下几个方面。

（1）NTFS 分区最大可以达到 2TB。

（2）NTFS 是一个可恢复的文件系统。当发生系统失败事件时，NTFS 通过使用标准的事务处理日志和恢复技术来保证分区的一致性。

（3）NTFS 支持对分区、文件夹和文件的压缩。任何 Windows 应用程序在 NTFS 分区进行数据读写时，文件系统自动压缩和解压缩。对文件进行读取和写入时，文件将分别进行解压缩和压缩。

（4）NTFS 采用了更小的数据访问单元，可以有效地管理磁盘空间，避免磁盘空间的浪费。

（5）在 NTFS 分区上，可以为共享资源、文件夹以及文件设置访问许可权限。

（6）NTFS 文件系统支持磁盘配额管理。磁盘配额是指管理员可以为用户所能使用的磁盘空间进行配额限制，每一用户只能使用最大配额范围内的磁盘空间。

（7）NTFS 使用"变更"日志来跟踪记录文件所发生的变更。

2. EXT3

EXT2/EXT3/EXT4 是 GNU/Linux 系统中标准的文件系统，其具有存取性能好的优点，对于中小型的文件访问具有优势。EXT 文件系统中，其单一文件大小和文件系统容量上限都与文件系统访问单元（即簇）大小有关。例如，常见 X86 系统的簇最大为 4KB，则单一文件大小上限为 2048GB，文件系统的容量上限为 16384GB。

EXT3 文件系统是对 EXT2 系统的扩展,是一种日志文件系统。日志式文件系统的最大特色是,它会将整个磁盘的写入动作完整记录在磁盘的某个区域上,以便有需要时可以回溯追踪。数据写入操作涉及许多步骤,包括改变文件头信息、搜寻磁盘可写入空间、一个个写入磁盘空间等,若每一个步骤进行到一半被中断,就会造成文件系统的不一致。采用日志式文件系统之后,由于详细纪录了每个步骤细节,故当某个步骤被中断时,系统可以根据这些记录直接回溯并重新完成被中断的部分,而不必花时间去检查其他的部分,所以 EXT3 文件系统具有很高的性能和可靠性。

3. HDFS

HDFS 是一个支持数据密集型分布式应用的分布式文件系统。它能够保证应用可以在上千个低成本商用硬件存储节点上处理 PB 级的数据,是开源项目。HDFS 运行在商用硬件上,它具备高容错性,可运行在廉价硬件上;HDFS 能为应用程序提供高吞吐率的数据访问,适用于大数据集的应用;HDFS 在 POSIX 规范进行了修改,使之能对文件系统数据进行流式访问,从而适用于批量数据的处理。

如图 2-3 所示,HDFS 是一种 C/S 模式的系统结构。主服务器,即图中的命名节点,它管理文件系统命名空间和客户端访问,具体文件系统命名空间操作包括"打开""关闭""重命名"等,并负责数据块到数据节点之间的映射;数据节点除了负责管理挂载在节点上的存储设备,还负责响应客户端的读写请求。HDFS 将文件系统命名空间呈现给客户端,并运行用户数据存放到数据节点上。从内部构造看,每个文件被分成一个或多个数据块,从而这些数据块被存放到一组数据节点上;数据节点会根据命名节点的指示执行数据块创建、删除和复制操作。为了保证数据不丢失,HDFS 通过在三个数据节点上复制数据以保证可靠性,即每个数据块存放三份副本。当用户访问文件时,HDFS 把离用户最近的副本数据传递给用户使用。

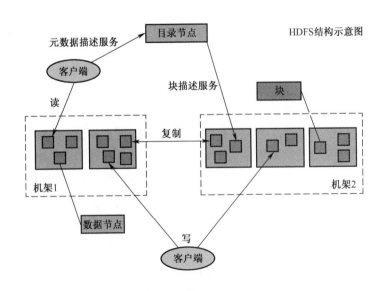

图 2-3　HDFS 文件系统

第二节 存储设备

一、机械硬盘

(一) 磁盘的结构

机械硬盘(Mechanical Hard Disk)主要是由盘片、磁头、盘片主轴、控制电机、磁头控制器、数据转换器、接口、缓存等几个部分组成。磁头可沿盘片的半径方向运动,加上盘片每分钟几千转的高速旋转,磁头就可以定位在盘片的指定位置上进行数据的读写操作。信息通过距磁性表面很近的磁头,由电磁流来改变极性方式被电磁流写到磁盘上,信息可以通过相反的方式读取。机械硬盘内部结构,如图2-4所示。

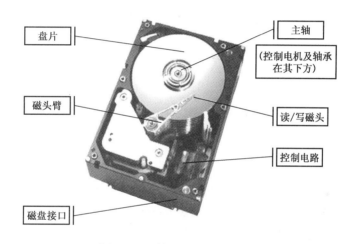

图2-4 机械硬盘的内部结构图

所有的盘片都固定在一个旋转轴上,这个轴即盘片主轴。而所有盘片之间是绝对平行的,在每个盘片的存储面上都有一个磁头,磁头与盘片之间的距离比头发丝的直径还小。所有的磁头连在一个磁头控制器上,由磁头控制器负责各个磁头的运动。磁头可沿盘片的半径方向动作,而盘片以数千转每分钟到上万转每分钟的速度在高速旋转,这样磁头就能对盘片上的指定位置进行数据的读/写操作。

由于硬盘是高精密设备,尘埃是其大敌,所以必须完全密封。

硬盘的每个盘片的每个面都有一个读写磁头,硬盘在逻辑上被划分为磁道、柱面以及扇区,如图2-5所示。

磁头靠近主轴接触的表面,即线速度最小的地方,是一个特殊的区域,它不存放任何数据,称为启停区或着陆区(landing zaone),启停区外就是数据区。在最外圈,距主轴最远的地方是0磁道,硬盘数据的存放就是从最外圈开始的。那么,磁头是如何找到0磁道的位置的呢?在硬盘中还有一个0磁道检测器的构件,它是用来完成硬盘的初始定位。0磁道是如此的重要,以致很多硬盘仅仅因为0磁道损坏就报废,这是非常可惜的。

早期的硬盘在每次关机之前需要运行一个被称为Parking的程序,其作用是让磁头

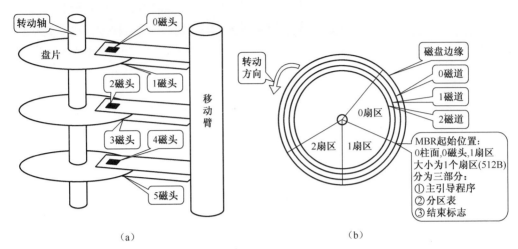

图 2-5 盘片组成图

回到启停区。现代硬盘在设计上已摒弃了这个虽不复杂却很让人不愉快的小缺陷。硬盘不工作时,磁头停留在启停区,当需要从硬盘读/写数据时,磁盘开始旋转。旋转速度达到额定的高速时,磁头就会因盘片旋转产生的气流而抬起,这时磁头才向盘片存放数据的区域移动。盘片旋转产生的气流相当强,足以使磁头托起,并与盘面保持一个微小的距离。这个距离越小,磁头读写数据的灵敏度就越高,当然对硬盘各部件的要求也越高。早期设计的磁盘驱动器使磁头保持在盘面上方几微米处飞行。稍后一些设计使磁头在盘面上的飞行高度降到约 $0.1 \sim 0.5 \mu m$,现在的水平已经达到 $0.005 \sim 0.01 \mu m$,这只是人类头发直径的 1/1000。气流既能使磁头脱离开盘面,又能使它保持在离盘面足够近的地方,非常紧密地跟随着磁盘表面呈起伏运动,使磁头飞行处于严格受控状态。磁头必须飞行在盘面上方,而不是接触盘面,这种位置可避免擦伤磁性涂层,而更重要的是不让磁性涂层损伤磁头。但是,磁头也不能离盘面太远,否则就不能使盘面达到足够强的磁化,难以读出盘上的磁化翻转(磁极转换形式,是磁盘上实际记录数据的方式)。硬盘驱动器磁头的飞行悬浮高度低、速度快,一旦有小的尘埃进入硬盘密封腔内,或者一旦磁头与盘体发生碰撞,就可能造成数据丢失,形成坏块,甚至造成磁头和盘体的损坏。所以,硬盘系统的密封一定要可靠,在非专业条件下绝对不能开启硬盘密封腔,否则灰尘进入后会加速硬盘的损坏。另外,硬盘驱动器磁头的寻道伺服电机多采用音圈式旋转或直线运动步进电机,在伺服跟踪的调节下精确地跟踪盘片的磁道,所以硬盘工作时不要有冲击碰撞,搬动时要小心轻放。这种硬盘是采用温彻斯特(Winchester)技术制造的硬盘,所以也被称为温盘,目前绝大多数硬盘都采用此技术。

硬盘的读/写是和扇区有着紧密关系的。其中最重要的概念包括:盘面、磁道、柱面和扇区等,如图 2-6 所示。

1. 盘面

硬盘的盘片一般用铝合金材料做基片,高速硬盘也可能用玻璃做基片。硬盘的每一个盘片都有两个盘面(Side),即上、下盘面,一般每个盘面都会利用,都可以存储数据,成为有效盘片,也有极个别的硬盘盘面数为单数。每一个这样的有效盘面都有一个盘面号,按顺序从上至下从"0"开始依次编号。在硬盘系统中,盘面号又称为磁头号,因为每一个

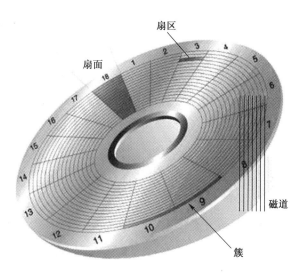

图 2-6　磁片结构

有效盘面都有一个对应的读/写磁头。硬盘的盘片组在 2~14 片不等,通常有 2~3 个盘片,故盘面号(磁头号)为 0~3 或 0~5。

2. 磁道

磁盘在格式化时被划分成许多同心圆,这些同心圆轨迹称为磁道(Track)。磁道从外向内从 0 开始顺序编号。硬盘的每一个盘面有 300~1024 个磁道,新式大容量硬盘每面的磁道数更多。信息以脉冲串的形式记录在这些轨迹中,这些同心圆不是连续记录数据,而是被划分成一段段的圆弧,这些圆弧的角速度一样。由于径向长度不一样。

所以,线速度也不一样,外圈的线速度较内圈的线速度大,即同样的转速下,外圈在同样时间段里,划过的圆弧长度要比内圈划过的圆弧长度大。每段圆弧称为一个扇区,扇区从 1 开始编号,每个扇区中的数据作为一个单元同时读出或写入。一个标准的 3.5 英寸硬盘盘面通常有几百到几千条磁道。磁道是"看"不见的,只是盘面上以特殊形式磁化了的一些磁化区,在磁盘格式化时就已规划完毕。

3. 柱面

所有盘面上的同一磁道构成一个圆柱,通常称为柱面(Cylinder),每个圆柱上的磁头由上而下从 0 开始编号。数据的读/写按柱面进行,即磁头读/写数据时首先在同一柱面内从 0 磁头开始进行操作,依次向下在同一柱面的不同盘面即磁头上进行操作,只在同一柱面所有的磁头全部读/写完毕后磁头才转移到下一柱面,因为选取磁头只需通过电子切换即可,而选取柱面则必须通过机械切换。

电子切换相当快,比在机械上磁头向邻近磁道移动快得多,所以数据的读/写按柱面进行,而不按盘面进行。也就是说,一个磁道写满数据后,就在同一柱面的下一个盘面来写,一个柱面写满后,才移到下一个扇区开始写数据。读数据也按照这种方式进行,这样就提高了硬盘的读/写效率。

一块硬盘驱动器的圆柱数(或每个盘面的磁道数)既取决于每条磁道的宽窄(同样,也与磁头的大小有关),也取决于定位机构所决定的磁道间步距的大小。

4. 扇区

操作系统以扇区(Sector)形式将信息存储在硬盘上,每个扇区包括512B的数据和一些其他信息。一个扇区有两个主要部分:存储数据地点的标识符和存储数据的数据段。

扇区的第一个主要部分是标识符。标识符,就是扇区头标,包括组成扇区三维地址的三个数字:扇区所在的磁头(或盘面)、磁道(或柱面号)以及扇区在磁道上的位置即扇区号。头标中还包括一个字段,其中有显示扇区是否能可靠存储数据,或者是否已发现某个故障因而不宜使用的标记。有些硬盘控制器在扇区头标中还记录有指示字,可在原扇区出错时指引磁盘转到替换扇区或磁道。最后,扇区头标以循环冗余校验(CRC)值作为结束,以供控制器检验扇区头标的读出情况,确保准确无误。

扇区的第二个主要部分是存储数据的数据段,可分为数据和保护数据的纠错码(ECC)。在初始准备期间,计算机用512个虚拟信息字节(512B)(实际数据的存放地)和与这些虚拟信息字节相应的ECC数字填入这个部分。

5. 簇

簇是数据存取的最小的单位,相邻的一个和多个扇区构成一个簇。NTFS文件系统默认大小为4096B,即8个扇区组成一个簇。簇越小,磁盘利用率越高,但数据存取越零散;簇越大,磁盘利用率越低,数据存取效率高。实际工作中根据情况选择合适的族大小。

(二) 磁盘的接口

目前的磁盘接口有IDE、SATA、SCSI、SAS、FC等几种。其中IDE接口磁盘正在被SATA接口硬盘取代,将逐渐退出历史舞台,两者主要多用于台式计算机;SAS接口磁盘也正在逐渐淘汰SCSI接口,很快将占领低端的企业应用市场;而光纤(Fibre Channel,FC)接口硬盘一出生就是专门针对高可靠、高可用、高性能的企业存储应用的,不但接口速度快,而且支持双端口访问,又经过严格的生产工艺控制,可靠性很好。由于这些天生优势,FC接口硬盘在企业用户中尤其是关键数据存储应用中占据着绝对优势,也是高端存储应用的首选磁盘。

1. IDE 硬盘接口

IDE接口,也称为PATA接口,即并行传输高级技术附加接口(Parallel Advanced Technology Attachment,Parallel ATA)。ATA接口最早是在1986年由Compaq、West Digital等几家公司共同开发的,在20世纪90年代初开始应用于台式机系统。最初,它使用一个40芯电缆与主板上的ATA接口进行连接,只能支持两个硬盘,最大容量也被限制在504MB之内;后来,随着传输速度和位宽的提高,最后一代的ATA规范使用80芯的线缆,其中有一部分是屏蔽线,不传输数据,只是为了屏蔽其他数据线之间的相互干扰。从2007年开始,IDE硬盘就被SATA硬盘彻底逐出了市场。

2. SATA 硬盘接口

SATA的全称是Serial ATA,即串行传输ATA。相对于PATA模式的IDE接口来说,SATA是用串行线路传输数据,但是指令集不变,仍然是ATA指令集。

SATA标准是由Intel、IBM、Dell、APT、Maxtor和Seagate公司共同提出的硬盘接口规范。在IDF Fall 2001大会上,Seagate宣布了Serial ATA 1.0标准,正式宣告了SATA规范的确立。自2003年第二季度Intel推出支持SATA 1.5Gb/s的南桥芯片(ICH5)后,SATA

接口取代传统 PATA 接口的趋势日渐明显。此外，SATA 与现存于 PC 上的 USB、IEEE 1394 相比，在性能和功能方面的表现也更加突出。2005 年 SATA 硬盘步入了新的发展阶段，性能更强、配置更高的 SATA 1.0 产品出现在了市场上，这些高性能的 SATA 1.0 硬盘的到来无疑加速了硬盘市场的转变。当前，SATA 2.0 已经是使用最广泛的硬盘接口，而速度更快的 SATA 3.0 在高端硬盘上使用较多，在固态硬盘上采用 SATA 3.0 更为广泛。

SATA 与 IDE 结构在硬件上有着本质区别，数据接口、电源接口以及接口实物图如图 2-7~图 2-9 所示。

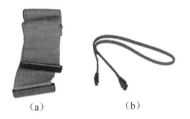
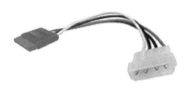

图 2-7　IDE 线缆和 SATA 线缆对比图
（a）IDE 线缆；（b）SATA 线路。

图 2-8　SATA 硬盘电源线

图 2-9　SATA 接口实物图

3. SCSI 硬盘接口

SCSI 与 ATA 是目前现行的两大主机与外设通信的协议规范，而且它们各自都有自己的物理接口定义。对于 ATA 协议，对应的就是 IDE 接口；对于 SCSI 协议，对应的就是 SCSI 接口。

SCSI 的全称是 Small Computer System Interface，即小型计算机系统接口，是一种较为特殊的接口总线，具备与多种类型的外设进行通信的能力，如硬盘、CD-ROM、磁带机和扫描仪等。SCSI 采用 ASPI（高级 SCSI 编程接口）的标准软件接口使驱动器和计算机内部安装的 SCSI 适配器进行通信。SCSI 接口是一种广泛应用于小型机上的高速数据传输技术。SCSI 接口具有应用范围广、多任务、带宽大、CPU 占用率低以及热插拔等优点。

SCSI 接口为存储产品提供了强大、灵活的连接方式，还提供了很高的性能，可以有 8 个或更多（最多 16 个）的 SCSI 设备连接在一个 SCSI 通道上，其缺点是价格过于昂贵。SCSI 接口的设备一般需要配合价格不菲的 SCSI 卡一起使用（如果主板上已经集成了 SCSI 控制器，则不需要额外的适配器），而且 SCSI 接口的设备在安装、设置时比较麻烦，所以远远不如 IDE 设备使用广泛。

在系统中应用 SCSI 必须要有专门的 SCSI 控制器,也就是一块 SCSI 控制卡,才能支持 SCSI 设备,这与 IDE 硬盘不同。在 SCSI 控制器上有一个相当于 CPU 的芯片,它对 SCSI 设备进行控制,能处理大部分的工作,减少了 CPU 的负担(CPU 占用率)。同时期的硬盘中,SCSI 硬盘的转速、缓存容量、数据传输速率都要高于 IDE 硬盘,因此更多是应用于商业领域。

4. SAS 硬盘接口

SAS(Serial Attached SCSI)即串行连接 SCSI。和现在流行的 SATA 硬盘相同,都是采用串行技术以获得更高的传输速度,并通过缩短连接线改善内部空间的方法提升性能。SAS 的设计是为了改善存储系统的效能、可用性和扩充性,并且提供与 SATA 硬盘的兼容性。

SAS 是对 SCSI 技术的一项变革性发展,SAS 不仅在接口速度上得到显著提升(现在主流 ultra 320 SCSI 速度为 320MB/s,而 SAS 才刚起步速度就达到 300MB/s,未来会达到 600MB/s 甚至更多),而且由于采用了串行线缆,不仅可以实现更长的连接距离,还能够提高抗干扰能力,并且这种细细的线缆还可以显著改善机箱内部的散热情况。

为保护用户投资,SAS 的接口技术可以向下兼容 SATA。具体来说,二者的兼容性主要体现在物理层和协议层的兼容。在物理层,SAS 接口和 SATA 接口完全兼容,SATA 硬盘可以直接使用在 SAS 的环境中,SAS 系统的背板(Backplane)既可以连接具有双端口、高性能的 SAS 驱动器,也可以连接高容量、低成本的 SATA 驱动器。从接口标准上而言,SATA 是 SAS 的一个子标准,因此 SAS 控制器可以直接操控 SATA 硬盘,但是 SAS 却不能直接使用在 SATA 的环境中,因为 SATA 控制器并不能对 SAS 硬盘进行控制;在协议层,SAS 由三种类型协议组成,根据连接的不同设备使用相应的协议进行数据传输。其中串行 SCSI 协议(SSP)用于传输 SCSI 命令;SCSI 管理协议(SMP)用于对连接设备的维护和管理;SATA 通道协议(STP)用于 SAS 和 SATA 之间数据的传输。因此在这三种协议的配合下,SAS 可以和 SATA,以及部分 SCSI 设备无缝结合。

5. FC 硬盘接口

光纤通道(Fiber Channel)和 SCSI 接口一样,最初也不是为硬盘设计开发的接口技术,是专门为网络系统设计的,但随着存储系统对速度的需求,才逐渐应用到硬盘系统中。光纤通道硬盘是为提高多硬盘存储系统的速度和灵活性才开发的,它的出现大大提高了多硬盘系统的通信速度。光纤通道的主要特性有:热插拔性、高速带宽、远程连接、连接设备数量大等。

FC 硬盘名称由于通过光学物理通道进行工作,因此称为光纤硬盘,现在也支持铜线物理通道。就像是 IEEE-1394,FC 实际上定义为 SCSI-3 标准一类,属于 SCSI 的同胞兄弟。作为串行接口 FC-AL 峰值可以达到 2Gb/s,甚至是 4Gb/s。而且通过光学连接设备最大传输距离可以达到 10km。通过 FC-loop 可以连接 127 个设备,也就是为什么基于 FC 硬盘的存储设备通常可以连接几百个甚至几千个硬盘提供大容量存储空间。

光纤通道是为在像服务器这样的多硬盘系统环境而设计,能满足高端工作站、服务器、海量存储子网络、外设间通过集线器、交换机和点对点连接进行双向、串行数据通信等系统对高数据传输率的要求。

6. 各类接口技术比较

目前,网络存储设备大致可划分为高端、中端和近线(near-line)三类。高端存储产品主要应用的是光纤通道硬盘,应用于关键数据的大容量实时存储。中端存储设备则主要采用 SCSI,应用于商业级的关键数据的大容量存储。近线存储是近年来新出现的存储领域,一般采用 SATA 硬盘存储,应用于非关键数据的大容量存储,目的是替代以前使用磁带的数据备份。表 2-1 列出了各接口的优缺点对比。

表 2-1　硬盘接口技术比较

接口类型	优　点	不　足	应用领域
IDE	价格低廉	性能较低	PC
SATA	价格低、容量高	性能、可靠性较低	中低端存储
SCSI	性能较高	并行技术存在的弊端	企业级存储
SAS	高性能、高可靠性	未完全成熟	中高端存储
FC	高性能、高可靠性	价格较高	高端存储

今后,光纤通道和 SAS 将成为存储上的首选接口,这两种技术在实际性能上的表现几乎相同。但是,从发展前景来看,SAS 的传输带宽还有可能将增加一倍,而光纤通道下一步是发展到 8Gb/s 还是 10Gb/s 目前还无定论,且发展到 8Gb/s 或者 10Gb/s 后,向下兼容的问题还没有有效解决。

(三) 硬盘的转速

硬盘的转速越快,硬盘寻找文件的速度也就越快,相对的硬盘的传输速度也就得到了提高。硬盘转速以转每分钟来表示,单位表示为 RPM(Revolutions per Minute),即 r/min。RPM 值越大,内部传输率就越快,访问时间就越短,硬盘的整体性能也就越好。硬盘的主轴马达带动盘片高速旋转,产生浮力使磁头飘浮在盘片上方。要将所要存取资料的扇区带到磁头下方,转速越快,则等待时间也就越短。因此转速在很大程度上决定了硬盘的速度。

家用的普通硬盘的转速一般有 5400r/m、7200r/m 几种,高转速硬盘也是现在台式机用户的首选;而对于笔记本用户,5400r/m、7200r/m 的笔记本硬盘,在市场中都可见到,但装配 7200r/m 的笔记本价格要高出几百元;服务器用户对硬盘性能要求最高,服务器中使用的 SCSI 硬盘转速基本都采用 10000r/m,甚至还有 15000r/m 的,性能要超出家用产品很多。

较高的转速可缩短硬盘的平均寻道时间和实际读写时间,但随着硬盘转速的不断提高也带来了温度升高、电机主轴磨损加大、工作噪音增大等负面影响。通常选择 2.5 英寸硬盘,基本是受到这些因素的影响。服务器内部空间狭小,2.5 英寸硬盘设计的比 3.5 英寸硬盘小,转速提高造成的温度上升,对机器本身的散热性能提出了更高的要求;噪声变大,又必须采取必要的降噪措施,这些都对硬盘制造技术提出了更多的要求。同时转速的提高,而其他的维持不变,则意味着电机的功耗将增大,单位时间内消耗的电量增加。

二、固态硬盘

固态硬盘(Solid State Disk)简称固盘,固态硬盘用固态电子存储芯片阵列而制成的硬盘,由控制单元和存储单元(FLASH 芯片、DRAM 芯片)组成,其组成结构如图 2-10 所示。固态硬盘在接口的规范和定义、功能及使用方法上与普通硬盘的完全相同,在产品外观和尺寸上也完全与普通硬盘一致,如图 2-11 所示。固态硬盘广泛应用于军事、车载、工控、视频监控、网络监控、网络终端、电力、医疗、航空、导航设备等诸多领域。

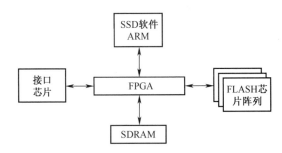

图 2-10　固态硬盘的组成结构

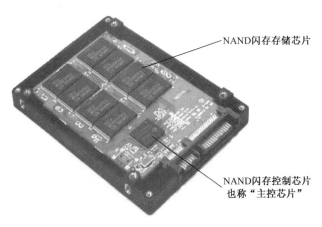

图 2-11　固态硬盘的外观

固态硬盘的存储介质分为两种:一种是采用闪存(FLASH 芯片)作为存储介质;另一种是采用 DRAM 作为存储介质。

基于闪存的固态硬盘(IDEFLASH DISK、Serial ATA Flash Disk):采用 FLASH 芯片作为存储介质,这也是通常所说的 SSD。它的外观可以被制作成多种模样,如笔记本硬盘、微硬盘、存储卡、U 盘等样式。这种 SSD 固态硬盘最大的优点就是可以移动,而且数据保护不受电源控制,能适应于各种环境,适合于个人用户使用。一般它擦写次数普遍为 3000 次左右,以常用的 64GB 为例,在 SSD 的平衡写入机理下,可擦写的总数据量为 64GB×3000＝192000GB,假设每天下载 100GB 视频,看完就删,则可用天数为 192000/100＝1920(天),也就是 1920/365＝5.25(年)。如果每天写入的数据为 10GB,则可以不间断用 52.5 年。如果容量是 128GB 的 SSD,可以不间断使用 105 年。它像普通硬盘 HDD 一样,理论上可以无限读写。

基于 DRAM 的固态硬盘:采用 DRAM 作为存储介质,应用范围较窄。它仿效传统硬盘的设计,可被绝大部分操作系统的文件系统工具进行卷设置和管理,并提供工业标准的 PCI 和 FC 接口用于连接主机或者服务器。应用方式可分为 SSD 硬盘和 SSD 硬盘阵列两种。它是一种高性能的存储器,而且使用寿命很长,美中不足的是需要独立电源来保护数据安全。DRAM 固态硬盘属于非主流的设备。

基于闪存的固态硬盘是固态硬盘的主要类别,其内部构造十分简单,固态硬盘内主体其实就是一块印制电路板(PCB),而这块 PCB 板上最基本的配件就是控制芯片,缓存芯片(部分低端硬盘无缓存芯片)和用于存储数据的闪存芯片。

市面上比较常见的固态硬盘有 LSISandForce、Indilinx、JMicron、Marvell、Phison、Goldendisk、Samsung 以及 Intel 等多种主控芯片。主控芯片是固态硬盘的大脑,其作用一是合理调配数据在各个闪存芯片上的负荷,二是承担了整个数据中转,连接闪存芯片和外部 SATA 接口。不同的主控之间能力相差非常大,在数据处理能力、算法,对闪存芯片的读取写入控制上会有非常大的不同,直接会导致固态硬盘产品在性能上差距高达数十倍。

主控芯片旁边是缓存芯片,固态硬盘和传统硬盘一样需要高速的缓存芯片辅助主控芯片进行数据处理。这里需要注意的是,有一些廉价固态硬盘方案为了节省成本,省去了这块缓存芯片,这样对于使用时的性能会有一定的影响。

除了主控芯片和缓存芯片以外,PCB 上其余的大部分位置都是 NAND Flash 闪存芯片。NAND Flash 闪存芯片又分为 SLC(单层单元)、MLC(多层单元)、TLC(三层单元)以及 NAND 闪存。

对比传统硬盘,固态硬盘有一系列优点。

(1)读/写速度快。采用闪存作为存储介质,读取速度相对机械硬盘更快。固态硬盘不用磁头,寻道时间几乎为 0。持续写入的速度非常惊人,固态硬盘厂商大多会宣称自家的固态硬盘持续读/写速度超过了 500MB/s,固态硬盘的快绝不仅仅体现在持续读/写上,随机读/写速度快才是固态硬盘的最大优势,这最直接体现在绝大部分的日常操作中。与之相关的还有极低的存取时间,最常见的 7200r/min 机械硬盘的寻道时间一般为 12～14ms,而固态硬盘可以轻易达到 0.1ms 甚至更低。

(2)防震抗摔性。传统硬盘都是磁碟型的,数据储存在磁碟扇区里。而固态硬盘是使用闪存颗粒(即与 mp3、U 盘相同的存储介质)制作而成,所以 SSD 固态硬盘内部不存在任何机械部件,这样即使在高速移动甚至伴随翻转倾斜的情况下也不会影响到正常使用,而且在发生碰撞和震荡时能够将数据丢失的可能性降到最小。相较机械硬盘,固态硬盘在防震抗摔方面占有绝对优势。

(3)低功耗。固态硬盘的功耗上要低于机械硬盘。基于闪存的固态硬盘在工作状态下能耗和发热量较低(高端或大容量产品能耗会较高)。内部不存在任何机械活动部件,不会发生机械故障,也不怕碰撞、冲击、振动。由于固态硬盘采用无机械部件的闪存芯片,所以具有发热量小、散热快等特点。

(4)无噪声。固态硬盘没有机械马达和风扇,工作时噪声值为 0。

(5)工作温度范围大。典型的硬盘驱动器只能在 5～55℃范围内工作。而大多数固态硬盘可在 -10～70℃工作。固态硬盘比同容量机械硬盘体积小、质量小。固态硬盘的接口规范和定义、功能及使用方法上与普通硬盘相同,在产品外形和尺寸上也与普通硬盘一致。其芯片的工作温度范围很宽(-40～85℃)。

（6）轻便。固态硬盘在质量方面更小，与常规1.8英寸硬盘相比，质量小20~30g。

同时，目前固态硬盘由于技术的限制，还有一些缺点。

（1）成本高。固态硬盘的每单位容量价格是机械硬盘的5~10倍（基于闪存），甚至200~300倍（基于DRAM）。

（2）容量低。目前固态硬盘最大容量远低于机械硬盘。

（3）寿命限制。固态硬盘闪存具有擦写次数限制的问题。闪存完全擦写一次称为1次P/E，因此闪存的寿命就以P/E作单位。一款120GB的固态硬盘，要写入120GB的文件才算做一次P/E。SLC有10万次的写入寿命，MLC的写入寿命大概有1万次。

对于固态硬盘的使用和保养，与机械硬盘有很大的区别。

（1）不需要使用碎片整理。消费级固态硬盘的擦写次数是有限制，碎片整理会大大减少固态硬盘的使用寿命。其实，固态硬盘的垃圾回收机制就已经是一种很好的"磁盘整理"，再多的整理完全没必要。Windows的"磁盘整理"功能是机械硬盘时代的产物，并不适用于SSD。

（2）小分区，少分区。还是由于固态硬盘的"垃圾回收机制"。在固态硬盘上彻底删除文件，是将无效数据所在的整个区域摧毁，过程是这样的：先把区域内有效数据集中起来，转移到空闲的位置，然后把"问题区域"整个清除。

这一机制意味着，分区时不要把SSD的容量都分满。例如，一块128GB的固态硬盘，厂商一般会标称120GB，预留了一部分空间。但如果在分区的时候只分100GB，留出更多空间，固态硬盘的性能表现会更好。这些保留空间会被自动用于固态硬盘内部的优化操作，如磨损平衡、垃圾回收和坏块映射。这种做法称为"小分区"。

"少分区"则关系到"4k对齐"对固态硬盘的影响。一方面主流SSD容量都不是很大，分区越多意味着浪费的空间越多，另一方面分区太多容易导致分区错位，在分区边界的磁盘区域性能可能受到影响。最简单地保持"4k对齐"的方法就是用操作系统自带的分区工具进行分区，这样能保证分出来的区域都是4K对齐的。

（3）保留足够剩余空间。固态硬盘存储越多性能越慢。而如果某个分区长期处于使用量超过90%的状态，固态硬盘崩溃的可能性将大大增加。所以及时清理无用的文件，设置合适的虚拟内存大小，将电影音乐等大文件存放到机械硬盘非常重要，必须让固态硬盘分区保留足够的剩余空间。

（4）及时刷新固件。"固件"好比主板上的BIOS，控制固态硬盘一切内部操作，不仅直接影响固态硬盘的性能、稳定性，也会影响到寿命。优秀的固件包含先进的算法能减少固态硬盘不必要的写入，从而减少闪存芯片的磨损，维持性能的同时也延长了固态硬盘的寿命。因此及时更新官方发布的最新固件显得十分重要。不仅能提升性能和稳定性，还可以修复之前出现的bug。

（5）学会使用恢复指令。固态硬盘的Trim重置指令可以把性能完全恢复到出厂状态。但不建议过多使用，因为对固态硬盘来说，每做一次Trim重置就相当于完成了一次完整的擦写操作，对磁盘寿命会有影响。

三、光盘存储

光盘存储（optical disc storage）是目前电子文档存储的一种主要方法，也是光盘存储信息的主要物理媒介。

光盘是利用激光原理进行读、写的设备,是迅速发展的一种辅助存储器,可以存放各种文字、声音、图像和动画等多媒体数字信息。光盘分不可擦写光盘(只读型光盘)和可擦写光盘(可记录型光盘)。

只读型光盘包括 CD-Audio、CD-Video、CD-ROM、DVD-Audio、DVD-Video、DVD-ROM 等;可记录型光盘包括 CD-R、CD-RW、DVD-R、DVD+R、DVD+RW、DVD-RAM、DoublelayerDVD+R 等各种类型。

常见的光盘非常薄,一般只有 1.2mm 厚,主要分为五层,包括基板(基体)、记录层、反射层、保护层、印刷层(丝印层)等。

1. 基板

它是各功能性结构(如沟槽等)的载体,其使用的材料是聚碳酸酯(PC),冲击韧性极好、使用温度范围大、稳定性好、无毒性。一般来说,基板是无色透明的聚碳酸酯板,在整个光盘中,它不仅是沟槽等的载体,更是整体个光盘的物理外壳。CD 光盘的基板厚度为 1.2mm、直径为 120mm,中间有孔,呈圆形,它是光盘的外形体现。光盘之所以能够随意取放,主要取决于基板的硬度。需要说明的是,在基板方面,CD、CD-R、CD-RW 之间是没有区别的。

2. 记录层

记录层是烧录时刻录信号的地方,其主要的工作原理是在基板上涂抹专用的有机染料,以供激光记录信息。由于烧录前后的反射率不同,经由激光读取不同长度的信号时,通过反射率的变化形成 0 和 1 信号,借以读取信息。

一次性记录的 CD-R 光盘主要采用有机染料(酞菁),当此光盘在进行烧录时,激光就会对基板上涂的有机染料进行烧录,直接烧录成一个接一个的"坑",这样有"坑"和没有"坑"的状态就形成了 0 和 1 的信号,这一个接一个的"坑"是不能恢复的,也就是当烧成"坑"之后,将永久性地保持现状,这也就意味着此光盘不能重复擦写。这一连串的 0、1 信息,就组成了二进制代码,从而表示特定的数据。

对于可重复擦写的 CD-RW 而言,所涂抹的就不再是机染料,而是某种碳性物质,当激光在烧录时,就不是烧成一个接一个的"坑",而是改变碳性物质的极性,通过改变碳性物质的极性,来形成特定的 0 和 1 代码序列。这种碳性物质的极性是可以重复改变的,这也就表示此光盘可以重复擦写。

3. 反射层

这是光盘的第三层,它是反射光驱激光光束的区域,借反射的激光光束读取光盘片中的资料。其材料为纯度为 99.99% 的纯银金属。

4. 保护层

保护层用来保护光盘中的反射层及染料层,防止信号被破坏。材料为光固化丙烯酸类物质。市场使用的 DVD+/-R 系列还需在以上的工艺上加入胶合部分。

5. 印刷层

印刷盘片的客户标识、容量等相关资讯的地方,这就是光盘的背面。其实,它不仅可以标明信息,还可以起到一定的保护光盘的作用。

在使用光盘进行信息存储过程中,需要对光盘和其中的数据进行科学的维护。

光盘因受天气、温度的影响,表面有时会出现水汽凝结,使用前应取干净柔软的棉布将光盘表面轻轻擦拭。

光盘放置应尽量避免落上灰尘并远离磁场。取用时以手捏光盘的边缘和中心为宜。

光盘表面如发现污渍,可用干净棉布蘸上专用清洁剂由光盘的中心向外边缘轻揉,切勿使用汽油、酒精等含化成分的溶剂,以免腐蚀光盘内部。

光盘在闲置时严禁用利器接触光盘,以免划伤。若光盘被划伤会造成激光束与光盘信息输出不协调及信息失落现象,如果有轻微划痕,可用专用工具打磨恢复原样。

光盘在存放时因厚度较薄、强度较低,在叠放时以 10 张之内为宜,超之则容易使光盘变形影响播放质量。

光盘若出现变形,可将其放在纸袋内,上、下各夹玻璃板,在玻璃板上方压 5kg 的重物,36h 后可恢复光盘的平整度。

对于需长期保存的重要光盘,选择适宜的温度尤为重要。温度过高过低都会直接影响光盘的寿命,保存光盘的最佳温度以 20℃ 左右为宜。

四、优盘存储

优盘是一种无须物理驱动器的微型高容量移动存储产品,它采用的存储介质为闪存(flash memory)。闪存盘接口有 USB、IEEE1394、E-SATA 等,采用 USB 接口的闪存盘简称 U 盘或优盘。闪存盘不需要额外的驱动器,将驱动器及存储介质合二为一,只要接上计算机上的 USB、IEEE1394、E-SATA 等接口就可独立地存储读/写数据。优盘体积很小,仅大拇指般大小,质量极小,约为 20g,特别适合随身携带。如图 2-12 所示。

优盘全称为 USB 闪存盘,英文名"USB flash disk"。它是一种使用 USB 接口的无须物理驱动器的微型高容量移动存储产品,通过 USB 接口与电脑连接,实现即插即用。

图 2-12 优盘的外观

优盘的组成很简单,主要由外壳+机芯组成。

(1)机芯。机芯包括一块 PCB+USB 主控芯片+晶振+贴片电阻+电容+USB 接口+贴片 LED(不是所有的 U 盘都有)+FLASH(闪存)芯片。

(2)外壳。按材料分类,有 ABS 塑料、竹木、金属、皮套、硅胶、PVC 软件等;按风格分类,有卡片、笔形、迷你、卡通、商务、仿真等;按功能分类,有加密、杀毒、防水、智能等。

(3)对一些特殊外形的 PVC 优盘,有时会专门制作特定配套的外包装。

要访问闪存盘的数据,就必须把闪存盘连接到电脑,无论是直接连接到电脑内置的 USB 控制器,还是一个 USB 集线器都可以。只有当被插入 USB 端口时,闪存盘才会启动,而所需的电力也由 USB 连接供给。然而,有些闪存盘(尤其是使用 USB 3.0 标准的高速闪存盘)可能需要比较多的电源,因此若接在如内置在键盘或屏幕的 USB 集线器上时,这些闪存盘将无法工作,除非将它们直接插到控制器(也就是计算机本身提供的 USB 端口)或是一个外接电源的 USB 集线器上。

优盘最大的优点就是小巧便于携带、存储容量大、价格便宜、性能可靠。U 盘体积很小,仅大拇指般大小,质量极小,一般为 15g 左右。一般的 U 盘容量有 2GB、4GB、8GB、16GB、32GB、64GB(1GB 以下容量已停产,因为其容量过小,而成本与大容量的优盘几乎相当),除此之外还有 128GB、256GB、512GB、1T 等。

闪存盘在大多数现代的操作系统中都可以在不需要另外安装驱动程序的情况下读取及写入。闪存盘在操作系统里面显示成区块式的逻辑单元,隐藏内部闪存所需的复杂细节。操作系统可以使用任何文件系统或是区块寻址,也可以制作启动优盘来引导计算机。

与其他的闪存设备相同,闪存盘在总读取与写入次数上也有限制。一般闪存盘在正常使用状况下可以读取与写入数十万次,但当闪存盘变旧时,写入的动作会更耗费时间。当我们用闪存盘来运行应用程序或操作系统时,便不能不考虑这点。有些程序开发者特别针对这个特性以及容量的限制,为闪存盘撰写了特别版本的操作系统(如 Linux)或是应用程序(如 Mozilla Firefox)。它们通常对使用空间进行优化,同时将需要暂存的文件存储在电脑的主存中,而不是闪存盘里。

许多闪存盘支持写入保护的机制。这种在外壳上的开关可以防止电脑写入或修改磁盘上的数据。写入保护可以防止电脑病毒文件写入闪存盘,以防止该病毒的传播。没有写保护功能的闪存盘,则成了多种病毒随自动运行等功能传播的途径。

闪存盘比起机械式的磁盘来说更能容忍外力的撞击,但仍然可能因为严重的物理损坏而故障或遗失数据。在组装电脑中,错误的 USB 连接端口接线也可能损坏闪存盘的电路。

五、磁带存储

磁带是一种用于记录声音、图像、数字或其他信号的载有磁层的带状材料,是产量最大和用途最广的一种磁记录材料。通常是在塑料薄膜带基(支持体)上涂覆一层颗粒状磁性材料(如针状 α-Fe2O3 磁粉或金属磁粉)或蒸发沉积上层磁性氧化物或合金薄膜而成。磁带最早曾使用纸和赛璐珞等做带基,现在主要用强度高、稳定性好和不易变形的聚酯薄膜做带基。磁带被卷成一盘放入磁带盒中形成一盘磁带,这就是我们常说的一盒磁带。

有多种多样的磁带。例如,用于储存视频的录像带,用于储存音频录音带,用于仪器仪表的磁带和用于计算机数据存储的磁带,我们主要讨论用于计算机存储的磁带。

由于磁带只能按照磁带的方向前进或倒退,计算机在使用磁带进行存储时将磁带看成为一种顺序读/写文件,对磁带中的内容进行顺序的读/写操作。磁带文件格式示意图如图 2-13 所示。

在磁带开始处有磁带卷标,存放磁带卷的标志、磁带文件索引等磁带管理信息。每个磁带文件都有磁带文件标,存放该磁盘文件的有关管理信息。磁带文件的内容存放在数

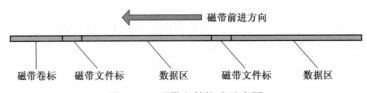

图 2-13　磁带文件格式示意图

据区中。当计算机操作系统对磁带文件进行读/写时,磁带顺序通过磁头,找到相应位置后写入信息(写信息)或找到相应信息后传送到计算机中(读信息)。

磁带机(Tape Driver)一般指单驱动器产品(当磁带机用于磁带库设备中我们也称之为磁带驱动器)。磁带机通常由磁带驱动器和磁带构成,是一种经济、可靠、容量大的存储备份设备,如图 2-14 所示。

图 2-14　磁带与磁带机
(a)磁带;(b)磁带驱动器。

磁带机通过计算机总线或 SCSI 接口线路与计算机连接,通过 SCSI 控制器来控制磁带机,完成对磁带的操作。因而在选择磁带机时,必须选择与主机 SCSI 控制器相匹配的磁带机,才能使磁带机正常工作。SCSI 控制器通常有两种:一种是插卡式的,主要在台式计算机 PCI 插槽中使用,这类 SCSI 控制器都有较详细的随机说明文档,可根据说明文档,选择其支持的规格和型号的磁带机;另一种是集成在主板上的 SCSI 控制器,主要使用在服务器及以上档次的机器上,在购买磁带机时应确认磁带机的型号是否与服务器的 SCSI 控制器匹配,匹配的才可以使用。

磁带机一般具有一定的数据纠错能力,如使用写后即读通道技术,在写入数据后立即将数据再读出来,验证数据的正确性。通过一定的数据验证处理,可以大大提高数据备份的可靠性。

根据装带方式的不同,磁带机一般分为手动装带磁带机和自动装带磁带机(自动加载磁带机)。自动加载磁带机提高了磁带机的自动化程度,减少了人工操作的出错可能性。自动加载磁带机实际上是将磁带加载设备和磁带机有机结合组成的。自动加载磁带机是一个位于单机中的磁带驱动器和自动磁带更换装置,它可以从装有多盘磁带的磁带匣中拾取磁带并放入驱动器中或执行相反的过程。它可以备份 100~200GB 或者更多的数据。自动加载磁带机能够支持例行备份过程,自动为每日的备份工作装载新的磁带。一个拥有工作组服务器的小公司可以使用自动加载磁带机来自动完成备份工作。

目前,提供磁带机的厂商很多,IT 厂商中 HP(惠普)、IBM、Exabyte(安百特)等均有磁带机产品。另外专业的存储厂商如 Quantum(昆腾公司)、ADIC、Spectra Logic 等公司均以磁带机、磁带库等为主推产品。

随着磁带机技术的发展和数据量的增大,磁带库技术得到很大发展。磁带库是一种机柜式的,将多台磁带机整合到一个封闭系统中的数据存储设备,是离线备份存储系统中的关键设备之一。它主要由磁带驱动器、机械臂和磁带构成,可实现磁带自动卸载和加载,可以在存储管理软件的控制下实现智能备份与恢复和监控统计等功能,能够满足高速度、高效率、高存储容量的要求,并具有强大的系统扩展能力。

磁带库(图2-15)凭借可靠的数据存储能力和高速的数据传输能力,从早期的独立的备份设备成长为存储备份的主力。磁带库自动、高速的备份能力,成为网络存储环境中的数据备份的重要设备。在海量多媒体数据的应用环境中,磁带库在多媒体数据归档、数据长期保存等方面,其可靠性、成熟度和性能价格比等方面,都得到了用户的认可。

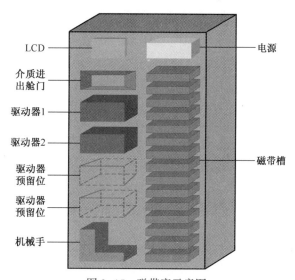

图2-15 磁带库示意图

关于磁带库的性能,可以从以下几个方面来衡量。

(1)磁带库机械手。机械手是磁带库的核心部件,是决定磁带库是否运行稳定的关键因素,也是磁带库中最昂贵的部件,应当认真选择。

(2)磁带库分区。所谓磁带库分区就是将磁带库中的驱动器分配给不同的主机。这些驱动器只能由被分配的主机使用。只有具有多通道结构的磁带库才能支持磁带库分区特性。

(3)磁带库的连接方式。为了使磁带库适用于各种应用环境,磁带库必须支持多种连接方式。目前磁带库一般支持SCSI、FC交换网络、FC环路网络,今后还将支持以IP网络为基础的iSCSI等存储网络协议。

(4)多种磁带机的支持。磁带库的核心部件是磁带机,如今的磁带机技术各具特色,为用户不同的存储需求提供选择。目前,开放式磁带库大都能够支持主流磁带机技术,并且可以在同一台磁带库中混装。

(5)存储容量。一个磁带库的总容量是最大槽数和每盘磁带容量的乘积。通常,磁带库按照容量大小分成三个级别:入门级、部门级和企业级。也就是我们平常说的低端、中端和高端。其中,入门级磁带库可以提供几百吉字节(GB)至几太字节(TB)的容量,部门级磁带库的容量在几太字节至几十太字节,而企业级磁带库的容量在几十太字节至几百太字节甚至更高的拍字节(1PB=太字节1024TB=1024×1024×1024MB)级。

(6) 存储性能。磁带库的性能由磁带机和磁带库共同决定,包括机械手的磁带装载时间以及磁带机性能。磁带库的性能主要取决于磁带机的数据传输速率,机械手的磁带平均装载时间以及磁带机与磁带库管理软件的配合。

(7) 可靠性。使用硬件冗余技术可提高磁带库的可靠性,如电源冗余、风扇冗余等。类似于磁盘的 RAID 技术,多个磁带机之间也可以做冗余(Redundant Array of Inexpensive Tape,RAIT),将多个磁带机做成一个阵列,一方面提高备份的性能另一方面又可以提高磁带库的容错性能。

磁带库能够提供基本的自动备份和数据恢复功能,可以实现连续备份、自动搜索磁带,也可以在驱动管理软件控制下实现智能恢复、实时监控和统计,整个数据存储备份过程完全摆脱了人工干涉。磁带库在存储容量、备份效率和人工占用方面拥有很强的优势。在网络系统中,磁带库通过存储区域网(SAN)形成网络存储系统,为企业存储提供有力保障,很容易完成远程数据访问、数据存储备份,或通过磁带镜像技术实现多磁带库备份,是数据仓库、ERP 等大型网络应用的存储设备。

第三节　磁盘阵列存储

一、磁盘阵列(RAID)技术原理

自 20 世纪 80 年代以来,CPU 处理性能的提升速度远高于磁盘驱动器读写速度的增长率,两者性能上的不匹配严重制约了系统整体性能的提升,而磁盘阵列(Redundant Array of Independent Disk,RAID)技术的出现很好地缓解了这一矛盾。RAID 通过使用多磁盘并行存取数据来大幅提高数据吞吐率。另外,通过数据校验,RAID 可以提供容错功能,提高存储数据的可用性。目前,RAID 已成为保障存储性能和数据安全性的一项基本技术。

在传统的计算机存储系统中,存储工作通常是由计算机内置的磁盘来完成的,采用这种内置存储方式容易引起以下等方面的问题。

(1) 不利于扩容。一方面,由于机箱空间有限,硬盘数量的扩展受到了限制,导致存储容量受到限制;另一方面,机箱满载的情况下需要扩容,只能通过添购服务器的方式实现,扩容成本高。

(2) 不利于资源共享。数据存在于不同服务器挂接的磁盘上,不利于共享和备份。

(3) 影响业务连续性。当需要更换硬盘(如硬盘失效)或增加硬盘(如扩容)时,需要切断主机电源,主机上业务系统只能中断。

(4) 可靠性低。机箱内部的硬盘相互独立,多个磁盘上的数据没有采用相关的数据保护措施,坏盘情况下数据丢失的风险大。

(5) 存储空间利用率低。一台主机内置一块或几块容量较大的硬盘,而自身业务在只需很小存储空间的情况下,其他主机也无法利用这些闲置的空间,造成了存储资源的浪费。

(6) 内置存储直接通过总线与内存相连,占用总线资源,影响主机性能。

随着大型计算、海量数据存储的发展,应用对计算能力、数据存储资源方面都有了更高的要求,计算机内置存储已经无法满足各类应用对存储性能、容量、可靠性的需求。为了克服内置存储存在的扩容性差这一问题,人们把磁盘从机箱里面挪到了机箱外面,通过 SCSI 总线将主机与外置磁盘连接起来,进而通过扩展磁盘数量获得足够大的存储容量,这也是 RAID 技术的设计初衷。后来随着磁盘技术的不断发展,单个磁盘容量不断增大,构建 RAID 的目的已不限于构建一个大容量磁盘,而是利用并行访问技术和数据编码方案来分别提高磁盘的读写性能和数据安全性。

磁盘阵列(RAID)的全称是独立冗余磁盘阵列,最初是美国加州大学伯克利分校于 1987 年提出的,它将两个或两个以上单独的物理磁盘以不同的方式组合成一个逻辑盘组。RAID 技术的优势主要体现在三个方面。

(1) 将多个磁盘组合成一个逻辑盘组,以提供更大容量的存储;
(2) 将数据分割成数据块,由多个磁盘同时进行数据块的续/写,以提高访问速度;
(3) 通过数据镜像或奇偶校验提供数据冗余保护,以提高数据安全性。

其技术原理如图 2-16 所示。

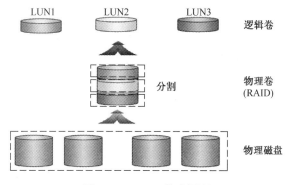

图 2-16 RAID 技术原理

实现 RAID 主要有以下两种方式。

(1) 基于软件的 RAID 技术。通过在主机操作系统上安装相关软件实现,在操作系统底层运行 RAID 程序,将识别到的多个物理磁盘按一定的 RAID 策略虚拟成逻辑磁盘;然后将这个逻辑磁盘映射给磁盘管理器,由磁盘管理器对其进行格式化。上层应用可以透明地访问格式化后的逻辑磁盘,察觉不到逻辑磁盘是由多个物理磁盘构成的。上述所有操作都是依赖于主机处理器实现的,软件 RAID 会占用主机 CPU 资源和内存空间,因此低速 CPU 可能无法实施,软件 RAID 通常用于企业级服务器。但是,软件 RAID 具有成本低、配置灵活、管理方便等优势。

(2) 基于硬件的 RAID 技术。通过独立硬件实现 RAID 功能,包括采用集成 RAID 芯片的 SCSI 适配卡(RAID 卡)或集成 RAID 芯片的磁盘控制器(RAID 控制器)。RAID 适配卡和 RAID 控制器都拥有自己独立的控制处理器、I/O 处理芯片、存储器和 RAID 芯片。硬件 RAID 采用专门 RAID 芯片来实现 RAID 功能,不再依赖于主机 CPU 和内存。相比软件 RAID,硬件 RAID 不但释放了主机 CPU 压力,提高了性能,而且操作系统也可以安装在 RAID 虚拟磁盘之上,能够进行相应的冗余保护。

RAID 使用注意事项包括如下内容:

（1）使用前请先备份硬盘的资料，一旦进行 RAID 设定或是变更 RAID 模式，将会清除硬盘里的所有资料，且无法恢复。

（2）建立 RAID 时，建议使用相同品牌、型号和容量的硬盘，以确保性能和稳定。请勿随意更换或取出硬盘，如果取出了硬盘，请记下硬盘放入两个仓位的顺序不得更改，以及请勿只插入某一块硬盘使用，以避免造成资料损坏或丢失。

（3）如果旧硬盘曾经在 RAID 模式下使用，请先清除硬盘 RAID 信息，让硬盘回复至出厂状态，以免 RAID 建立失败。

RAID 技术除了可以提供大容量的存储空间，还可以提高存储性能和数据安全性。那么它如何能在提高读写性能的同时保证数据安全性呢？主要原因在于 RAID 采用了数据条带化这一高效数据组织方式以及奇偶校验这一数据冗余策略。

RAID 引入了条带的概念。如图 2-17 所示，条带单元（Stripe Chit）是指磁盘中单个或者多个连续的扇区的集合，是单块磁盘上进行一次数据读写的最小单元。条带（Stripe）是同一磁盘阵列中多个磁盘驱动器上相同"位置"的条带单元的集合，条带单元是组成条带的元素。条带宽度是指在一个条带中数据成员盘的个数，条带深度则是指一个条带单元的容量大小。

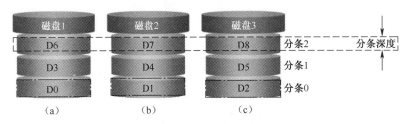

图 2-17　磁盘上的数据条带

(a)硬盘上的数据条带；(b)硬盘上的数据条带；(c)硬盘上的数据条带。

通过对磁盘上的数据进行条带化，实现对数据成块存取，可以增强访问的连续性，有效减少磁盘的机械寻道时间，提高数据的存取速度。此外，通过对磁盘上的数据进行条带化，将连续的数据分散到多个磁盘上存取，实现同一阵列中多块磁盘同时进行存取数据，这样能提高数据存取效率（访问并行性）。并行操作可以充分利用总线的带宽，显著提高磁盘整体存取性能。

因为采用了数据条带化组织方式，使得 RAID 组中多个物理磁盘可以并行或并发地响应主机的 I/O（输入/输出）请求，进而达到提升性能的目的，输入和输出分别对应数据的写和读操作。并行是指多个物理磁盘同时响应一个 I/O 请求的执行方式，而并发则是指多个物理磁盘一对一同时响应多个 I/O 请求的执行方式。

RAID 通过镜像和奇偶校验的方式对磁盘数据进行冗余保护。镜像是指利用冗余的磁盘保存数据的副本，一个数据盘对应一个镜像备份盘；奇偶校验则是指用户数据通过奇偶校验算法计算出奇偶校验码，并将其保存于额外的存储空间。奇偶校验采用的是异或运算（运算符为 $\oplus$）算法。奇偶校验具体过程如图 2-18 所示，$0\oplus0=0$，$0\oplus1=1$，$1\oplus0=1$，$1\oplus1=0$，运算符两边数据相同则为假（等于 0），相异则为真（等于 1）。

通过镜像或奇偶校验方式，可以实现对数据的冗余保护。当 RAID 中某个磁盘数据失效的时候，可以利用镜像盘或奇偶校验信息对该磁盘上的数据进行修复，从而提高了数

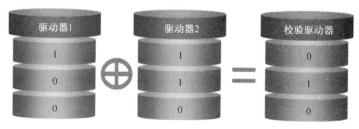

图 2-18 奇偶校验

据的可靠性。

RAID 技术将多个小容量的磁盘组合成一个大容量的逻辑磁盘。在 RAID 技术出现之前,出现过一种类似于 RAID 的磁盘簇(Just a Bundle of Disks,JBOD)技术,可以理解为"仅仅只是一堆磁盘",如图 2-19 所示。JBOD 技术只是将多个小容量的磁盘组合成一个大容量的逻辑磁盘,它没有条带的概念,数据块不能被多个磁盘同时读写。在 JBOD 中,只有将第一块磁盘的存储空间使用完,才会使用第二块磁盘,因此,JBOD 可用容量为所有磁盘容量的总和,但读写性能和单个的磁盘毫无差异。在 JBOD 的基础上,引入了按条带方式写入数据的数据组织方式,以镜像或奇偶校验为基础的数据冗余策略,就发展成了 RAID 技术。

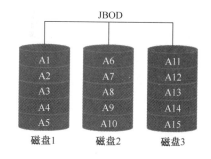

图 2-19 JOBD

根据不同的冗余策略和不同的数据访问模块,可以将 RAID 划分为不同的等级,如表 2-2 所列。常见的 RAID 级别有 RAID 0、RAID 1、RAID 2、RAID 3、RAID 4、RAID 5 以及 RAID 6。各级别的 RAID 既有各自的优势,也有不足,为了实现优势互补,自然而然地就想到把多个 RAID 等级组合起来,以此来获得具备更高性能和数据安全性的 RAID 组合等级,如 RAID 01、RAID 10、RAID 50。众多 RAID 组合等级中,能在实际中得到广泛应用的很少,下面主要介绍 RAID 0、RAID 1、RAID 5、RAID 6、RAID 01、RAID 10 以及 RAID 50 这些常用的 RAID 等级。

表 2-2 常见的 RAID 级别

RAID 0	数据条带化,无校验
RAID 1	数据镜像,无校验
RAID 2	海明码错误校验及校正
RAID 3	数据条带化读写,校验信息存放于专用硬盘
RAID 4	单次写数据采用单个硬盘,校验信息存放于专用硬盘

(续)

RAID 5	数据条带化,校验信息分布式存放
RAID 6	数据条带化,分布式校验并提供两级冗余
RAID 01	先做 RAID 0,后做 RAID 1,同时提供数据条带化和镜像
RAID 10	先做 RAID 1,后做 RAID 0,同时提供数据条带化和镜像
RAID 50	先做 RAID 5,后做 RAID 0,能有效提高 RAID 5 性能

二、RAID 级别

（一）RAID 0

RAID 0 是一种无数据校验的、简单的并且是所有 RAID 级别中拥有最高的存储性能的数据条带化技术。RAID 0 从原理上算不上真正的 RAID,因为它并不支持数据冗余策略。如图 2-20 所示,RAID 0 将所有磁盘条带化后组成大容量的存储空间。

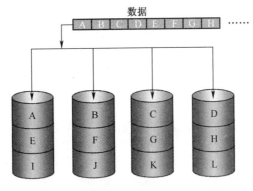

图 2-20　RAID 0

RAID 0 充分利用总线带宽,将数据分散存储在所有磁盘中,实现多块物理磁盘并发/并行执行 I/O 操作,使得访问性能得到很大的提升。此外,它无数据冗余策略,不需要进行数据镜像备份和校验运算,使得 RAID 0 成为所有 RAID 等级中性能最好的阵列。理论上讲,一个由 N 块物理磁盘组成的 RAID 0 组,它的读写性能是单块物理磁盘性能的 N 倍。但受制于 CPU 处理能力、总线带宽、内存大小等因素,RAID 0 实际的性能提升低于理论值。

RAID 0 具有低成本、高性能、100% 空间利用率等优点,但是它不提供数据冗余保护,只要磁盘组中一块磁盘失效那么磁盘数据就失效,并无法得到恢复。此外,磁盘组中任何一个磁盘数据失效,都可能导致整个逻辑磁盘的数据因为部分丢失而不可用。因此,RAID 0 一般适用于对性能要求很高但对数据安全性要求不高的应用场景,如临时数据缓存、视频/音频存储等。

以双盘 RAID 0 阵列为例,当 RAID 0 阵列照常工作时,向 RAID 0 磁盘组中的逻辑磁盘发出 I/O 数据,并将 I/O 请求转化为两项操作,两项操作并行执行分别落在一块物理磁盘上。此时,原来单一硬盘顺序读写数据的请求被分散到两块磁盘中同时执行。从理论上讲,两块磁盘的并行读写的操作会将同一时刻上磁盘读写速度提升 1 倍。

写数据时，RAID 0 采用条带化技术将数据写入磁盘组中，它将数据分为数据块，按带写入，均匀地存储在 RAID 组中的所有磁盘上。只有当 RAID 组的前一个条带被数据块写满后，数据才会写入到下一个条带。如图 2-21 所示，数据块 D0、D1、D2、D3、D4、D5 将被按条带化方式依次写入磁盘组，数据块 D0、D1 将同时被写入条带 0 中，分别写入磁盘 0 和磁盘 1 的相应条带单元上，数据块 D2、D3 将同时被写入条带 1 中，数据块 D4、D5 将同时被写入条带 2 中，依此类推，直至组中成员磁盘共同完成一个数据写入任务。由此可知，数据写入性能与成员磁盘的数量成正比。

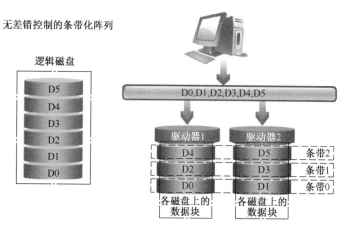

图 2-21　RAID 0 的工作原理

读数据时，RAID 0 接收到数据读取请求，它会在所有磁盘上搜索并读取目标数据块，经过整合后将数据返回给主机。假设阵列收到读取数据块 D0、D1、D2、D3、D4、D5 的请求，数据块 D0、D1 将从条带 0 中同时被读取，数据块 D2、D3 将从条带 1 中同时被读取，数据块 D4、D5 也将从条带 2 中同时被读取，依此类推，当所有的数据块从磁盘被读取后，经 RAID 控制器整合后发送给主机。和数据的写入同理，RAID 0 的读取性能与组中成员磁盘的数量成正比。

上面介绍了 RAID 0 在正常（所有磁盘都正常）情况下的工作情况，当某磁盘发生失效时，RAID 0 将无法正常执行读写操作。如图 2-22 所示，三个磁盘组成了一个 RAID 0 组，如果阵列中的某一磁盘（如磁盘 1）出现故障，整个磁盘组则会失效。假设一个文件被存储到这个 RAID 0 磁盘组上，此文件的数据将被分成若干数据块，即数据块 D0、D1、D2、

图 2-22　RAID 0 磁盘组失效

D3、D4、D5、D6、D7、D8,并分散存储在组中 3 块磁盘上。磁盘 1 失效将导致数据块 D1、D4、D7 丢失,尽管磁盘 0 和磁盘 2 仍然存有该文件的部分数据块,但整个文件的数据已经不完整,而文件系统将无法访问此类不完整的文件。简而言之,RAID 0 只是提供了一种数据组织方式,但不提供数据保护。

(二) RAID 1

RAID 1 又称为镜像(mirroring),是具有全冗余的阵列模式。RAID 1 包括一个数据磁盘(数据盘),一个或者多个备用磁盘(镜像盘)。每次写数据时,数据盘上的数据将完全地备份到镜像盘中。当数据盘失效时,镜像盘会接管数据盘的业务,保证业务的续性。

如图 2-23 所示,使用两个完全相同的磁盘可组成一个最简单的 RAID 1 阵列。

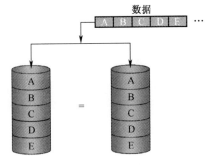

图 2-23 RAID 1

镜像盘作为备份,可显著提高数据的可用性。由于 RAID 1 阵列中一个磁盘保存数据,另一磁盘保存的是数据的副本,因此 RAID 1 的空间利用率是 50%。例如,将 1GB 数据写入阵列中,需要占用 2GB 的存储空间。RAID 1 的两个磁盘通常是容量相等的,若两个磁盘的容量大小不同,可用容量是两个磁盘中容量较小的磁盘的容量。

RAID 0 采用条带化技术将不同数据并行写入到磁盘中,而 RAID 1 则是采用条带化技术将相同的数据并行写入到磁盘中。RAID 1 读取数据的时候,会同时读取数据盘和镜像盘上的数据,以提高读取性能。如果在其中一个磁盘中读操作执行失败,则可以从另一个磁盘读取数据。

假设磁盘 0 和磁盘 1 组成一个 RAID 1,磁盘 0 作为数据盘,磁盘 1 作为镜像盘,则数据块 D0、D1 和 D2 为需要读/写的数据,如图 2-24 所示。

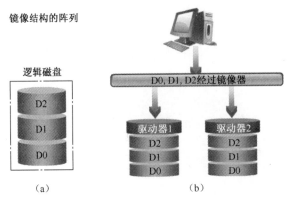

图 2-24 RAID 1 工作原理

写数据时，RAID 1 以双写的方式将数据写入两个磁盘中。以图 2-24 中数据块 D0、D1 和 D2 写入磁盘组过程为例：首先，数据块 D0 及其副本同时被写入磁盘 0 和磁盘 1 中，而后数据块 D1 及其副本也同时被写入磁盘 0 和磁盘 1 中，依此类推，直至所有数据块均以同样的方式写入到 RAID 1 磁盘组中。在 RAID 1 中，因为数据需要被写入数据盘和镜像盘，因此写性能会稍受影响。

读数据时，RAID 1 会同时读取数据盘和镜像盘上的数据。假设阵列收到读取数据块 D0、D1 和 D2 的请求，则数据块 D0 和 D1 可以分别由磁盘 0 和磁盘 1 同时读出（其他数据块同理），直至所有数据被读取出并经控制器整合后返回给主机。因此，正常工作状态下 RAID 1 系统的读性能等于两个磁盘的读性能之和。需要特别注意的是，当 RAID 1 磁盘组在正常工作时，成员盘发生故障或掉线，会由工作状态进入降级状态。假设图 2-25 中磁盘 0 发生故障，RAID 1 磁盘组进入降级状态，此时只能从磁盘 1 中读取数据，因此相比工作状态，降级状态下读性能会降低 50%。

图 2-25　RAID 1 磁盘组失效

RAID 1 的数据盘与镜像盘具有相同的内容。当数据盘出现故障时，可以使用镜像盘恢复数据。假设磁盘 0 为数据盘，磁盘 1 为镜像盘，当磁盘 0 出现数据失效时，可以用一个新磁盘或热备盘替换磁盘 0，并从磁盘 1 中将数据复制到新磁盘或热备盘里，以恢复丢失的数据。当 RAID 1 组中有磁盘失效时，只要新磁盘数据没有完成重建，RAID 1 就处于降级状态，而当单个磁盘的容量越高，需要恢复的数据就越多，数据重建时间就会越长。

（三）RAID 3

RAID 3 采用一个专用的磁盘用于存放校验数据，即校验盘。RAID 3 可以被认为是 RAID 0 的一种改进模式。相比 RAID 0，RAID 3 增加了一个专用的磁盘作为校验盘（图2-26）。

RAID 3 至少需要 3 块磁盘，它将不同磁盘上同一条带上的数据利用异或算法作为奇偶校验，所得校验数据写入校验盘中对应条带的条带单元上。RAID 3 支持从多个磁盘并行读取数据，读性能非常高。而写入数据时，必须计算对应条带数据的校验数据，并将校验数据写入校验盘中，一次写操作包含了写数据块、读取同条带的其他数据块、计算校验数据、写入校验数据多个操作，写操作开销大，性能相对较低。当 RAID 3 中某一磁盘出现故障时，不会影响数据读取，可以借助校验数据和其他完好数据来重建失效数据。如果所要读取的数据块正好位于失效磁盘，系统则需读取与该数据块位于同一条带的其他数据块和校验数据块，根据奇偶校验逆运算重建丢失的数据并发送给主机，从而对读性能有一定影响。当故障磁盘被更换后，系统按相同的方式重建故障盘中的数据，并写到新磁盘。

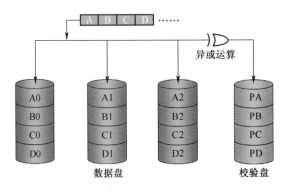

图 2-26　RAID 3 工作原理

RAID 3 采用单盘容错并行传输工作方式，即采用条带技术将数据分块，并对这些数据块进行异或校验，最终将所得校验数据写到校验盘上。当一个磁盘发生故障，除故障盘外，还可以继续对数据盘和校验盘进行读写操作。如图 2-26 所示，假设 RAID 3 由 4 块盘组成，磁盘 0、磁盘 1 和磁盘 2 作为数据盘，磁盘 3 作为校验盘，A、B、C、D 为需要读写的数据。

写数据时，RAID 3 采用并行方式写入数据。假设数据 A、B、C 将依次被写入磁盘组中，整个过程如下：收到写入请求之后，控制器对数据进行分块，数据 A 被分拆成数据块 A0、A1、A2，将这三个数据块进行异或运算得到校验数据块 PA，将数据块 A0、A1、A2、PA 同时写入同一条带上（分别落于磁盘 0、磁盘 1、磁盘 2、磁盘 3 的相应条带单元上）。同理，数据 B 和 C 以同样的方式被写入磁盘组中。RAID 3 组中成员盘共同完成一个数据写入任务，理论上数据写入性能与数据盘的数量成正比。

读数据时，其和写数据过程类似，RAID 3 采用并行方式读取数据。假如阵列收到读取数据 A、B、C 的请求，数据块 A0、A1、A2 将从对应条带单元中同时被读取，经 RAID 控制器整合后发送给主机。数据 B 和 C 以同样的方式被读取，理论上 RAID 3 的读性能与数据盘的数量成正比。

在正常工作状态下，RAID 3 数据读取时没有用到校验盘，数据盘支持对读请求的并发/并行响应，读性能非常高。而在写数据时，RAID 3 会把数据的写入操作分散到多个磁盘上进行，然而不管是向哪一个数据盘写入数据，都需要同时重写校验盘中的相关信息。因此，对于那些经常需要执行大量写入操作的随机业务来说，校验盘的负载将会很大，而且校验盘在同一时刻只能响应一个写操作，这将导致 RAID 3 不能支持对多个写请求的并发响应，此时整个系统写操作性能较低。而对于数据连续的顺序业务而言，数据块一般能满条带写入，每写一个条带计算一块校验数据即可。因此 RAID 3 可以支持一个写请求的并行响应，此时整个系统的写操作性能相对较高。

当 RAID 3 磁盘组中某一块磁盘发生故障时，RAID 3 通过对剩余数据盘上的数据块和校验盘上的校验数据做异或计算,重构出故障盘上原有的数据。以图 2-27 所示的 RAID 3 为例,当驱动器 2 出现故障时,其存储的数据块 A1、B1、C1 丢失,故障盘失效恢复需要经历如下过程:将与数据块 A1 同一条带上数据块 A0、A2 和校验块 P1 从各自磁盘中取出,进行异或运算得到数据块 A1,从而恢复出数据块 A1;同理,还可以恢复出数据块 B1 和 C1。如此循环,直至恢复出驱动器 2 上的所有数据。

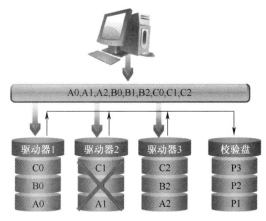

图 2-27　RAID 3 数据恢复

(四) RAID 5

RAID 5 是目前最常用的 RAID 等级,通过条带化形式将数据写入磁盘组中。与 RAID 3 类似,RAID 5 每个条带上都有一份校验数据,不同之处在于 RAID 5 不同条带上的校验数据不是单独存在一个固定的校验盘里的,而是按一定规律分散存放在阵列的各个磁盘里,如图 2-28 所示。

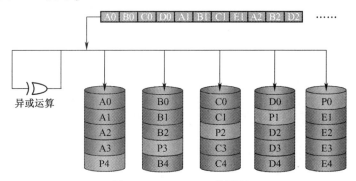

图 2-28　RAID 5 工作原理

阵列中每个磁盘都存储有数据块和校验数据,当数据块按条带方式写入时,校验数据也同时被写入该条带的某个磁盘的条带单元里。因此,RAID 5 不存在 RAID 3 中并发写操作时校验盘性能瓶颈问题。另外,RAID 5 还具备很好的扩展性,当阵列磁盘数量增加时,并行操作能力也随之增强,从而拥有更大的容量以及更高的性能。

RAID 5 的磁盘上同时存储数据和校验数据,同条带的数据块和对应的校验信息保存在不同的磁盘上。当一个数据盘损坏时,系统可以根据同一条带的其他数据块和校验数据来重建失效的数据。处于降级状态进行数据重构时,RAID 5 的用户访问性能会受到较大的影响。RAID 5 兼顾存储性能、数据安全和存储成本等各方面因素,基本上可以满足大部分的存储应用需求,因此,数据中心大多情况下采用它作为应用数据的保护方案。

RAID 5 使用的是分布式奇偶校验,每个成员盘都存放用户数据和校验数据。由于没有用专门的校验盘来保存校验数据,RAID 5 不存在校验盘性能瓶颈或热点问题。假设一个 RAID 5 的磁盘数为 N,则其中有效用户数据存储容量数为 $N-1$。在 RAID 3 和 RAID 5 的磁盘阵列中,如果一个磁盘失效,则该磁盘组将从正常工作(在线)状态转变为降级状态,并在降级状态下完成丢失数据的重构。如果重构过程中另一个磁盘也出现故障,则磁盘组的数据将会永久丢失。

下面以一个简单例子来说明 RAID 5 的读/写过程。如图 2-29 所示,磁盘 0、磁盘 1、磁盘 2 组成了一个 RAID 5,数据块 D0、D1、D2、D3、D4、D5 是需要存取的数据。

图 2-29　RAID 5 的读/写过程

写数据时,RAID 5 按条带进行。各个磁盘上既存储数据块,又存储校验数据。假设数据块 D0、D1、D2、D3、D4、D5 将依次被写入磁盘组,写入过程如下:首先利用数据 D0、D1 进行异或运算得到校验数据 P0;然后将数据块 D0、D1、P0 按条带化方式同时写入,分别落于磁盘 0、磁盘 1 和磁盘 2 的相应条带单元上。以同样的方式,将数据块 D2、D3、D4、D5 及其校验数据 P1、P2 写入磁盘中,由于采用分布式校验数据布局,校验数据 P0、P1、P2 分别落在磁盘 2、磁盘 1、磁盘 0 中。

读数据时,RAID 5 只读取磁盘中的用户数据块,而不需读取校验数据。假设阵列收到读取数据块 D0、D1、D2、D3、D4、D5 的请求,数据块 D0、D1 将同时从磁盘 0 和磁盘 1 中被读取,随后,数据块 D2、D3 将同时从磁盘 0 和磁盘 2 中被读取,数据块 D4、D5 也将同时从磁盘 1 和磁盘 2 中被读取,所有的数据块从磁盘被读取后,经 RAID 控制器整合后发送给主机。

在 RAID 5 中,如果有一块磁盘失效,可对其他成员磁盘进行异或运算,恢复出故障磁盘上的数据。如图 2-30 所示,磁盘 0 数据失效,该磁盘上数据块 D0、D2 和校验数据 P2 丢失。首先恢复数据块 D0,将与数据块 D0 同一条带上数据块 D1 和 P0 从各自磁盘中读取出,进行异或运算得到数据 D0;然后用相同方法恢复出数据块 D2 和 P2,直至将磁盘 0 上的数据全部恢复。

图 2-30　RAID 5 的数据恢复

(五) RAID 6

前面所述的 RAID 1、RAID 3 和 RAID 5 都只能保护因单个磁盘失效而造成的数据丢失,如果两个磁盘同时发生故障,数据将无法恢复。RAID 6 引入双重校验的概念,常用的校验方式有两种:一种是 P+Q 校验;另一种是 DP 校验。

RAID 6 是在 RAID 5 和 RAID 3 的基础上为了进一步增强数据保护而设计的一种 RAID,可以看作是 RAID 5 和 RAID 3 的一种扩展。当阵列中同时出现两个磁盘失效时,阵列仍能够继续工作,丢失数据依然可以得到恢复。RAID 6 不仅要支持数据块的恢复,还要支持校验数据的恢复,因此实现代价很高,控制器的设计也比其他等级更复杂、更昂贵。RAID 6 的工作原理是磁盘组中每个条带上有两份校验数据。

当 RAID 6 采用 P+Q 校验时,P 和 Q 代表两个彼此独立的校验数据,可以使用不同的校验方式计算得到,用户数据和校验数据分布在同一条带的所有磁盘上,如图 2-31 所示。

P 通过用户数据块的简单的异或运算得到,Q 通过对用户数据进行 GF(伽罗瓦域)变换再异或运算得到。α、β 和 γ 为常量系统,由此产生的值是一个所谓的"芦苇码"。该算法将数据磁盘相同条带上的所有数据进行转换和异或运算。以校验数据 P0 和 Q0 为例,下列公式是 P 和 Q 的计算方法:

$$P0 = D0 \oplus D1 \oplus D2$$
$$Q0 = (\alpha \times D0) \oplus (\beta \times D1) \oplus (\gamma \times D2)$$

RAID 6 阵列中只有一个磁盘数据失效时,利用 P 校验数据即可恢复失效磁盘上的数据,恢复过程与 RAID 5 类似。当两个磁盘同时失效时,则根据不同的场景有不同的处理方法。假设图 2-31 中的磁盘 0 和磁盘 1 数据失效,即 P1、Q1、D3、P2、D6、D7、D9、D10、Q5、Q12 数据丢失,P1 和 Q1 可以通过对条带 0 中数据块 D0、D1、D2 进行 P 和 Q 校验运算,恢复出 P1 和 Q1;其他丢失数据同样可以将对应条带上未丢失的数据读取出。利用以上两个校验公式,组成方程组进行求解,实现数据的恢复。

驱动器1	驱动器2	驱动器3	驱动器4	驱动器5	
P1	Q1	D0	D1	D2	分条0
P3	P2	Q2	D4	D5	分条1
D6	D7	P3	Q3	D8	分条2
D9	D10	D11	P4	Q4	分条3
Q5	D12	D13	D14	P5	分条4

图 2-31　RAID 6(P+Q 校验)

除了 P+Q 校验生产方式,DP(Double Parity)校验也比较普及。DP 校验盘是在 RAID 3 基础上增加的一个斜向校验盘,用于存放斜向的校验数据,如图 2-32 所示。

驱动器1	驱动器2	驱动器3	驱动器4	横向校验盘	斜向校验盘	
D0	D1	D2	D3	P0	DP0	分条0
D4	D5	D6	D7	P1	DP1	分条1
D8	D9	D10	D11	P2	DP2	分条2
D12	D13	D14	D15	P3	DP3	分条3

图 2-32　RAID 6(DP 校验)

DP 横向校验方式与 RAID 3 中的校验方式完全相同,为各个数据盘中对应条带数据块生产校验数据 P0、P1、P2 和 P3,斜向校验盘中校验数据 DP0、DP1、DP2 和 DP3 为各个数据盘及横向校验盘的斜向数据校验信息。相关公式如下(以 P0 和 DP0 为例,其他同理):

$$P0 = D0 \oplus D1 \oplus D2 \oplus D3$$
$$DP0 = D0 \oplus D5 \oplus D10 \oplus D15$$

(六) RAID 01 和 RAID 10

RAID 01 是先做条带化再做镜像,实质是对条带化后的虚拟磁盘实现镜像。RAID 01 结构其实非常简单,如图 2-33 所示,RAID 组包括两个 RAID 0 子组(子组内做 RAID 0,子组间做 RAID 1)。

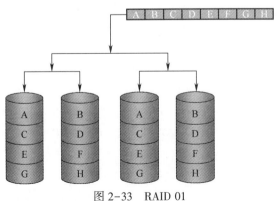

图 2-33　RAID 01

首先利用 4 块磁盘创建两个独立的 RAID 0 子组,然后将这两个 RAID 0 子组成一个 RAID 1,从而这 4 块磁盘构成了 RAID 01 组。数据被写入 RAID 01 时将同时被写入到两个磁盘阵列中,其中一个 RAID 0 子组数据失效时,整个阵列仍可继续工作,保证数据安全性的同时又提高了性能,但整体磁盘利用率仅为 50%。

与 RAID 01 不同,RAID 10 是先做镜像再做条带化,实质是对镜像后的虚拟磁盘实现条带化。如图 2-34 所示,RAID 10 组包括两个 RAID 1 子组(子组内做 RAID 1,子组间做 RAID 0)。

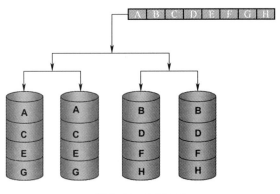

图 2-34　RAID 10

首先利用 4 块磁盘创建两个独立的 RAID 1 子组,然后将这两个 RAID 1 子组成一个 RAID 0,即这 4 块磁盘构了一个 RAID 10。RAID 10 兼具 RAID 0 和 RAID 1 两者的特性,虽然造成了 50% 的磁盘浪费,但它不仅提供了 200% 的速度,而且提高了数据安全性。一个 RAID 1 子组内最多允许坏一个磁盘,如果不在同一个 RAID 1 子组中的两个磁盘同时损坏,也不会导致数据丢失,整个 RAID 10 组仍能正常工作。

总的来说,RAID 10 和 RAID 01 均以 RAID 0 为执行阵列,以 RAID 1 为数据保护阵列,具有与 RAID 1 一样的容错能力,用于容错处理的系统开销与 RAID 1 基本一样。由于使用 RAID 0 作为执行阵列,具有较高的 I/O 宽带,RAID 10 适用于数据库存储服务器等需要高性能、高容错性但对磁盘利用率要求不高的场合。下面以 RAID 10 为例描述 RAID 10 的工作原理(RAID 01 与 RAID 10 类似,不再赘述)。

在图 2-35 所示的 RAID 10 中,物理磁盘 0 和磁盘 1 构成一个 RAID 1 子组,物理磁盘 2 和物理磁盘 3 形成另一个 RAID 1 子组,这两个 RAID 1 子组再做 RAID 0 形成了一个 RAID 10 组。

系统 RAID 10 发出 I/O 数据请求被转化为两项操作,每一项操作对应一个 RAID 1 磁盘子组,原来顺序的数据请求被分散到两个 RAID 1 子组中同时执行,每个 RAID 1 子组将对对应数据实施镜像操作,即磁盘 0 和磁盘 1 互做镜像,磁盘 2 和磁盘 3 互做镜像。

写数据时,RAID 10 采用条带化技术将数据写入 RAID 1 子组中,它将数据分为数据块,并均匀地分散存储在所有 RAID 1 子组中。数据块 D0、D1、D2、D3、D4、D5 将被依次写入两个磁盘子组中,并在组内做镜像,数据块 D0、D1 将同时被写入一个条带中,分别落于两个 RAID 1 子组中,最终数据块 D0 将以镜像的方式存储在磁盘 0 和磁盘 1 中,而数据块 D1 也将以镜像的方式存储在磁盘 2 和磁盘 3 中……。依此类推,数据块 D2、D3、D4、D5

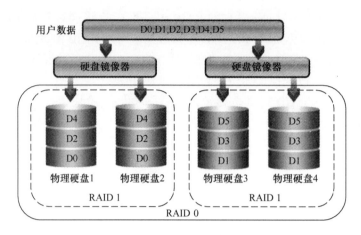

图 2-35 RAID 10 工作原理

将以同样的方式被写入到阵列中。通过条带化并行的方式,最终将所有数据块写入阵列中,其写入性能与 RAID 1 子组的数量成正比。

读数据时,当 RAID 10 接收数据读取请求时,它会在所有磁盘上搜索目标数据块并读取数据。首先,RAID 10 收到读取数据块 D0、D1、D2、D3、D4、D5 的请求,阵列可以同时从磁盘 0、磁盘 1、磁盘 2 和磁盘 3 中分别读取数据块 D0、D2、D1、D3,数据块 D4、D5 也按类似的方式被读取出来。当所有的数据块从阵列中被并行读取后,集合到 RAID 控制器中,经控制器整合后发送到主机。RAID 10 的并发读取性能与磁盘的数量成正比。

当不同的 RAID 1 子组的磁盘出现故障时,RAID 10 整体上数据访问不受影响。在图 2-35 中,RAID 10 中的磁盘 1 和磁盘 3 出现故障,由于磁盘 0 和磁盘 2 分别有磁盘 1 和磁盘 3 的完整数据副本,所以两个故障盘上数据是可以恢复的。但是,如果位于同一 RAID 1 子组中的两个磁盘同一时间发生故障,如磁盘 0 和磁盘 1,数据将不能被访问。从理论上讲,RAID 10 可以忍受总数一半的物理磁盘失效,然而从以上分析来看,在同一个子组出现两个失效磁盘时,RAID 10 也可能出现数据丢失,所以 RAID 10 通常用于防止单一磁盘失效的应用场景。

(七) RAID 50

RAID 50 是 RAID 5 与 RAID 0 的结合,即组内做 RAID 5,构成 RAID 5 子组,组间做 RAID 0。由于每个 RAID 5 子组要求最少有 3 块磁盘,所以 RAID 50 中要求最少有 6 块磁盘。相比 RAID 5 而言,RAID 50 具备更高的容错能力,其同时允许各个 RAID 5 子组各坏一个磁盘,即,既允许某个 RAID 5 子组内有一个磁盘数据失效,也允许两个 RAID 5 子组中各坏一个磁盘。由于检验数据分布于在两个 RAID 5 子组上,重构速度相比于单独的 RAID 5 有很大提高;此外,RAID 50 读写性能也相当好。

RAID 50 兼具 RAID 5 和 RAID 0 的特性。它通常由两组 RAID 5 子磁盘组成(如图 2-36 所示),每一子组都使用了分布式奇偶检验,而两个子组磁盘再组建成 RAID 0,实现跨磁盘抽取数据。RAID 50 提供可靠的数据存储和良好的访问性能。即使两个位于不同子组的物理磁盘发生故障,数据也可以顺利实现恢复。

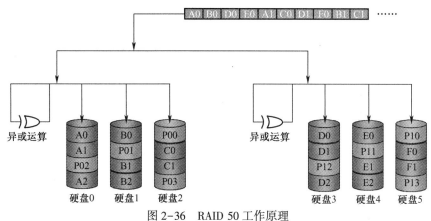

图 2-36 RAID 50 工作原理

三、不同 RAID 级别的对比

RAID 0 的优点在于读写性能好，存储数据被分割成 N（成员盘数）部分，分别存储在 N 个磁盘上，理论上逻辑磁盘的读写性能是单块磁盘的 N 倍，实际容量等于阵列中最小磁盘容量的 N 倍。RAID 0 的缺点在于安全性低，任何一块磁盘发生故障，数据都无法恢复，甚至可能导致整个 RAID 上的数据丢失。RAID 0 比较适合读/写性能要求高而安全性要求不高的应用，如存储高清电影、图形工作站等。

RAID 1 模式的优点在于安全性很高，$N-1$ 个磁盘作为镜像盘，允许 $N-1$ 个磁盘故障，当一个磁盘受损时，换上一个新磁盘替代原磁盘即可自动恢复数据和继续使用。RAID 1 的缺点在于磁盘读写性能一般且空间利用率低，存储速度与单块磁盘相同，阵列实际容量等于 N 个磁盘中最小磁盘的容量。RAID 1 比较适用于安全性要求高的应用，如服务器、数据库存储等。

RAID 3 的优点在于读性能非常好且安全性较高，和 RAID 0 一样从多个磁盘条带并行读取数据，N 块盘的 RAID 3 读性能与 $N-1$ 块盘的 RAID 0 的不相上下，由于 RAID 3 有校验数据，当 N 个磁盘中的其中一个磁盘出现故障时，可以根据其他 $N-1$ 个磁盘中的数据恢复出故障盘上的数据；缺点在于写入性能不好，RAID 3 支持顺序业务的并行写入操作，却不支持随机业务的并发写入操作，因为校验数据统一存放在检验盘上，写入性能受到校验盘的限制。RAID 3 比较适用于连续数据写入、安全性要求高的应用，如视频编辑、大型数据库等。

RAID 5 的优点在于存储性能较好、数据安全性高，是目前综合性能最佳的数据保护解决方案。RAID 5 把校验数据分散在了不同数据盘上，避免了 RAID 3 中写性能受到校验盘限制的问题，4 盘或以上的 RAID 5 支持数据的并行/并发读写操作。RAID 5 的缺点在于写消耗太大，一次写入操作包含了写入数据块、读取同条带的数据块、计算校验值、写入校验值等多个操作，对写入性能有一定的影响。RAID 5 适用于随机数据存储、安全性要求高的应用，如邮件服务器、文件服务器等。

RAID 6 的优点在于安全性非常高，同时读/写性能较好。当两个磁盘同时失效时，RAID 6 阵列仍能够继续工作，并通过求解两元方程来重建两个磁盘上的数据。RAID 6 继承了 RAID 3/RAID 5 的读/写特性，读性能非常好；缺点在于它有两个校验数据，写/操作消耗比 RAID 3/RAID 5 更大,并且设计和实施相对复杂,适用于安全性要求非常高的应用。

RAID 01 兼具 RAID 1 和 RAID 0 的优点,具有与 RAID 1 一样的容错能力,与 RAID 0 一样的高 I/O 宽带;缺点在于重构粒度太大,存储空间利用率低。RAID 01 对一个 RAID 0 子组进行整体的镜像备份,子组内一块盘失效,将引起整个子组磁盘进行重构;此外,RAID 01 内部都采用 RAID 1 模式,因此整体磁盘利用率均仅为 50%。

RAID 10 的优点和 RAID 01 一样,具有与 RAID 1 一样的容错能力,与 RAID 0 一样也具有较高的 I/O 宽带;此外,RAID 10 利用多个 RAID 1 子组做 RAID 0,子组内一块磁盘失效,可以利用其子组内镜像盘进行单盘快速重构;缺点在于磁盘利用率也只有 50%。RAID 10 适用于数据量大、安全性要求高的应用,如银行、金融等领域的数据存储。

RAID 50 的优点在于可靠的数据存储和优秀的整体性能,即使两个位于不同子组的物理磁盘发生故障,数据也可以顺利恢复过来。此外,相对于同数量盘的 RAID 5 而言,由于 RAID 50 校验数据位于 RAID 5 子磁盘组上,重建速度也有很大提高。特别是各 RAID 5 子磁盘组采用条带化方式进行存储,写入操作消耗更小,具备更快的数据读取速率。RAID 50 缺点在于磁盘故障时影响阵列整体性能,故障后重建信息的时间也比镜像配置情况下要长。RAID 50 适用于随机数据存储、安全性要求高、并发能力要求高的应用,如邮件服务器、WWW 服务器等。

表 2-3 列出上述常用 RAID 级别的技术特点,从表格的对比项可以看出,理想的 RAID 类型,或者是满足用户所有需求的 RAID 类型并不存在。用户选择 RAID 类型时,应根据实际应用需求,综合读写速度、安全性和成本进行考虑。值得注意的是,从理论上而言,磁盘阵列中(RAID 1 除外)成员盘越多性能越好。但在实际应用中,随着 RAID 组磁盘数变多,磁盘失效次数也会相应增加。因此,每个 RAID 组中不建议包含太多数量的物理磁盘。

表 2-3 常见 RAID 级别的比较

RAID 级别 对比项	RAID 0	RAID 1	RAID 3	RAID 5	RAID 6	RAID 10/01	RAID 50
容错性	无	有	有	有	有	有	有
冗余类型	无	镜像	奇偶校验	奇偶校验	奇偶校验	镜像	奇偶检验
热备盘选项	无	有	有	有	有	有	有
读性能	高	中	高	高	高	中	高
随机写性能	高	低	最低	低	低	中	中
连续写性能	高	低	中	中	低	中	中
最小磁盘数	2 块	2 块	3 块	3 块	4 块	4 块	6 块

四、RAID 数据保护

(一)热备盘

热备(hot spare)是指当 RAID 组中某个磁盘失效时,在不干扰当前 RAID 系统正常工作的情况下,用一个正常的备用磁盘顶替失效磁盘。

热备需要通过配置热备盘来实现,热备盘是指一个正常的、可以用来顶替 RAID 组失效磁盘的备用磁盘,可分为全局热备盘和局部热备盘。全局热备盘是指可以被不同 RAID 组共用的热备盘,可以代替任何磁盘组中的任何失效磁盘;局部热备盘是指仅被某一特定的 RAID 组使用的热备盘,这个特定组以外的其他 RAID 组里出现磁盘失效,局部热备盘不会被投入使用。管理员如何配置热备磁盘?热备盘需要几块磁盘?这些问题是根据具体情况而定的。假设目前有四个不同的 RAID 组,正常情况下,每个 RAID 组都应该配置一个自己的局部热备盘,当一个磁盘失效时,各自都有一个备用磁盘可用。但在磁盘数量不足的情况下,可以为四个不同的 RAID 组中配置一个全局热备盘,同一时间只有一个磁盘发生故障的话,对四个 RAID 组来说,一块全局热备盘也能有效地防止数据丢失。

通常来说,在创建 RAID 组的时候要求尽量使用同一厂商的同一型号磁盘,保持磁盘的容量、接口、速率等一致,这样有助于避免短板效应,否则 RAID 组工作时,各个成员磁盘的可用容量、读/写性能、接口速率均以最低配置的磁盘为准,造成性能和容量的无谓浪费。因此,选择热备盘时,要求热备盘的容量大于等于失效磁盘的容量,建议热备盘类型与失效 RAID 组中的磁盘类型相同。

(二) 预复制

预复制是指系统通过监控发现 RAID 组中某成员盘即将发生故障时,将即将故障成员盘中的数据提前复制到热备盘中。预复制是磁盘阵列的一种数据保护方式,能有效降低数据丢失风险,大大减少重构事件发生的概率,提高系统的可靠性,如图 2-37 所示。预复制过程主要包括三个步骤。

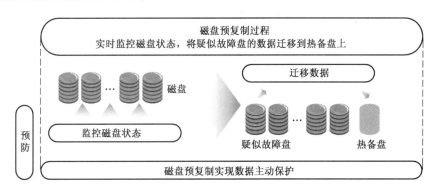

图 2-37 预复制过程

(1) 正常状态时,实时监控磁盘状态;
(2) 当某个磁盘疑似出现故障时,将该盘上的数据复制到热备盘上;
(3) 复制完成后,若有新盘替换故障盘时,再将数据迁移回新盘上。

预复制技术的应用前提是系统能检测到即将故障的磁盘,并且系统中配置有热备盘。对于存储设备来说,预复制非常有效。大多数企业级磁盘设备都配有一个名为 SMART 的工具,负责磁盘自我监测、分析和报告。SMART 工具不断从磁盘上的各个传感器收集信息,并把信息保存在磁盘的系统保留区。利用这个工具可以监视磁盘的健康状况,包括检查磁盘的旋转速度、温度、通电次数、通电数据累计、写错误率等,因此配有 SMART 工具的磁盘也被称为智能磁盘。系统会实时从智能磁盘的 SMART 信息中读取磁盘的状态信息,当发现磁盘错误统计超过设定的阈值后,立即将数据从疑似故障的磁盘中复制到热备盘里,同时向管理人员报警,提醒更换疑似故障的磁盘。

(三) 失效重构

重构是指当 RAID 组中某个磁盘发生故障时,根据 RAID 中的奇偶校验算法或镜像策略,利用其他正常成员盘的数据,重新生成故障磁盘数据的过程。重构内容包括用户数据和校验数据,最终将这些数据写到热备盘或者替换的新磁盘上。

如图 2-38 所示,假设磁盘 1、磁盘 2、磁盘 3 和磁盘 4 组成了一个 RAID 3,其中磁盘 3 为检验盘,磁盘 4 为热备盘。如果磁盘 1 由于某种原因导致盘发生故障,数据块 D0、D2、D4 丢失,那么磁盘控制器就可以利用磁盘 2 上的用户数据和磁盘 3 上的检验数据进行异或运算,重新构造出磁盘 1 中的数据块 D0、D2、D4,并写入热备盘中,待新盘替换故障盘之后,再将热备盘中的数据复制回新盘。当然,如果系统没有设置热备盘,则可以用新盘替换故障盘,直接将重构好的数据写入新盘中。

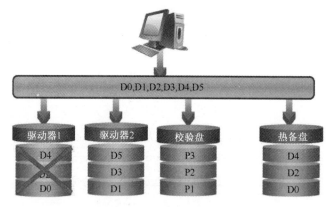

图 2-38　RAID 3 失效重构

在正常工作情况下,RAID 组中出现成员磁盘失效时就会进入降级状态并触发重构。成功触发重构需要具备以下三个前提。

(1) 阵列中有成员盘故障或数据失效;

(2) 阵列中配置有热备盘且没有被其他 RAID 组占用,或者新盘替换了故障盘;

(3) RAID 级别应配置成 RAID 1、RAID 3、RAID 5、RAID 6、RAID 10 或 RAID 50 等冗余阵列。

如果要保证阵列可以继续工作,不中断上层业务,那么重构过程不能影响 RAID 组进行读/写操作,否则需要暂停业务。

磁盘预复制技术和失效重构存在一些差异。最大区别在于:预复制是在数据失效之前将其备份到热备盘里,而重构是在数据失效之后利用相应算法进行数据恢复,前者动作在磁盘故障之前,后者动作在磁盘故障之后。通常情况下,重构需要更长的时间和更多的计算资源,相比而言,磁盘预复制技术具备低风险、高效率等优势。然而,不是所有的磁盘故障都能事先检测到的,所以不是任何情况下都可以使用预复制技术,在这种情况下,数据重构技术就显得非常重要。

磁盘预复制技术只是两个磁盘之间的单纯的数据复制过程,速度快且不涉及各种校验计算,也无须用到其他正常成员盘中的数据,业务不会中断。而重构过程中要涉及 RAID 中的多个成员盘,大量数据读/写易导致磁盘损坏且占用后端带宽,各种校验计算需要时间较长,影响系统性能,可能会导致业务中断。

磁盘预复制技术可以充分利用从检测到磁盘即将失效至磁盘真正失效的这段时间,将数据复制到热备盘中,从而降低数据丢失的风险。在整个预复制过程中,RAID 组处于正常状态,所有成员盘均处于可用状态,而且 RAID 组的用户数据和检验数据都是完整的,用户数据无丢失的风险,可以正常地响应主机的 I/O 请求。而在重构过程中,RAID 组处于降级状态,RAID 组的用户数据或检验数据是不完整的,用户数据处于高风险状态。虽然重构过程中也可以响应主机下发的 I/O 请求,但由于故障盘之外的成员盘也需参与重构,响应性能将大大降低。如果重构期间再次出现其他磁盘故障,对于 RAID 3、RAID 5 等单重冗余保护阵列,用户数据就会丢失,即使是 RAID 6 和使用镜像技术的多盘 RAID 1 这样的拥有多重冗余保护的阵列,一旦故障磁盘数超过冗余磁盘数,用户数据同样会丢失。

第四节 存储阵列技术

一、存储阵列系统架构

互联网彻底地改变了当今世界人们的生活方式,而基于互联网的云计算及物联网技术更将用户端延展至任何物品,进行更为深入的信息交换和通信,从而达到物物相息、万物互联。任何事物都不能孤立于其他群体而单独存在,存储系统也不例外,它不是孤立存在的,而是由一系列组件共同构成的。常见的存储系统有存储阵列系统、网络附加存储、磁带库、虚拟磁带库等。存储系统通常分为硬件架构部分、软件组件部分以及实际应用过程中的存储解决方案部分。下面以存储阵列系统为例介绍存储系统组成。

存储阵列系统的硬件部分分为外置存储系统和存储连接设备。外置存储系统主要指实际应用中的存储设备,如磁盘阵列、磁带库、光盘库等;存储连接设备包含常见的以太网交换机、光纤交换机以及存储设备与服务器或者客户端之间相连接的线缆。

存储阵列系统的软件组件部分主要包含存储管理软件(如 LUN 创建、文件系统共享、性能监控等)、数据的镜像、快照及复制模块。这些软件组件的存在,不仅使存储阵列系统具备高可靠性,而且降低了存储管理难度。

在存储系统架构中,磁盘阵列充当数据存储设备的角色,为用户业务系统提供数据存储空间,它是关系到用户业务稳定、可靠、高效运作的重要因素。

二、存储阵列高可靠性技术

随着信息化进程的高速推进,数据显得越来越重要,如何保证数据在写入或者读取过程中不丢失,是整体布局存储阵列组网需要考虑的问题。下面将围绕存储硬件、组网方式两方面对存储阵列的高可靠性技术进行剖析。

(一) 器件冗余

存储阵列系统实现了控制器模块、管理模块、BBU 模块(电池备份单元模块)、接口模块、电源模块、风扇模块等部件的冗余,极大保障了存储系统的可靠性。同时,通过采用双控双活技术,大大提升了存储阵列系统的数据存取效率。

(二) 存储阵列的多控技术

阵列多控技术是指一个阵列部署多个控制器,典型案例是双控制器,如图 2-39 所示。以双控制器为例,当一个控制器出现物理故障时,另一个控制器可以在用户无感知的情况下接替损坏控制器运行的业务,保证业务的正常运行。双控制器系统的工作模式分为两种:主备模式(Active Passive,AP)和双活模式(Active Active,AA)。

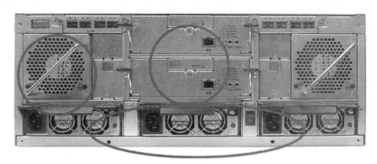

图 2-39 存储阵列的冗余与多控技术

Active Passive 工作模式简称 AP 模式(也称为主备模式),即任意时间点两个控制器中只有一个控制器是主控制器,并处于激活状态,主控制器用于处理上层应用服务器的 I/O 请求;而另外一个作为备用控制器,处于空闲等待状态,当主控制器出现故障或者处于离线状态时,备用控制器可以迅速和及时地接管主控制器的工作。

Active Active 工作模式简称 AA 模式(也称为双活模式),是指在正常时两个控制器可以并行地处理来自应用服务器的 I/O 请求,同时两控制器处于激活状态不分主次。当故障发生时其中一台控制器出现异常、离线或故障,另一台控制器可以迅速和及时地接管故障控制器工作,且不能影响自己现有的任务。基于以上,双活工作模式通过控制器相互冗余备份来确保存储系统的高可用性和高可靠性,而且具有提高资源利用率、均衡业务流量、提升存储系统性能等多方面的优点。

(三) 多路径技术

多台服务器主机通过一台交换机连接到存储阵列上,当交换机出现故障时,主机和存储阵列之间的数据传输就会中断,数据传输中断的原因在于主机和存储阵列之间只有一条路径,存在单点故障问题。所谓单点故障是指任何一个组件发生故障都会导致整个系统无法工作。为了解决单点故障问题,通常在硬件冗余的基础上采用多路径技术。

多路径技术是指在主机和存储阵列之间使用多条路径连接,使主机到阵列的可见路径大于一条,其间可以跨过多个交换机,避免在交换机处形成单点故障。主机和存储阵列通过两台独立交换机连接在一起,如图 2-40 所示。

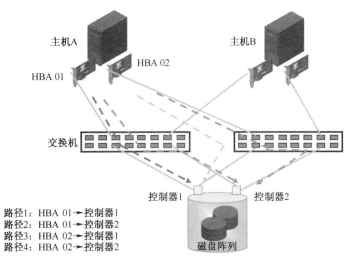

路径1：HBA 01→控制器1
路径2：HBA 01→控制器2
路径3：HBA 02→控制器1
路径4：HBA 02→控制器2

图 2-40　多路径技术

主机到存储阵列的可见路径有 4 条。在这种模式下，当路径 1 断开时，数据流会在主机多路径软件的导引下选择路径 2 到达存储阵列，同样在左侧交换机失效时，也会自动导引到右侧交换机到达存储阵列。等路径 1 和路径 2 恢复后，I/O 流会自动切回原有路径。整个切换和恢复过程对主机应用透明，完全避免了由于主机和阵列间的路径故障导致 I/O 中断。在图 2-40 中，虽然避免了单点故障问题，但会带来多路径问题：当一个卷通过两条或者两条以上的链路映射给主机使用时，主机侧挂载使用时会识别到多个不同的 LUN，但其实底层存储阵列映射的 LUN 只有一个。对于这个问题，通常采用多路径软件来处理。

硬件冗余存储阵列组网中，主机和存储阵列之间存在 4 条访问路径，在未安装多路径软件时，主机侧识别到 4 个物理盘（LUN 空间），如图 2-41 所示。

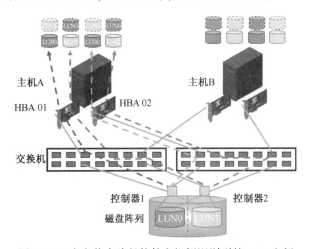

图 2-41　未安装多路径软件主机侧识别到的 LUN 空间

安装多路径软件后，主机侧只识别到一个物理盘（LUN 空间），如图 2-41 所示。之所以能解决多路径问题，原因在于多路径软件能通过识别设备的 WWN 号来判定底层的

LUN 空间。WWN 是设备的唯一标识,通常由 48 位或 64 位数字组成,相当于网卡的 MAC 地址,是全球唯一的。存储设备上只有一个 LUN,由于主机到存储设备有多条链路,在主机上挂载使用时,主机上会呈现多个磁盘。而多路径软件能够通过识别底层设备的 WWN 号来屏蔽这些磁盘,只生成一个虚拟磁盘,如图 2-42 所示。

多路径软件不仅能够避免同一 LUN 有多条路径可达而导致的操作系统逻辑错误,而且能够增强链路的可靠性,避免单个链路故障而导致的系统故障。

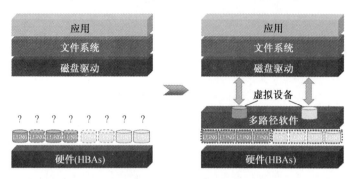

图 2-42 安装多路径软件主机侧识别到的 LUN 空间

多路径软件不仅能够避免同一 LUN 有多条路径可达而导致的操作系统逻辑错误,而且能够增强链路的可靠性,避免单个链路故障而导致的系统故障。

多路径软件还能提供以下功能。

(1)最优路径选择。选择多条路径中的最佳路径,获取最佳的性能。

(2)路径 I/O 负载均衡。自动选择多条路径进行 I/O 的下发,提高 I/O 性能,并根据路径繁忙程度进行业务路径选择。

(3)自动故障切换。业务链路发生故障时,进行故障切换(failover),确保业务不中断。

(4)自动故障恢复。等故障之前的业务链路恢复后,自动触发业务恢复(failback),用户无须介入,且业务不中断。

(四)数据保险箱盘技术

数据保险箱盘技术是一种保障高可靠性的技术,主要用于保存高速缓存(Cache)数据、系统配置信息和告警日志信息,有效地避免因系统意外断电而导致的数据丢失问题。

保险箱盘的工作原理:当系统掉电时,由电池备份单元(BBU)供电,主机如果有数据写进来,就将这些数据写入保险箱盘,当系统供电恢复时,将保存在保险箱盘的数据刷新到数据盘中。

保险箱盘用于存放系统重要数据和电源模块发生故障时 Cache 中的数据。一方面,它可以永久性地保存系统掉电后 Cache 中的数据,为系统提供强有力的可靠性保障;另一方面,它还可以存放系统的配置数据和告警日志等关键信息。不管是系统掉电后 Cache 中的数据,还是系统配置数据或者告警日志信息,对于一个存储系统来说,都是非常重要的,因此需要保证保险箱盘的可靠性。对此,数据保险箱中的多块硬盘采用 RAID 1 冗余配置,存入保险箱的数据中会保存两份完全相同的副本,即使保险箱内某个硬盘出现故障,在更换硬盘后,保险箱将使用数据恢复机制自动将数据完整地恢复到新硬盘上,整个操作完全在线进行,不影响业务系统。当系统意外掉电时,系统将 Cache 中的数据、系统配置信息和告警日志数据存放到保险箱盘中,确保数据不丢失。恢复供电后,系统会将数据保险箱盘中的数据复制到原来位置,保持数据一致性。

保险箱盘可以当作成员盘使用,因为用于保险箱盘空间和用于业务成员盘空间是相互独立的。

第五节　高级数据存储与保护技术

随着信息技术的发展,企业数据量增多,很多企业考虑购置或已经购置满足需求的存储产品。然而,在存储产品使用过程中常常会面临存储空间浪费、存储性能低下、数据丢失等问题。本节从存储空间利用率、存储性能、数据可用性三个角度来介绍存储的优化技术,从技术产生背景和技术原理两个方面介绍自动精简技术、分层存储技术、重复数据删除技术、快照技术、远程复制技术和 LUN 复制技术等存储优化技术。其中,自动精简技术和重复数据删除技术用于提高存储空间利用率,分层存储技术用于提升存储性能,快照技术、远程复制技术和 LUN 复制技术可归到数据备份领域中,用于防范数据丢失,提高数据可用性。

一、自动精简技术

随着各行业数字化进程的推进,一方面,数据逐渐成为企事业单位的核心资源;另一方面,数据量呈现爆炸式增长。存储系统作为数据的载体,也面临着越来越高的用户要求。传统的存储系统部署方式要求在 IT 系统的设计规划初期,能够准确预估其生命周期(3~5 年,甚至更长时间)内业务的发展趋势以及对应的数据增长趋势。然而,在信息技术日新月异的时代,要做到精确的估计对系统规划者来说是一项近乎不可完成的任务。一个错误的规划设计往往导致存储空间利用率的不均衡,一些系统没有多余的存储空间来存储增长迅速的关键业务系统数据,而另一些系统却有大量的空余存储空间被浪费。即便规划设计能够准确预测未来 5 年的数据增长量,但在系统部署之初就投入大量成本购买未来 5 年所需的存储空间,这大大加重了企业的运营成本。

按照传统的存储系统部署方式,为某项应用程序分配使用存储空间时,通常预先从后端存储系统中划分足够的空间给该项应用程序,即使所划分的空间远远大于该应用程序所需的存储空间,划分的空间也会被提前预留出来,其他应用程序无法使用。这种空间分配方式不仅会造成存储空间的资源浪费,而且会促使用户购买超过实际需求的存储容量,加大了企业的投资成本。

最大限度地保护用户前期投资,同时有效降低后期运维、升级等成已成为数据存储系统设计和管理中的关键技术挑战。针对上述挑战,研究人员提出了一种称为自动精简配置(thin-provisioning)的存储资源虚拟化技术。自动精简配置的设计理念是通过存储资源池来达到物理空间的整合,以按需分配的方式来提高存储空间的利用率。该技术不仅可以减少用户的前期投资,而且推迟了系统扩容升级的时间,有效降低了用户整体运维成本。

自动精简配置技术最初由 3PAR 公司开发，目的是提高磁盘空间的利用率，确保物理磁盘容量只有在用户需要的时候才能被调取使用。自动精简技术是一种按需（容量）分配的技术，依据应用程序实际所需要的存储空间从后端存储系统分配容量，不会一次性将划分的空间全部给某项应用程序使用，当分配的空间无法满足应用程序使用时，系统会再次从后端的存储系统中分配容量空间。除了有助于提高空间的利用率之外，自动精简技术还能降低用户整体运维成本。例如前期规划时预留一部分存储卷给用户，用户在后期使用过程中，系统可以自动扩展已经分配好的存储卷，无须手动扩展。

自动精简技术作为容量分配的技术，它的核心原理是按需发容量"欺骗"，欺骗的对象为管理容量的文件系统，让文件系统认为它管理的存储空间中很充足，而实际上文件系统管理的物理存储空间则按需分配。例如，在存储设备上启用自动精简配置特性后，文件系统可能显示 2TB 的逻辑空间，而实际上只有 500GB 的物理空间是被利用的。尽管只有 500GB 的空间被利用，但随着用户往存储系统写入越来越多的数据，实际物理存储的容量会达到上限 2TB，其空间利用率也会越来越高。

二、分层存储技术

随着科学技术的发展，IT 领域也在不断发生变化。在当今 IT 领域中，企业与管理部门通常会遇到数据存储的容量、性能与价格等方面的挑战。一方面企业面临原先购买的存储设备不能满足现如今发展而带来的存储空间不足的问题；另一方面，随着企业的不断发展，需要收集保存的数据也会越来越多，这会在一定程度上影响 IT 存储系统的性能。

对于企业在日常工作中的业务应用来说，并不是所有的数据都具有非常高的使用价值。随着时间的推移，有些数据在一定的时间范围内被频繁的访问，这些数据通常称为热数据；而有些数据则很少或者从来没有被用户读取访问过，这些数据通常称为冷数据。

经过科学的统计和分析，数据信息的调取和使用在生命周期过程中是有规律的，换句话说，信息生命周期是有迹可循的。在通常情况下，新生成的数据信息会经常被用户读取与访问，其有较高的使用价值，随着时间的推移，这些新生成的数据信息使用频率呈现下降的趋势，直至在很长的一段时间内不被用户访问，其使用价值在逐年降低。存储系统容量和资源会被这些大量的低使用价值的数据信息占据，影响其性能。然而，这些低使用价值数据由于受数据仓库建设、政策法规限制等原因不能删除，如何解决这些不常用数据的保存问题，是目前企业面临的数据管理难题之一。企业通常使用备份或者归档方式将长期不访问的数据从高成本的存储阵列上迁移至低成本的归档设备中，但面对数据爆炸式增长带来的大量低访问周期数据，如何解决存储问题依然面临诸多的问题。

（1）数据生命周期灵活有效管理问题。庞大的数据量会使数据的管理难度加大，难以依靠人力将数据及时合理分配到存储空间。

（2）数据空间占用高性能存储问题。大量使用价值不高的数据占用的存储介质空间过多，会导致资源浪费的问题，为了保证新数据的访问性能，需要不断购买新的高性能存储设备来实现扩容问题。

如何解决上述问题，是企业在发展过程中必须要思考的问题，尤其是在 IT 系统初期搭建过程中，要考虑数据生命周期管理的问题。因此研究者提出了自动分层存储技术。

分层存储也称层级存储管理(Hierarchical Storage Management,HSM)。自动分层存储技术首先将不同的存储设备进行分级管理,形成多个存储级别;然后通过预先定义的数据生命周期或者迁移策略将数据自动迁移到相应级别的存储中,将访问频率高的热数据迁移到高性能的存储层级,将访问频率低的冷数据迁移到低性能大容量的存储层级。以下列出自动分级存储的两个设计目标。

1. 降低成本

通过预先定义的数据生命周期或者迁移策略,将访问频率较低的数据(冷数据)迁移到低性能、大容量的存储层级,将访问频率高的数据(热数据)迁移到高性能的存储层级。按"二八定律",20%数据是热数据,80%数据是冷数据,热数据的比例较小。采用上述迁移策略有助于节约高速存储介质,从而降低存储设备的总成本。

2. 简化存储管理,提高存储系统性能

通过对企业业务的分析管理,设置合适的企业数据迁移策略,将极少使用的大部分数据迁移到低性能、大容量的存储层级,减少冷数据对系统资源的占用,可以提高存储系统的总体性能。

从广义的角度讲,分层存储系统一般分为在线(on-line)存储、近线(near-line)存储和离线(off-line)存储三种存储方式,见表2-4。

表2-4 三种存储方式综合比较

类别	时效性	容量	性能	访问速度	成本
在线存储	即时服务	小	高	快	高
近线存储	非即时服务	较大	低	较快	低
离线存储	非即时服务	大	低	慢	低

在线存储将数据存放在SAS磁盘阵列、固态闪存磁盘、光纤通道磁盘这类高速的存储介质上。此类存储介质适合那些访问频率高、存储重要的程序和文件,其优点是数据读写速度快、性能好,缺点是存储价格相对昂贵。在线存储属于工作级的存储,其最大的特征为:存储设备和所存储的数据一直保持"在线"状态,数据可以随时读取与修改,满足高效访问的数据访问需求。

近线存储是指将数据存放在SATA磁盘阵列、DVD-RAM光盘塔和光盘库等这类低速的存储介质上,对这类存储介质或存储设备要求寻址速度快,传输速率高。近线存储对性能要求并不高,但要求有较好的访问吞吐率和较大的容量空间,其主要定位是介于在线存储与离线存储之间的应用,如保存一些不重要或访问频度较低的需长期保存的数据。从性能和价格的角度,近线存储是在线存储与离线存储之间的一种折中方案,其存取性能和价格介于高速磁盘与磁带之间。

离线存储也称为备份级存储,通常将数据备份到磁带或者磁带库等存储介质上,此类存储介质访问速度低,价格便宜,大多数情况下用于在线存储或近线存储的数据进行备份,防范数据的丢失,适用于存储无价值但需长期保留的历史数据、备份数据等。

在分层存储系统中,根据数据生命周期管理策略或数据访问频度,需要在不同存储等级的设备之间进行数据迁移,此时需要关注以下几个方面。

1. 数据一致性

分层存储系统中数据迁移可分为降级迁移和提升迁移。冷数据需要降级迁移,热数据则需要进行提升迁移,这两种数据迁移的目的、特征是不相同的。降级迁移是将数据迁移到低速存储设备上,对于降级迁移来说,因为是迁移冷数据,在迁移过程中很可能不会出现前端用户 I/O 请求。升级迁移则将数据迁移到高性能存储设备上,对升级迁移来说,迁移主要发生在 I/O 最密集的时间段,通常会有前端用户 I/O 请求发生,如果是写请求,那么迁移数据和用户请求数据就存在数据不一致问题。针对数据不一致问题,通常的应对措施是采用读/写锁,以数据块为调度粒度来减小前端 I/O 性能的影响。迁移过程中,迁移进程为当前数据块申请读/写锁,保证数据在迁移操作与写操作之间的数据一致性。

2. 增量扫描

在一个文件数为 10 亿级的大规模文件系统中,选择分级存储管理操作的候选对象是一个耗时操作,一般须扫描整个文件系统的名字空间。假设每秒能扫描 5000 个文件,扫描 10 亿个文件大约需要 27h。为了提高扫描性能,一种应对方案是增量扫描技术,其技术要点有两条:①扫描系统元数据,而非扫描整个文件系统;②扫描近期某一时间段内所有被访问文件的次数和大小、总访问热度等信息,因为近期被访问文件占整体文件系统的比例很低。

采用增量扫描技术,一方面按照文件访问情况进行针对性扫描,能够大幅度减少文件扫描规模。例如,一个拥有 20 万个文件的文件系统,每天只有不到 1% 的文件被访问(随着文件系统规模增加,访问百分比还会下降)。另一方面,通过元数据服务器定期获取近期访问过的文件信息,可以大大减少文件扫描任务量,从而减少维护文件访问信息的开销。

3. 数据自动迁移存储

在实际应用中,当数据信息达到迁移触发条件时,系统会自动启动数据迁移进程,从而实现冷数据的降级存储和热数据的升级存储。分级存储中数据需要在线迁移,这就需要考虑数据移动对前端 I/O 负载的性能影响。数据自动迁移技术要求最大限度地降低数据迁移动作本身对前端用户 I/O 性能的影响,并且迁移过程对前端应用是透明的,它根据前端 I/O 负载的变化来调整数据迁移速率,即迁移进程要完成负载感知的数据迁移调度和迁移速率控制,使得数据迁移动作本身对存储系统的 QoS 的影响非常小,同时使得数据迁移任务能够尽快完成。

4. 数据的迁移策略设计

数据信息分级策略是依据信息数据的重要程度、访问频率、生命周期等多种指标对数据进行价值分级。数据分级后在合适的时间迁移到不同级别的存储设备中,以达到最佳的存储状态。因此科学的数据分级显得非常重要,要充分挖掘数据的静态特征和动态特征,以获得更好的分级存储效果。以文件系统为例,进行文件分级时需要注意以下三点:①文件系统的静态特征需关注大小文件的分布;②文件系统的宏观访问规律需关注大小文件的访问次数;③文件之间的访问关联特征需关注文件在被访问的同时另外一个文件在什么时间段被访问。依据这些特征和存储设备的分级情况,确定文件分级标准和文件分级变化的触发条件,从而在合适的时间将数据迁移到不同级别的存储设备中。

数据迁移最佳策略是各类最优策略的组合,也就是因需制宜地选择合适的迁移算法或迁移方法。例如,根据数据年龄(创建之后的存在时间)进行迁移的策略可以用在归档及备份系统中,根据访问频度进行迁移的策略可以用于虚拟化存储系统中。

三、重复数据删除技术

业务的不断增长，数据日益激增，促使数据存储每年都以成倍的速度增长，这在存储、备份过程中就会产生很多问题：一个是管理问题，另一个是能耗问题。冷气、空调等管理的费用越来越高。此外，空间问题、磁盘问题都需要管理。节约能源、减少电力消耗、降低系统成本，成为系统管理员必须要直面的问题。顺应时代发展需求，作为一种绿色的节能技术，重复数据删除技术可以帮助用户减少成倍的数据。重复数据删除是一种非常高级的数据缩减方式，通过减少存储的数据量，改变数据保护方式，卓越地提升了磁盘备份方式的经济性。重复数据删除技术（data de-duplicantion）被业界公认为备份技术中下一代发展的重要技术，是今日数据中心的"必备"技术。

重复数据删除技术是一个减少或消除冗余文件、字节或数据块的过程，从而确保只有"独一无二"的数据被存储到磁盘。重复数据删除技术又被业界称为容量优化保护技术（称为COP技术）。COP技术被用来降低数据保护时对容量的需求。

由于我们存储的数据具有很高的共性，用户之间、服务器之间甚至同一文件（如office文档）的内容是通用的。重复数据删除技术按自然边界把数据拆分为非常细粒度的子块单元，用指针代替相同的子块单元，从而达到显著降低存储空间的目的。利用重复数据删除技术，1TB的备份数据可根据备份数据的共性，存储300~700GB的数据。重复数据删除通过有效减少后端容量需求，正面解决了"容量膨胀"问题。

重复数据删除处理的粒度越多，容量减少越大。总体来看，文件级的重复数据删除虽然有效，但其检测的重复数据要少于块级或字节级的重复数据删除；同样，块级重复数据删除在检测数据重复上比字节级的重复数据删除通常更有效。

将通过下面例子来说明在粒度上的差别：某终端用户制作了1MB的PowerPoint演示文档，然后以邮件附件形式发给内部20个人审阅。在传统备份环境下（没有重复数据删除），虽然文件没有任何变化，但每个附件都会在每晚完全备份过程中被全部备份，耗费不必要的磁盘容量（20×1MB）。即使是小公司，考虑到磁盘物理容量、功率和冷却等情况，此冗余成本也颇为可观。

然而，文件级重复数据删除只保存一份PowerPoint文档备份，所有其他附件（如重复的复制）都被"指针"替代，从而释放磁盘空间容量，并在客户需要的情况下延长保留时长。

更多粒度的重复删除方法，块级和字节级重复数据删除技术将此流程推进一步。这些方法查看构成新1MB文件的每个片段，与重复数据删除系统先前遇到的元素相比较，在新文件中用指针替代重复元素，而不用重新存储。

除了重复数据删除流程粒度之外，还有其他因素也会影响重复数据删除比率。例如，生成的数据类型（有些数据本身即更易于复制）、数据变化频率等都影响重复数据删除比率。ESG（Enterprise Strategy Group）实验室测试过几种重复数据删除技术，并认为不考虑重复数据删除流程粒度，10~20倍的容量缩减是现实的。

重复数据删除是一种特性或技术，而非独立的产品，首先应用于数据保护和保留领域。然而ESG预测，随着时间推移，重复数据删除还将应用于其他存储领域。

重复数据删除技术的核心理念是：在存储数据时检查和比较已存在的数据，如果它们是相同的，那么就过滤掉这部分数据的备份，然后通过指针引用已存在的数据。

从工作原理上讲，重复数据删除技术可以分为两大阵营，一种是基于哈希(Hash)算法的重复删除，一种是基于内容识别的重复删除。

前者在备份新的数据时，将按照索引把新数据的哈希码和已存数据的哈希码进行比较，如果发现有相同的哈希码存在，则说明该数据块已经存在相同的实例，此时新备份的数据将被放弃而在相应的位置代之以指向原有实例的指针。这种算法的优势在于算法简单，而缺点在于当磁盘容量不断增长时，数据块产生的哈希码表可能会超出内存的负载容量，这意味着进行哈希比对时需要去访问磁盘，这势必造成重复删除性能的迅速下降。另外，哈希算法可能会产生哈希冲突，简单地讲就是不同的数据块产生了相同的索引，这会导致有用的数据被错误的丢弃，从而造成文件的损坏。当然，产生哈希冲突的概率是非常低的。

后者在备份数据时，该技术会读取数据并从中提取出每组备份集及备份集中数据对象的元数据，存入到内嵌文件系统的数据库内。当有新的数据进入时则对新的元数据与数据库中的元数据进行版本比对。

无论采取哪种算法，重复数据删除技术均分为五个步骤进行：数据收集、数据识别、数据比较、数据重组、可选的完整性检查、空间回收。

四、快照技术

随着信息技术的发展，数据备份的重要性也逐渐凸显。最初的数据备份方式中，恢复时间目标(Recovery Time Objective, RTO)和恢复点目标(Recovery Point Objective, RPO)无法满足业务的需求，而且数据备份过程会影响业务性能，甚至中断业务。当企业数据量逐渐增加且数据增长速度不断加快时，如何缩短备份窗口成为一个重要问题。因此，各种数据备份、数据保护技术不断被提出。

备份窗口指在用户正常使用的业务系统不受影响的情况下，能够对业务系统中的业务数据进行数据备份的时间间隔，或者说是用于备份的时间段。

快照技术是众多数据备份技术中的一种，其原理与日常生活中的拍照类似，通过拍照可以快速记录下拍照时间点拍照对象的状态。由于可以瞬间生成快照，通过快照技术，能够实现零备份窗口的数据备份，从而满足企业对业务连续性和数据可靠性的要求。实现快照技术的方式有很多，本节主要介绍写时复制(Copy On Write, COW)和重定向写(Redirect On Write, ROW)两种快照技术。

存储网络工业协会(SNIA)对快照(snapshot)的定义是"A point in time copy of a defined collection of data"，指定数据集合在某个时间点的一个完整可用副本。根据不同的应用需求，可以对文件、LUN、文件系统等不同的对象创建快照。快照生成后可以被主机读取，也可以作为某个时间点的数据备份。

从具体的技术细节来讲，快照是指向保存在存储设备中的数据的引用标记或指针，即快照可以被看作详细的目录表，但它被计算机作为完整的数据备份来对待。

快照有三种基本形式：基于文件系统式的、基于子系统式的和基于卷管理器/虚拟化式的，而且这三种形式差别很大。市场上已经出现了能够自动生成这些快照的实用工具，比如，NetApp存储设备使用的操作系统，实现文件系统式快照；HP的EVA、HDS通用存储平台以及 EMC 的高端阵列则实现了子系统式快照;而 Veritas 则通过卷管理器实现快照。

常见快照技术有两种,分别是 COW 快照技术和 ROW 快照技术。下文以写时复制快照技术 COW 为例描述其原理及使用场景,如图 2-43 所示。

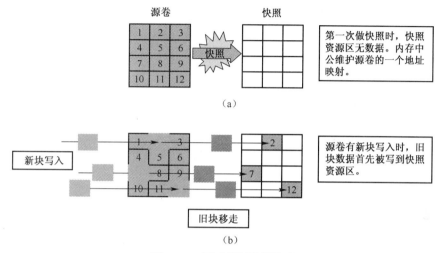

图 2-43 写时复制快照技术

写时复制快照技术在数据第一次写入到某个存储位置时:首先会将原有的内容读取出来,写到另一个位置(此位置是专门为快照保留的存储空间,简称快照空间);然后再将新写入的数据写入到存储设备中。当有数据再次写入时,不再执行复制操作,此快照形式只复制首次写入空间前的数据。

写时复制快照技术使用原先预分配的空间来创建快照,快照创建激活以后,倘若物理数据没有发生复制变动时,只需要复制原始数据物理位置的元数据,快照创建瞬间完成。如果应用服务器对源 LUN 有写数据请求,存储系统首先将被写入位置的原数据(写前复制数据)复制到快照数据空间中,然后修改写前复制数据的映射关系,记录写前复制数据在快照数据空间中的新位置,最后再将新数据写入到源 LUN 中。

COW 技术中,源卷在创建快照时才建立快照卷,快照卷只占用很小的一部分存储空间,这部分空间用来保存快照时间点之后元数据发生首次更新的数据,在快照时间点之前是不会占用存储资源的,不会影响系统性能,使用方式也非常灵活,可以在任意时间点为任意数据建立快照。

从 COW 的数据写入过程可以看出,如果对源卷做了快照,在数据初次写入源卷时,需要完成一个读操作(读取源卷数据的内容),两个写操作(源卷以前数据写入到快照空间,新数据写入源卷空间),读取数据内容时,则直接从源卷读取数据,不会对读操作有影响。如果是频繁写入数据的场景,采用了 COW 快照技术会消耗 I/O 时间。由此可知,COW 快照技术对写操作有影响,对读操作没有影响,从而 COW 快照技术适合于读多写少的业务场景。

快照技术具有以下优点。

(1) 快照生成时间短。存储系统可在几秒内生成一个快照,获取源数据的一致性副本。

（2）占用存储空间少。生成的快照数据并非完整的物理数据复制，不会占用大量存储空间，即使源数据量很大，也只会占用很少的存储空间。

快照技术可应用于以下两个方面。

（1）保证业务数据安全性。当存储设备发生应用故障或者文件损坏时可以进行及时数据恢复，将数据恢复成快照产生时间点的状态；另外，快照灵活的时间策略，可以为其设置多个激活时间点，为源 LUN 保存多个恢复时间点，实现对业务数据的持续保护。

（2）重新定义数据用途。快照生成的多份快照副本相互独立且可供其他应用系统直接读取使用。例如，应用于数据测试、归档和数据分析等多种业务。这样既保护了源数据，又赋予了备份数据新的用途，满足企业对业务数据的多方面需求。

随着信息技术的发展，数据的安全性和可用性越来越成为企业关注的焦点。20 世纪 90 年代，数据备份需求大量涌现。在一些实际应用中，用户需要从生产数据中复制出一份副本用于独立的测试、分析，这种用途催生了能适配该需求的数据保护技术——克隆。经过不断地发展，目前克隆已经成为存储系统中不可或缺的一种数据保护特性。

克隆技术可以实现用户的以下需求。

（1）完整的数据备份。实现数据恢复不依赖源数据，提供可靠的数据保护。

（2）持续的数据保护。源数据和副本可实时同步，提供持续保护，实现零数据丢失。

（3）可靠的业务连续性。备份和恢复的过程都可在线进行，不中断业务，实现零备份窗口。

（4）有效的性能保障。可将一份源数据产生多个副本，将副本单独用于应用测试和数据分析，主、从 LUN 性能互不影响。在多业务并行条件下有效保障各业务性能。

（5）稳定的数据一致性。支持同时生成多份源数据在同一时间点的副本，保证了备份时间点的一致性，从而保护数据库等应用中不同源数据所生成的副本之间的相关性。

克隆是一种快照技术，是源数据在某个时间点的完整副本，是一种可增量同步的备份方式。其中，"完整"指对源数据进行完全复制生成数据副本；"增量同步"指数据副本可动态同步源数据的变更部分。克隆技术中，保存源数据的 LUN 称为主 LUN，保存数据副本的 LUN 称为从 LUN。

五、远程复制技术

随着各行各业数字化进程的推进，数据逐渐成为企业的运营核心，用户对承载数据的存储系统的稳定性要求也越来越高。虽然企业拥有稳定性极高的存储设备，但还是无法防止各种自然灾害对生产系统造成不可恢复的毁坏。为了保证数据存取的持续性、可恢复性和高可用性，企业需要考虑远程容灾解决方案，而远程复制技术则是远程容灾解决方案的一个关键技术。

远程复制技术(remote replication)是一种数据保护技术，指通过建立远程容灾中心，将生产中心的数据实时或者周期性地复制到灾备中心。正常情况下，生产中心提供给客户端存储空间供其使用，生产中心存储的数据会按照用户设定的策略备份到容灾中心，当生产中心由于断电、火灾、地震等因素无法工作时，生产中心将网络切换到容灾中心，容灾中心提供数据给生产中心使用。

远程复制可分为同步远程复制和异步远程复制两类:同步远程复制会实时同步数据,最大限度地保证数据的一致性,以减少灾难发生时的数据丢失量;异步远程复制会周期性地同步数据,最大限度地减少数据远程传输的时延而造成的业务性能下降。

远程复制技术是容灾备份的核心技术之一,可以实现远程数据同步和灾难恢复。在物理位置上分离的存储系统,通过远程数据连接功能,远程可以维护一套或多套数据副本。一旦灾难发生,分布在异地灾备中心的备份数据并不会受到波及,从而实现灾备功能,远程复制分为同步远程复制和异步远程复制。

同步远程复制模式将主存储系统中的数据实时复制到从存储系统中,如图 2-44 所示。

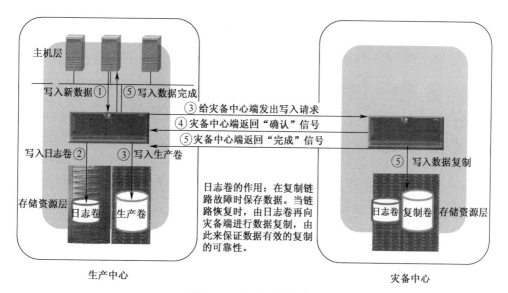

图 2-44　同步远程复制

同步远程复制的流程如下。

(1) 从主机端接收 I/O 请求后,主存储系统发送 I/O 请求到主 LUN 和从 LUN。

(2) 当数据成功写入到主 LUN 和从 LUN 之后,主存储将数据写入的结果返回给主机。如果数据写入从 LUN 失败,从 LUN 将返回一个消息,说明数据写入从 LUN 失败。此时,远程复制将双写模式改为单写模式,远程复制任务进入异常状态。

(3) 在主 LUN 和从 LUN 之间建立同步远程复制关系后,需要手动触发数据同步,从而使主 LUN 和从 LUN 的数据保持一致。当数据同步完成后,每次主机写入数据到存储系统,数据都将实时地从主 LUN 复制到从 LUN。

异步远程复制模式将主存储系统中的数据周期性复制到从存储系统中,如图 2-45 所示。异步远程复制依赖于快照技术,快照是源数据基于时间点的复制。

异步远程复制的流程如下。

(1) 从主机端接收 I/O 请求后,主存储系统发送 I/O 请求到主 LUN。

(2) 当主机写入数据到主 LUN,只要主 LUN 返回一个数据写入成功的消息,主存储系统就给主机返回一个数据写入成功的消息。

(3) 当主 LUN 和从 LUN 建立异步远程复制关系之后,将触发数据初始同步,把主

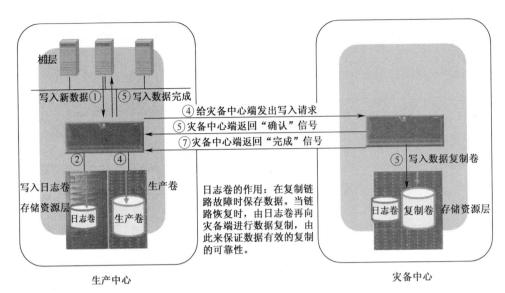

图 2-45 异步远程复制

LUN 上的数据全部复制到从 LUN，从而使主 LUN 和从 LUN 数据一致。当初始同步完成后，存储系统按如下方式处理主机写入：当接收到一个主机写入，主存储系统将数据发送到主 LUN，只要主 LUN 返回一个数据写入成功的消息，主存储系统就返回数据写入成功的消息给主机；当同步操作被系统定期触发时，主 LUN 上的新数据被复制到从 LUN。

主站点和远程站点之间不管是采用同步远程复制技术，还是异步远程复制技术，在主站点被破坏的情况下，故障切换操作都可以被启动，即在远程站点上的从 LUN 将被激活。在远程站点上的主机将再次与数据联系起来，以保持业务的连续性。当然，在远程站点上的主机必须与本地主机运行相同的业务程序。

六、LUN 复制技术

随着各行各业数字化的推进，企业产生了因设备升级或数据备份而进行数据迁移的需求。传统的数据迁移过程是存储系统——应用服务器——存储系统。这种迁移过程具有数据迁移速度慢的缺点，且数据在迁移过程中还会占用应用服务器的网络资源和系统资源。为了提升数据迁移速度，人们提出了 LUN 复制技术，待迁移数据直接在存储系统之间或存储系统内部传输，并可同时在多个存储系统间迁移多份数据，满足了用户快速进行数据迁移、数据分发及数据集中备份的需求。相比于远程复制只能在同类型存储系统之间运行的缺点，LUN 复制不仅支持同类型存储，而且支持经过认证的第三方存储系统。

LUN 复制是一种基于块的将源 LUN 复制到目标 LUN 的技术，可以同时在设备内或设备间快速地进行数据的传输。如果 LUN 复制需要完整地复制某 LUN 上所有数据，此时，需要暂停该 LUN 的业务。LUN 复制分为全量 LUN 复制与增量 LUN 复制两种模式。

（1）全量 LUN 复制。将所有数据进行完整地复制，需要暂停业务，该复制模式适用于数据迁移业务。

（2）增量 LUN 复制。创建增量 LUN 复制后会对数据进行完整复制，以后每次复制都只复制上次复制后更新的数据。这种 LUN 复制方式对主机影响较小，从而能够实现数据的在线迁移和备份,无须暂停业务。该复制模式适用于数据分发、数据集中等备份业务。

本章小结

存储系统是指计算机中由存放程序和数据的各种存储设备、控制部件及管理信息调度的设备(硬件)和算法(软件)所组成的系统。计算机的主存储器不能同时满足存取速度快、存储容量大和成本低的要求,在计算机中必须有速度由慢到快、容量由大到小的多级层次存储器,以最优的控制调度算法和合理的成本,构成具有性能可接受的存储系统。存储层次可分为高速缓冲存储器、主存储器、辅助存储器三级。

常用的存储设备有硬盘、光盘、优盘和磁带。

磁盘阵列是由很多便宜、容量较小、稳定性较高、速度较慢磁盘组合成的一个大型磁盘组,利用个别磁盘提供数据所产生加成效果提升整个磁盘系统效能。同时利用这项技术,将数据切割成许多区段,分别存放在各个硬盘上。常用的 RAID 级别是 RAID 0、RAID 1、RAID 5 和 RAID 6。

为了更好地保护数据,现代磁盘阵列采用了器件冗余,多路径技术和数据保险箱盘技术。为了增强数据存储的安全提高使用效率,发展了自动精简技术、分层存储技术、重复数据删除技术、快照技术、远程复制技术和 LUN 复制技术等存储优化技术。

作 业 题

一、选择题

1. 下列关于高速缓冲存储器说法正确的是(　　)。
A. 高速缓冲存储器由静态存储芯片(SRAM)组成
B. 介于中央处理器和主存储器之间的高速小容量存储器
C. 高速缓冲存储器和主存储器之间信息的调度和传送是由操作系统自动进行的
D. 高速缓冲存储器的存储体中存放由主存调入的指令与数据块
2. 文件系统的功能包括(　　)。
A. 管理和调度文件的存储空间
B. 提供文件的逻辑结构、物理结构和存储方法
C. 实现文件从标识到实际地址的映射
D. 实现文件的控制操作和存取操作
3. 下列哪些存储是外部存储(　　)。
A. 磁盘　　　　　B. 光盘　　　　　C. 磁带　　　　　D. SDRAM
4. 在磁盘上建立文件系统的过程通常称为(　　)。
A. 格式化　　　　B. 分区　　　　　C. 备份　　　　　D. 镜像
5. 常见闪存盘接口不包括(　　)。
A. USB　　　　　B. SATA　　　　　C. IEEE1394　　　D. E-SATA
6. 硬盘上一个扇区包含(　　)B。

A. 128　　　　　B. 256　　　　　C. 512　　　　　D. 1024

7. 优盘的优点有(　　)。

A. 小巧便于携带　B. 存储容量大　C. 性能可靠　　D. 数据不易保存

8. 对于 RAID 6 的描述,哪项是不正确的(　　)。

A. 通常 RAID 6 技术包括 RAID 6 P+Q 技术和 RAID 6 DP 技术

B. RAID 6 要求双重奇偶校验

C. RAID 6 至少要求 3 块硬盘

D. RAID 6 可以在两块成员盘失效的情况下恢复数据

9. 下列 RAID 组中需要的最小硬盘数为 3 块的是(　　)。

A. RAID 1　　　B. RAID 3　　　C. RAID 5　　　D. RAID 0

10. 下列 RAID 技术中采用奇偶校验方式来提供数据保护的是(　　)。

A. RAID 1　　　B. RAID 3　　　C. RAID 5　　　D. RAID 10

11. 磁盘阵列的两大关键部件为(　　)。

A. 控制器　　　B. HBA 卡　　　C. 磁盘柜　　　D. 磁盘

12. 下列 RAID 技术中无法提高可靠性的是(　　)。

A. RAID 0　　　B. RAID 1　　　C. RAID 10　　　D. RAID 0+1

13. 下列 RAID 技术中可以允许两块硬盘同时出现故障而仍然保证数据有效的是(　　)。

A. RAID 3　　　B. RAID 4　　　C. RAID 5　　　D. RAID 6

14. RAID 技术可以提高读写性能,下面选项中,无法提高读写性能的是(　　)。

A. RAID 0　　　B. RAID 1　　　C. RAID 3　　　D. RAID 5

15. 8 个 300G 的硬盘做 RAID 5 后的容量空间为(　　)。

A. 1200G　　　B. 1.8T　　　C. 2.1T　　　D. 2400G

16. 8 个 300G 的硬盘做 RAID 1 后的容量空间为(　　)。

A. 1200G　　　B. 1.8T　　　C. 2.1T　　　D. 2400G

17. 磁盘空间利用率最大的 RAID 技术是(　　)。

A. RAID 0　　　B. RAID 1　　　C. RAID 5　　　D. RAID 6

18. 对数据保障程度高的 RAID 技术是(　　)。

A. RAID 0　　　B. RAID 1　　　C. RAID 5　　　D. RAID 10

19. 需要读写校验盘的 RAID 技术有(　　)。

A. RAID 0　　　B. RAID 1　　　C. RAID 3　　　D. RAID 5

20. 目前哪种硬盘接口传输速率最快(　　)。

A. SATA　　　B. SAS　　　C. FC　　　D. IDE

21. SATA 硬盘指的是硬盘采用了(　　)。

A. 串行 ATA 接口　　　　　　　B. 增强型 ATA 接口

C. 并行 ATA 接口　　　　　　　D. 服务器专用接口

22. 如果有 4 块 80GB 硬盘做 RAID 0,则可使用的空间为(　　)。

A. 80GB　　　B. 160GB　　　C. 240GB　　　D. 320GB

23. 通用的温彻斯特硬盘结构是由(　　)提出的。

A. 希捷公司　　　B. 赛门铁克公司　C. IBM 公司　　　D. 日立公司

24. 关于磁盘阵列技术(RAID)说法不正确的是(　　)。

A. 磁盘阵列是最初用来解决系统可用性的技术手段

B. RAID 的级别包括 0~5,并且发展了所谓的 RAID 10,RAID 30,RAID 50 的新的级别

C. 用 RAID 的好处简单地说就是:安全性高,速度快容量大

D. 数据读写最快的是 RAID 5

25. 下列接口类型中,属于硬盘常用的接口类型有(　　)。

A. USB 2.0　　　B. IDE　　　　　C. SAS　　　　　D. SCSI

26. 如果有 4 块 80GB 硬盘做 RAID 5,则可使用的空间为(　　)。

A. 80GB　　　　B. 160GB　　　　C. 240GB　　　　D. 320GB

27. 下列关于 RAID 的说法,正确的是(　　)。

A. 常用的 RAID 级别有 RAID 0,RAID 1 和 RAID 6

B. RAID 的作用在于提升数据的读写性能和冗余度

C. RAID 的特点是条带化、镜像化和热备

D. 构建 RAID 5 至少需要两块硬盘

28. SCSI 硬盘接口速率发展到 320MB/s,基本已经达到极限,SCSI 硬盘的下一代产品的接口为(　　)。

A. SAS　　　　　B. FC AL　　　　C. SATA　　　　D. PATA

29. SATA 3.0 接口规范定义的数据传输速率为(　　)。

A. 133MB/s　　　B. 150MB/s　　　C. 300MB/s　　　D. 600MB/s

30. 下列关于文件系统的说法,正确的是(　　)。

A. Windows 系统上的 NTFS 格式的文件,可以在 Linux 等操作系统上使用

B. 不同的操作系统缺省都采用相同的文件系统

C. 文件系统是软件,存储是硬件,两者没有任何关系

D. 文件系统直接关系到整个系统的效率,只有文件系统和存储系统的参数互相匹配,整个系统才能正常工作

二、填空题

1. 在计算机系统中存储层次可分为_____、_____、_____三级。

2. 操作系统中负责管理和存储文件信息的软件机构称为_____。

3. 磁盘上最小可寻址存储单元称为_____。

4. 硬盘在逻辑上被划分为_____、_____和_____。

5. 所有盘面上的同一磁道构成一个圆柱,通常称为_____。

6. 根据装带方式的不同,磁带机一般分为_____装带磁带机和_____装带磁带机。

7. 机械硬盘主要由_____、_____、_____、_____、磁头控制器、数据转换器、接口、缓存等几个部分组成。

8. 目前的磁盘接口有_____、_____、_____、_____、_____等几种。

9. 实现 RAID 主要有两种方式:_____、_____。

10. 快照有三种基本形式：_____、_____、_____。
11. 常见快照技术有两种，分别是_____、_____。
12. 在传统 RAID 相关数据保护技术中，_____是在数据失效之前将其备份到热备盘里，而_____实在数据失效之后利用相应算法进行重新构造。在数据满盘的情况下，_____需要更长的时间和更多的计算资源。
13. 划分存储层级时，_____盘对应到高性能层，_____盘分配到性能层，_____和_____分配到容量层。
14. RAID 3 虽然存在奇偶校验盘，但是存在问题。

三、简答题

1. 列出三种主要文件系统，并加以介绍。
2. 固态硬盘有哪些优势？
3. 固态硬盘使用时注意哪些方面？
4. 磁带库性能指标有哪些？
5. 内置存储的缺点有哪些？
6. RAID 技术优势体现在什么方面？
7. 比较 RAID 0、RAID 1、RAID 3、RAID 5、RAID 6 的优缺点和使用场景。
8. 多路径软件有哪些功能？
9. 比较 RAID 0、RAID 1、RAID 10、RAID 5 各自的特点和应用场景。
10. 存储阵列采用哪些高可靠性技术？并解释。
11. 回答三种高级数据存储技术并说明原理。
12. 列出三种数据保护技术并解释。
13. 理论上数据写入性能与 RAID 组中的数据盘的数量成正比，实际是这样吗？为什么？
14. 解释条带和分条的区别。
15. 解释 RAID 5 的工作原理。

第三章 网络存储技术

当单个硬盘的容量和速度满足不了数据存储需求时,出现了 RAID 技术。当本地存储满足不了需求时,出现了网络存储技术。本章第一节主要讲授直连式存储技术,第二节讲解网络附加存储技术,第三节主要讲授存储区域网络技术,第四节主要讲授存储新技术、虚拟化存储和云存储的知识。通过本章的学习,读者可以学习现代数据机房数据存储的主要方法和技术。

第一节 直连式存储技术及应用

一、直连式存储技术概述

存储系统是整个 IT 系统的基石,是 IT 技术赖以存在和发挥效能的基础平台。

早先的存储形式是存储设备(通常是磁盘)与应用服务器其他硬件直接安装于同一个机箱之内,并且该存储设备由本台应用服务器独占使用。

随着服务器数量的增多,磁盘数量也在增加,且分散在不同的服务器上,查看每一个磁盘的运行状况都需要到不同的应用服务器上去查看。更换磁盘也需要拆开服务器,中断应用。于是,一种希望将磁盘从服务器中脱离出来,集中到一起管理的需求出现了。不过,这需要解决一个问题:如何将服务器和盘阵连接起来?

面临这样的问题,有厂商提出了 SCSI 协议,通过专用的线缆将服务器的总线和存储设备连接起来,通过专门的 SCSI 指令来实现数据的存储。后来发展到 FC 协议。这样,多个服务器可以通过 SCSI 线缆或光纤建立与存储系统的连接。这样的方式,我们称为直连式存储。

直连式存储(Direct-Attached Storage,DAS)是指将存储设备通过 SCSI 线缆或光纤通道直接连接到服务器上。

DAS 适合的存储系统必须被直接连接到应用服务器(如 Microsoft Cluster Server 或某些数据库使用的"原始分区"),其优点包括以下几点。

(1) 能实现大容量存储。将多个磁盘合并成一个逻辑磁盘,满足海量存储的需求。DAS 解决方案的核心是磁盘阵列技术。通过磁盘阵列技术,可以将多块硬盘在逻辑上组合为一块硬盘。这种技术不仅可以有效提高 DAS 方案的存储容量,而且还可以提升硬盘的读取性能。

(2) 可实现应用数据和操作系统的分离。在 DAS 解决方案中,应用服务器与存储设备是相对独立的。如此可以对数据进行集中的管理及备份。而且当应用服务器出现故障时,数据也不会丢失。还可以通过代用的服务器,直接连接到存储设备中,减少系统的宕机时间。

(3) 能提高存取性能。操作单个文件资料,同时有多个物理磁盘在并行工作,运行速度比单个磁盘运行速度高。

（4）实施简单。不仅设备的成本低，而且便于管理，不需要专业人员操作与维护。可帮助企业有效降低项目的投资与维护成本。

二、直连式存储技术实现

DAS 是一种以服务器为中心的存储架构，各种存储设备通过 SCSI 线缆或光纤通道与服务器的 I/O 总线相连。一个 SCSI 环路或称为 SCSI 通道可以挂载最多 16 台设备，FC 在仲裁环的方式下可支持 126 个设备。图 3-1 给出了 DAS 的拓扑结构。

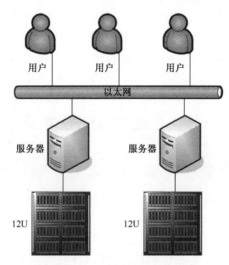

图 3-1　DAS 拓扑结构图

SCSI 是小型计算机系统接口（Small Computer System Interface）的简称，于 1979 首次提出，是为小型机研制的一种接口技术，现在已完全普及到了小型机、高低端服务器以及普通 PC 上。

DAS 方式实现了机内存储到存储子系统的跨越，但是缺点依然有很多。

（1）扩展性差，服务器与存储设备直接连接的方式导致出现新的应用需求时，只能为新增的服务器单独配置存储设备，造成重复投资。

（2）资源利用率低，DAS 方式的存储长期来看存储空间无法充分利用，存在浪费。不同的应用服务器面对的存储数据量是不一致的，同时业务发展的状况也决定这存储数据量的变化。因此，出现了部分应用对应的存储空间不够用，另一些却有大量的存储空间闲置的现象。

（3）可管理性差，DAS 方式数据依然是分散的，不同的应用各有一套存储设备。管理分散，无法集中。

（4）异构化严重，DAS 方式使得企业在不同阶段采购了不同型号不同厂商的存储设备，设备之间异构化现象严重，导致维护成本居高不下。

第二节　网络附加存储技术及应用

NAS 开始作为一种开放系统技术是由 Sun 公司于 20 世纪 80 年代中期推出的开始

的。它是一种向用户提供文件级服务的专用数据存储设备,直接连到网络上,不再挂接服务器后端,避免给服务器增加 I/O 负载。

一、网络附加存储技术概述

网络附加存储(Network Attached Storage,NAS)是一种将分布、独立的数据整合为大型、集中化管理的数据中心,以便于对不同主机和应用服务器进行访问的技术,是基于 IP 网络、通过文件级的数据访问和共享提供存储资源的网络存储架构。NAS 中服务器与存储之间的通信使用 TCP/IP 协议,数据处理是"文件级"的。NAS 可附加大容量的存储内嵌操作系统,专门针对文件系统进行重新设计和优化以提供高效率的文件服务,降低了存储设备的成本,数据传输速率也很高。

随着网络技术的飞速发展,企业在网络中共享资料、共享数据的需求越来越大。跨平台的、安全的、高效的文件共享是 NAS 产生的内在驱动力。IT 工程师为了实现文件网络共享,将大量的文件存储在一台专用的文件服务器上,其他用户可以通过网络对这些文件进行存取。随着企业的发展和数据的海量产生,网络中不同主机间的数据共享需求越来越大,而 NAS 设备能够提供大量存储空间,并支持高效文件共享功能,恰好满足企业的存储需要。

在过去,KB 级别的文件共享使软盘变得普及。而随着企业的不断发展,大容量数据的跨平台共享需求也在不断上升,此时出现了可移动存储介质,比如闪存,它提供 GB 量级的存储空间,并取代了软盘的位置。然而,企业不仅仅需要大量存储空间,还需要通过网络便利地共享和使用数据,因此具备存储和网络双重特性的 NAS 是一个不错的选择。对于服务器/主机而言,NAS 是一个外部设备,可灵活部署在网络中,同时,NAS 提供文件级共享,通过其客户端可以直接访问到所需文件。如图 3-2 所示为文件共享技术的演变过程。

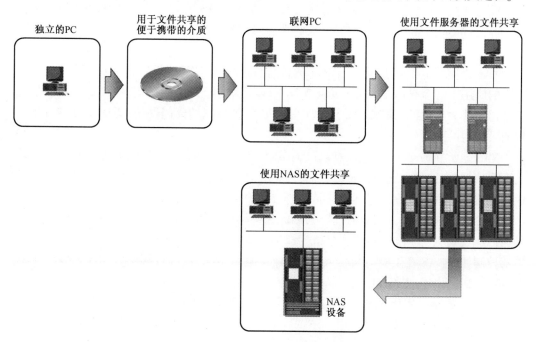

图 3-2　文件共享技术的演变过程

NAS 也称为网络附加存储，是一种将分布的、独立的数据进行整合，集中管理数据的存储技术，为不同主机和应用服务器提供文件级存储空间。

从使用者的角度，NAS 是连接到一个局域网的基于 IP 的文件共享设备。NAS 通过文件级的数据访问和共享提供存储资源，使客户能够以最小的存储管理开销快速地共享文件，这一特征使得 NAS 成为主流的文件共享存储解决方案。另外，NAS 有助于消除用户访问通用服务器时的性能瓶颈，NAS 通常采用 TCP/IP 数据传输协议和 CIFS/NFS 远程文件服务协议来完成数据归档和存储。

随着网络技术的快速发展，支持高速传输和高性能访问的专用 NAS 存储设备可以满足当下企业对高性能文件服务和高可靠数据保护的应用需求。图 3-3 给出一种 NAS 设备的部署情况，通过 IP 网络，各种平台的客户端都可以访问 NAS 设备。

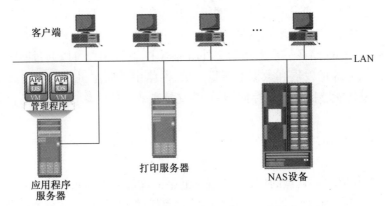

图 3-3 NAS 的访问

NAS 客户端和 NAS 存储设备之间通过 IP 网络通信，NAS 设备使用自己的操作系统和集成的硬/软件组件，满足特定的文件服务需求，NAS 客户端可以是跨平台的，可为 Windows、Linux 和 Mac 系统。与传统文件服务器相比，NAS 设备支持接入更多的客户机，支持更高效的文件数据共享。

NAS 应用于电子出版、CAD、图像、教育、银行、政府、法律环境等那些对数据量有较大需求的应用中。多媒体、Internet 下载以及在线数据的增长，特别是那些要求存储器能随着公司文件大小规模而增长的企业、小型公司、大型组织的部门网络，更需要这样一个简单的可扩展的方案。

NAS 通常在一个 LAN 上占有自己的节点，无须应用服务器的干预，允许用户在网络上存取数据，在这种配置中，NAS 集中管理和处理网络上的所有数据，将负载从应用或企业服务器上卸载下来，有效降低总拥有成本，保护用户投资。

NAS 是功能单一的精简型计算机，因此在架构上不像 PC 那么复杂，像键盘、鼠标、荧幕、音效卡、喇叭、扩充漕、各式连接口等都不需要；在外观上就像家电产品，只需电源与简单的控制钮。NAS 在架构上与个人电脑相似，但因功能单纯，可移除许多不必要的连接器、控制晶片、电子回路，如键盘、鼠标、USB、VGA 等。

NAS 服务器采用优化的文件系统，通常是简化了的 Unix/Linux 操作系统，或者是一个特殊的 Windows 内核。它使用 NFS 或 CIFS 协议为文件系统管理和访问进行专门优化，对外提供文件级的访问。

相比其他网络存储技术，NAS 存储具有以下优点。

（1）存储容量大，扩展性好。DAS 系统中，存储设备直接与服务器相连，数据共享分散，不便于数据的集中管理，DAS 在扩充存储容量时，要求服务器必须宕机，对服务产生了影响。NAS 采用网络附加技术，支持设备热插拔，扩充存储容量方便、快捷。NAS 采用 RAID 和逻辑卷管理技术，在不影响服务的情况下可灵活地为设备增加存储容量，数据融合度好，系统具有很强的扩展性能。

（2）组网成本低廉，易于部署。SAN 虽然在传输速度方面具有一定的优势，但采用光纤等专用传输通道，以光交换设备作为网络支撑，增高了总拥有成本。NAS 设备采用基于以太网的拓扑结构，通过以太网口与网络直接相连，不需要添加新的传输设备，节约了组网成本。由于以太网即插即用的特性，使得 NAS 设备安装时快捷方便，减少了组网时间。NAS 设备的接入位置非常灵活，可放置在工作组内，也可放在其他地点与网络连接，所以 NAS 服务器及其用户可以广泛分布于网络的各个位置，NAS 设备可以向用户随时随地提共享服务。

（3）存储效率高，互操作性强。NAS 提供了文件级的存储服务，功能专一，不仅响应速度快，而且数据传输速率也较高。与 DAS 和 SAN 存储技术相比，NAS 技术采用网络文件系统，用户挂载了一个网络文件系统到目录到本地，可以像使用本地文件一样使用网络文件系统，具有良好的系统互操作性，实现了跨平台的文件访问。

NAS 的主要局限包括：

（1）NAS 没有解决与文件服务器相关的一个关键性问题，即备份过程中的带宽消耗。与将备份数据流从 LAN 中转移出去的存储区域网（SAN）不同，NAS 仍使用网络进行备份和恢复。NAS 的一个缺点是它将存储事务由并行 SCSI 连接转移到了网络上。这就是说 LAN 除了必须处理正常的最终用户传输流外，还必须处理包括备份操作的存储磁盘请求。

（2）由于存储数据通过普通数据网络传输，因此易受网络上其他流量的影响。当网络上有其他大数据流量时会严重影响系统性能；由于存储数据通过普通数据网络传输，因此容易产生数据泄漏等安全问题。

（3）存储只能以文件方式访问，而不能像普通文件系统一样直接访问物理数据块，因此会在某些情况下严重影响系统效率，如大型数据库就不能使用 NAS。

二、网络附加存储网络

NAS 的主要特征是将分布、独立的数据整合为大型、集中化管理的数据中心，以便对不同的用户提供数据共享，其系统结构如图 3-4 所示。

NAS 可作为网络节点，直接接入网络中，理论上 NAS 可支持各种网络技术，支持多种网络拓扑，但是以太网是目前最普遍的一种网络连接方式，所以本书主要讨论的是基于以太网互连的网络环境。NAS 能够支持多种协议（如 NFS、CIFS、FTP、HTTP 等）以及支持多种操作系统。通过任何一台工作站，采用 IE 浏览器就可以对 NAS 设备进行直观方便的管理。

（一）NAS 的实现方式

NAS 的实现方式有两种：统一型 NAS 和网关型 NAS。统一型 NAS 是指一个 NAS 设

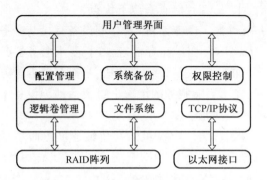

图 3-4 NAS 系统结构

备包含所有 NAS 组件;而网关型 NAS 中 NAS 引擎和存储设备是独立存在的,使用时二者通过网络互连,存储设备在被共享访问时采用块级 I/O。

如图 3-5 所示为统一型 NAS 的部署示意,统一型 NAS 将 NAS 引擎和存储设备放在一个机框中,使 NAS 系统具有一个独立的环境。NAS 引擎通过 IP 网络对外提供连接,响应客户端的文件 I/O 请求。存储设备由多个硬盘构成,硬盘既可以是低成本的 SATA 接口硬盘,也是高吞吐量的 FC 接口硬盘。NAS 管理软件同时对 NAS 引擎和存储设备进行管理。

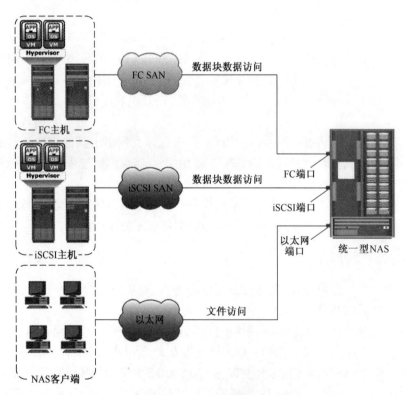

图 3-5 统一型 NAS

在网关型 NAS 的解决方案中,管理功能更加细分化,即对 NAS 引擎和存储设备单独进行管理。如图 3-6 所示,NAS 引擎和后端存储设备(如存储阵列)通常采用 FC 网络进行连接,与统一型 NAS 相比,网关型 NAS 存储更加容易扩展,因为 NAS 引擎和存储设备都可以独立地进行扩展。

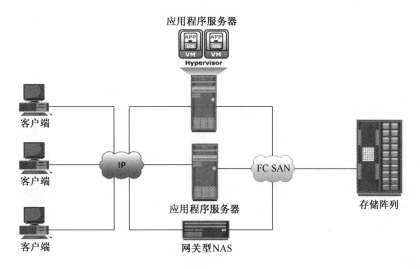

图 3-6　网关型 NAS

(二) NAS 的管理环境

在统一型 NAS 系统的管理中,由于存储设备专用于 NAS 存储服务,属于独占式存储,所以 NAS 管理软件可以对 NAS 部件和后端存储设备同时进行管理。

在网关型 NAS 系统的管理中,网关型 NAS 系统采用共享式存储,这意味着传统的 SAN 主机也可以使用后端存储设备(如存储阵列)。NAS 引擎和存储阵列都通过自己的专门管理软件进行配置和管理。

(三) NAS 与文件服务器对比

如图 3-7 所示,文件服务器的主要功能是为网络上的主机提供多种服务,如文件共享及处理、网页发布、FTP、电子邮件服务等。但是文件服务器在数据备份、数据安全等方面并不占据优势。而 NAS 本质上是存储设备而不是服务器,它专用于文件数据存储,将存储设备与服务器分离,提供文件集中存储与管理的功能。NAS 可以看作是优化的文件服务器,其对文件服务、存储、检索、访问等功能进行了优化。

文件服务器可以用来承载任何应用程序,支持打印、文件下载等功能;而 NAS 专用于文件服务,通过使用开放标准协议为其他操作系统提供文件共享服务。另外,为了提升 NAS 设备的高可用性和高可扩展性,NAS 还支持集群功能。

(四) NAS 组成与部件

如图 3-8 所示,NAS 的硬件组成包括:NAS 引擎(CPU 和内存等);网络接口卡(NIC),如千兆以太网卡、万兆以太网卡;采用工业标准存储协议(如 ATA、SCSI、FC 等)的磁盘资源。

NAS 的软件组成包括:NAS 内嵌操作系统,通常是精简版的 Linux 系统,对 NAS 进行

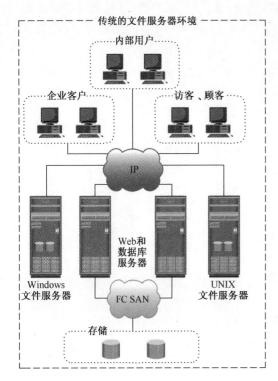
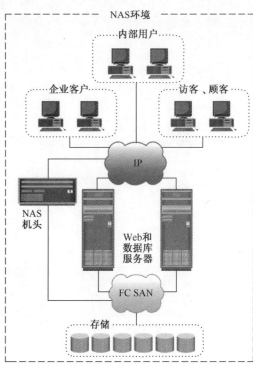

图 3-7 NAS 与文件服务器环境

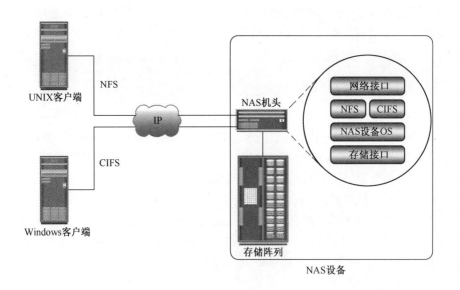

图 3-8 NAS 的组成

管理;文件共享协议,如网络文件系统(Network File System,NFS)和通用网络文件系统(Common Internet File System,CIFS);网络互连协议,如通过使用 IP 协议支持 NAS 和客户端之间互连。

三、网络附加存储的文件共享协议

大多数 NAS 设备支持多种文件共享协议，处理远程文件系统的 I/O 请求。上述内容提到，NFS 和 CIFS 是两种典型文件共享协议，其中 NFS 主要用于 UNIX 的操作环境；CIFS 用于 Windows 操作环境。用户使用文件共享协议可以跨越不同操作环境进行文件数据共享，文件共享协议支持不同操作系统间文件的透明迁移。

（一）CIFS 协议

CIFS 是一个网络文件共享协议，允许 Internet 和 Intranet 中的 Windows 主机访问网络中的文件或其他资源，达到文件共享的目的。CIFS 是服务器消息块（Server Message Block，SMB）协议的一个公共版本，SMB 协议让本机程序可以访问局域网内其他机器上的文件。

CIFS 协议是一个状态协议，在 OSI 模型的应用/表示层工作，CIFS 协议交互过程，它包括协议协商、会话建立、连接建立、文件操作等步骤。当客户端应用程序访问过程故障中断时，用户必须重新建立 CIFS 连接。CIFS 运行在 TCP/IP 上，使用 DNS 域名服务进行名称解析。

CIFS 是否可以自动恢复连接并重新打开被中断的文件，取决于应用程序是否启用 CIFS 的容错特性。CIFS 服务器会维护每个客户端的相关连接信息，因此 CIFS 是一个有状态的协议。在网络故障或 CIFS 服务器故障的情况下，客户端会接收到一个连接断开通知。如果应用程序能通过嵌入式智能软件来恢复连接，则中断影响最小化；反之，用户必须重新建立 CIFS 连接。

利用 CIFS 协议，NAS 设备以目录的形式把文件系统共享给某个用户，该用户可以查看或访问给予其权限（如只读、读/写、只写等）的共享目录。CIFS 的共享环境有"无域"和"AD 域"两种。AD（Active Directory）指的是 Windows 网络中的目录服务。

CIFS 具有以下优点。

（1）高并发性。CIFS 提供文件共享和文件锁机制，允许多个客户端访问或更新同一个文件而不产生冲突。利用文件锁机制同一时刻只允许一个客户端更新文件。

（2）高性能。客户端对共享文件进行的操作并不会立即写入存储系统，而是保存在本地缓存中。当客户端再次对共享文件进行操作时，系统会直接从缓存中读取文件，提高文件访问性能。

（3）数据完整性。CIFS 采用抢占式缓存、预读和回写的方式保证数据的完整性。客户端对共享文件进行的操作并不会立即写入存储系统，而是保存在本地缓存中。当其他客户端需要访问同一文件时，保存在客户端缓存中的数据会被写入存储系统中，这时需要保证同一时刻只有一个复制文件处于激活状态，防止出现数据不一致性的冲突。

（4）高安全性。CIFS 支持共享认证，通过认证管理，设置用户对文件系统的访问权限，保证文件的机密性和安全性。

（5）应用广泛性。支持 CIFS 协议的任意客户端均可以访问 CIFS 共享空间。

统一的字符编码标准：CIFS 支持各类字符集，保证 CIFS 可以在所有语言系统中使用。

（二）NFS 协议

NFS 协议是由 SUN 公司开发的用于异构平台之间的文件系统共享协议，其在网络环境中提供分布式文件共享服务。

NFS 使用客户端/服务器架构。服务器程序向其他计算机提供对文件系统的访问，客户端程序对共享文件系统进行访问。NFS 通过网络让不同类 UNIX 操作系统（如 Linux/UNIX/AIX/HP-UX/Mac OS）的客户端彼此共享文件。与 CIFS 不同，NFS 是一个无状态协议。当客户端应用程序访问过程故障中断时，系统能自动恢复工作。

NFS 支持面向流的协议（TCP）或者面向数据报的协议（UDP）。通过 NFS 网络共享协议，客户端的应用可以像使用本地文件系统一样使用远程 NFS 服务端的文件系统。

远程过程调用（Remote File System，RPC）的主要功能是向客户端回复每个 NFS 功能所对应的端口号，以实现客户端的正确连接。当启用 NFS 后，NAS 设备会主动向 RPC 注册自己随机选用的数个端口，然后由 RPC 监听客户端的请求并回复相应端口号。监控过程 RPC 使用 111 指定端口。启动 NFS 之前须先启动 RPC 机制，否则 NFS 端口号注册将失败。

基于 NFS 的 NAS 系统支持三种共享环境：无域环境下的 NFS 共享；LDAP 域环境下的 NFS 共享；NIS 域环境下的 NFS 共享。

在无域环境下，存储系统作为 NFS 服务器，通过 NFS 协议向客户端提供对文件系统的共享访问。客户端将共享文件挂载到本地后，用户像访问本地文件系统一样远程访问服务器中的文件系统。在服务器端设置客户端标识后，可访问该文件系统的客户端信息。

随着网络应用的日益丰富，用户管理成本越来越高也越来越复杂。相对于提供单一服务的系统来说，采用"用户名-密码"的认证方式是相对成熟的方案。网络中的各种应用对每个用户有不同的权限，这导致对每个用户或每个应用都需要设定不同的用户名和密码。对于不同的应用系统，用户需要输入不同的用户名和密码，过程不仅烦琐，而且不易管理。针对此类问题，轻量级目录访问协议（Lightweight Directory Access Protocol，LDAP）被用于支持多应用系统下的目录服务。

由于其具有简单、安全、优秀的信息查询功能，并且支持跨平台的数据访问，LDAP 已逐渐成为网络管理的重要工具。基于 LDAP 的认证应用主要是实现一个以目录为核心的用户认证系统，即 LDAP 域环境。相比无域环境下 NFS 共享，LDAP 域环境下 NFS 共享多了一道认证环节。在 LDAP 域环境中，当用户需要访问应用程序时，客户端将用户名和密码提供给 LDAP 服务器，LDAP 服务器将其与目录数据库中的认证信息进行比对来确定用户身份的合法性。

一个独立应用的局域网系统中，如果不同的主机分别维护各自的网络信息，包括用户名、密码、主目录、组信息等，一旦网络信息需要更改，将是非常复杂的事情。网络信息服务（Network Information Service，NIS）是一种可以集中管理系统数据库的目录服务技术，其提供了一个网络黄页的功能，为网络中所有的主机提供网络信息。NIS 使用客户端/服务器架构。如果某个用户的用户名以及密码保存在 NIS 服务器中的数据库中，NIS 允许此用户在 NIS 客户端上登录，并且可以通过维护 NIS 服务器中的数据库，统一管理整个局域网系统中的网络信息。可为 NIS 域环境下 NFS 共享。

NFS 协议具有以下两个优点。

（1）高并发性。多台客户端可以使用同一文件，以便网络中的不同用户都可以访问相同的数据。

（2）易用性。文件系统的挂载和远程文件系统的访问对用户是透明的，当客户端将共享文件系统挂载到本地后，用户像访问本地文件系统一样远程访问服务器中的文件系统。

（三）CIFS 与 NFS 协议对比

CIFS 协议和 NFS 协议都需要转换不同操作系统之间的文件格式。如果文件系统已经设置为 CIFS 共享，再添加 NFS 共享，则 NFS 共享只能设置为只读。与此类似，如果文件系统已经设置为 NFS 共享，再添加 CIFS 共享，则 CIFS 共享只能设置为只读。表 3-1 列出 CIFS 和 NFS 协议的性能比较。

（1）平台。NFS 主要运行 UNIX 系列的平台；CIFS 主要运行 Windows 系列的平台。

（2）软件。NFS 的客户端必须配备专用软件；CIFS 被集成到操作系统中，不需要额外的软件。

（3）底层网络协议。NFS 使用 TCP 或 UDP 传输协议；CIFS 是一个基于网络的共享协议，其对网络传输的可靠性要求很高，所以它通常使用 TCP/IP 传输协议。

（4）故障影响。NFS 是无状态的协议，可在连接故障后自动恢复连接；CIFS 是一个有状态的协议，连接故障时不能自动恢复连接。

（5）效率。由于 NFS 是无状态的协议，每次进行 RPC 注册时都要发送较多的冗余信息，效率较低；而 CIFS 是有状态协议，仅发送少许的冗余信息，因此具有比 NFS 更高的传输效率。

表 3-1 CIFS 与 NFS 的性能比较

协议	传输协议	客户端	故障影响	效率	支持的操作系统
CIFS	TCP/IP	操作系统集成不需要其他软件	大	高	Windows
NFS	TCP 或 UDP	需要其他软件	小；交互进程终端可自动恢复连接	低	UNIX

第三节 存储区域网络技术及应用

存储区域网络（Storage Area Network，SAN）是一种面向网络的、以数据存储为中心的存储架构。SAN 采用可扩展的网络拓扑结构连接服务器和存储设备，并将数据的存储和管理集中在相对独立的专用网络中，向服务器提供数据存储服务。以 SAN 为核心的网络存储系统具有良好的可用性、可扩展性和可维护性，能保障存储网络业务的高效运行。

一、存储区域网络技术概述

SAN 采用网状通道（Fibre Channel，FC，区别于 Fiber Channel 光纤通道）技术，通过 FC 交换机连接存储阵列和服务器主机，建立专用于数据存储的区域网络。SAN 经过十多年历史的发展,已经相当成熟,成为业界的事实标准(但各个厂商的光纤交换技术不完全相同,其服务器和 SAN 存储有兼容性的要求)。

SAN 专注于企业级存储的特有问题。当前企业存储方案所遇到问题的两个根源是:数据与应用系统紧密结合所产生的结构性限制,以及小型计算机系统接口(SCSI)标准的限制。大多数分析都认为 SAN 是未来企业级的存储方案,这是因为 SAN 便于集成,能改善数据可用性及网络性能,而且还可以减轻管理作业。

SAN 实际是一种专门为存储建立的独立于 TCP/IP 网络之外的专用网络。目前,一般 SAN 提供 2Gb/s 到 4Gb/s 的传输速率,同时 SAN 网络独立于数据网络存在,因此存取速度很快,另外 SAN 一般采用高端 RAID 阵列,使 SAN 的性能在几种专业存储方案中傲视群雄。

SAN 由于其基础是一个专用网络,因此扩展性很强,不管是在一个 SAN 系统中增加一定的存储空间还是增加几台使用存储空间的服务器都非常方便。通过 SAN 接口的磁带机,SAN 系统可以方便高效地实现数据的集中备份。

目前常见的 SAN 有 FC-SAN 和 IP-SAN,其中 FC-SAN 为通过 FC 通道协议转发 SCSI 协议,IP-SAN 通过 TCP 协议转发 SCSI 协议,如图 3-9 所示。

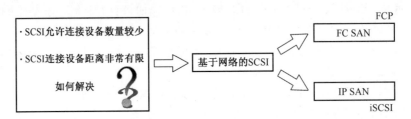

图 3-9 基于网络的 SCSI

SAN 的优点主要有以下一些。

(1) 快速数据访问和备份。SAN 采用光纤网,服务器通过存储网络直接同存储设备交换数据,不但提供了主机和存储设备之间千兆网速的高速互联,而且在设备数量(可达数十个)和传输距离上(可达 10km)有较大提高。突破现有的距离限制和容量限制。

SAN 提供了理想的快速备份工具,如果两个存储设备(如一个磁盘阵列,一个磁带库)都在 SAN 上,进行数据备份式镜像十分理想,可不占用 LAN/WAN 的带宽,直接通过 SAN 存储网络进行备份。如果进行磁带备份,还可以将要备份的设备隔离开来,不受其他设备干扰,完全实现 LANfreeBackup。

(2) 网络及设备扩充方便,可以兼容以前的存储设备。采用 SAN 技术传输距离可达 10km。通过 FC-AL 的 Hub 和 Switch 可以建立星型连接。在 SAN 上的设备、主机、存储设备和磁带设备,不但在物理位置安排上十分灵活,而且可以将不同用途的设备划分为不同的区,分别建立虚拟专用网,使得主机访问 SAN 上的存储设备十分方便。

新建立的 SAN 不但可以连接光纤通道设备,而且可以连接 SCSI 设备。有两种类型的 Bridge 可以将 SCSI 存储设备,如外接磁带、磁盘阵列和磁带机及带库连接到光纤通道 SAN 上。这样保护了用户以前的投资。

(3) 提高了数据的可靠性和安全性。数据的可靠性和安全性,在当前的应用中显得十分重要。存储设备中的单点故障可能引起巨大的经济损失。在以前的 SCSI 设备中，SCSI 的损坏可能引起多个存储设备失效。在 SAN 中可以采用双环的方式，建立存储设备和计算机之间的多条通路，提高了数据的可用性。建立虚拟专用网络可以提高数据的可靠性和安全性；同时在 SAN 中也可以通过建立双机容错、多机集群，实现 RAID 校验等方式进一步保证数据的安全性和作业的连续性。

(4) 优越的性能。SAN 可实现快速实现备份和恢复，并支持 Cluster。本地硬盘备份方式提供了最快速度的备份和恢复访问。

(5) 操作使用简便。Windows GUI(图形用户界面)提供快速图标、在线帮助以及网络备份配置、自动定时作业设置或监视的单点管理。本地管理、集中管理和远程管理采取一致的方法。定时、手工或设定的备份和恢复。

另外，SAN 可以实现多系统共享大容量存储设备数据，可以实现异构平台网络数据自动备份管理，可以实现备份介质的自动管理，可以实现综合数据保护，自动克隆进一步提高了数据的完整性和可用性。

但 SAN 成本和复杂性高，特别是在光纤信道中这些缺陷尤其明显。从另一个角度来看，虽然新推出的基于 iSCSI 的 SAN 解决方案减低了成本，但是其性能却无法和光纤信道相比较。在价格上的差别主要是由于 iSCSI 技术使用的是现在已经大量生产的吉比特以太网硬件，而光纤通道技术要求特定的价格昂贵的设备。

SAN 主要用于存储量大的工作环境，如 ISP、银行等，成本高、标准尚未确定等问题影响了 SAN 的市场，不过随着这些用户业务量的增大，SAN 也有着广泛的应用前景。

二、存储区域网络的组成与部件

SAN 也称为存储区域网络，它是将存储设备(如磁盘阵列、磁带库、光盘库等)与服务器连接起来的网络。结构上，SAN 允许服务器和任何存储设备相连，并直接存储所需数据。如图 3-10 所示是一种典型的 SAN 组网方式。

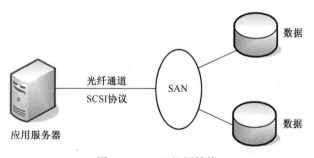

图 3-10　SAN 组网结构

相对于传统数据存储方式，SAN 可以跨平台使用存储设备，可以对存储设备实现统一管理和容量分配，从而降低使用和维护的成本，提高存储的利用率。SAN 对存储资源进行集中管控，高效利用存储资源，有助于提高存储利用率。更高的存储利用率意味着存储设备的减少，网络中的电能能耗和制冷能耗降低，节能省电。

此外，通过 SAN 网络主机与存储设备连通，SAN 为在其网络上的任意一台主机和存储设备之间提供专用的通信通道，同时 SAN 将存储设备从服务器中独立出来。SAN 支持通过光纤通道协议和 IP 协议组网,支持大量、大块的数据传输;同时满足吞吐量、可用性、可靠性、可扩展性和可管理性等方面的要求。

由图 3-11 可以看到,SAN 和 LAN 相互独立,这个特点的优势在上文已经提过,然而它会带来成本和能耗方面的一些不足:SAN 需要建立专属的网络,这就增加了网络中线缆的数量和复杂度;应用服务器除了连接 LAN 的网卡之外,还需配备与 SAN 交换机连接的主机总线适配器(Host Bus Adapter,HBA)。

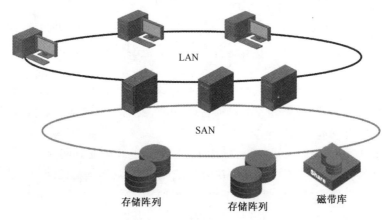

图 3-11 SAN 与 LAN 的结构

SAN 由三个基本组件组成:服务器、网络基础设施和存储。这些组件可以进一步地划分,分别是端口、连接设备、集线器、存储阵列等。

(1) SAN 网络服务器。所有 SAN 解决方案中,服务器基础结构是其根本,其基础结构可以是多种服务器平台的混合体,包括 Windows、UNIX、Linux 和 Mac OS 等。

(2) SAN 网络存储。光纤接口存储设备是存储基础结构核心。SAN 存储基础结构能够更好地保存和保护数据,能够提供更好的网络可用性、数据访问性和系统管理性。SAN 为了使存储设备与服务器解耦,使其不依赖于服务器的特定总线,将存储设备直接接入网络中。从另一个角度看,存储设备做到了外置或外部化,其功能分散在整个存储系统内部。

(3) SAN 网络互连。实现 SAN 的第一个要素是通过 FC 等通道技术实现存储和服务器组件的连通。所使用的组件是实现 LAN 和 WAN 所使用的典型组件。与 LAN 一样,SAN 通过存储接口的互联形成很多网络配置,并能够跨越很长的距离。除了线缆和连接器,还包括交换机等互联设备。

(4) SAN 网络端口。常见有三种常用端口:①FC 接口使用 FC 协议,使用该种协议的 SAN 架构,称为 FC-SAN;②ETH 接口使用 iSCSI 协议,使用该种协议的 SAN 架构,称为 IP-SAN;③FCoE 接口使用 FCoE 协议,使用该种协议的 SAN 架构,称为 FCoE-SAN。

SAN 网络和 DAS 直连一样,都是以 SCSI 块的方式发送数据,将数据从存储设备传送到服务器上。当然,SAN 网络和 DAS 直连有一些显著的区别,如价格,用户购买 SAN 网络所需花销远远大于 DAS,如 DAS 缆线的连接范围在 25m 以内,而 SAN 网络连接则可以长达数百或者数千千米。

在一个基于 SAN 网络架构的解决方案中,SAN 不只会在网络上发送单独的 SCSI 协议块,而是将 SCSI 协议块封装到一个数据包或者数据帧中,利用网络将数据包传输到更远的距离。数据包就好像是一个信封,我们可以利用信封来把信件传递给某人。信件可以看成是用户数据,而信封就是数据包。事实上,我们不可能通过将信纸放在地上,然后让风将信纸送到收信人的地址。所以一个好的办法是将信纸装入到信封,并且贴上邮票,然后写上正确的地址信息并把信件塞入一个邮箱。国家邮政服务人员将信件从邮箱取出,并将它传递到收信人手中。当然,也有其他的办法可以将信送到收信人手中,一个替代办法是选择专业的快递服务公司,如"顺丰"或者"申通"快递公司。他们有自己的投递系统,你需要将这封信放入到一个特殊的信封中。然后,负责送货服务的传输系统将负责把信送到收信人手中。

现在有多种方法将 SCSI 块发送到跨 SAN 的连接中,这些方法被称为协议,每个协议都有不同的方法来描述处理 SCSI 块的传输方式。如上所述,FC、iSCSI 和 FCoE 是 SAN 网络架构中三种常用协议,FC 协议通常和 iSCSI 协议用于现代的 SAN 架构中,而 FCoE 协议主要用于 SAN 和 LAN 业务融合场景,表 3-2 从协议、应用场景、优缺点等几个方面对比 DAS 和 SAN 两种存储架构。

表 3-2 DAS 和 SAN 的区别

项 目	DAS	SAN
成本	低	高
扩展性	不易于扩展	易于扩展
是否集中管理	否	是
备份效率	低	高
网络传输协议	无	光纤通道协议

从连接方式上对比,DAS 采用了直接连接,即存储设备直接连接应用服务器,但是扩展性较差;SAN 网络则是通过多种技术来连接存储设备和应用服务器,具有很好的传输速率和扩展性。SAN 不受现今主流的、基于 SCSI 存储结构的布局限制。特别重要的是,随着存储容量的爆炸性增长,SAN 允许独立地增加它们的存储容量。SAN 网络的结构允许任何服务器连接到任何存储阵列,这样不管数据置放在那里,服务器都可直接存取所需的数据。因为采用了光纤接口,SAN 还具有更高的带宽。

DAS 存储一般应用在中小企业,与计算机采用直连方式;SAN 网络则使用光纤接口,提供高性能、高扩展性的存储,其应用场景包括:①对数据安全性要求很高的企业,如,军事、金融、证券和电信;②对数据存储性能要求高的企业,如电视台、测绘部门和交通部运输部门;③具有本质上物理集中、逻辑上又彼此独立的数据管理特点的企业,如银行、证券和电信等行业。

三、FC-SAN

随着当今社会对信息存储需求的空前增加,对信息存储系统的性能,信息网络的利用率和信息的备份、容灾能力都有更高的要求,SAN 可以很好地满足数据统一存储、企业数据共享、远程数据容灾等的需要。随着 IT 技术的迅速发展及各种数据的集中化,建立一个基于 SAN 的存储体系结构也已经成为信息化的必然之路。FC-SAN 是当今 SAN 网络中的主流，在高性能应用环境中占主要份额。

20世纪80年代，随着计算机处理器的运算能力的提高，外部设备的I/O带宽成为整个存储系统的一大瓶颈。为了解决I/O瓶颈对整个存储系统所带来的消极影响，提高存储系统的存取性能，美国国家标准委员会（ANSI）的X3T11工作组于1988年开始制定一种高速串行通信协议-光纤通道协议。FC协议制定的初衷是用来提高硬盘传输带宽，侧重于数据的快速、高效、可靠传输。随着技术发展，该协议将快速可靠的通道技术和灵活可扩展的网络技术有机地融合在一起，既提供通道所需要的指令集，也提供网络所需要的各种协议，因此它不仅能够进行数据的高速传输、音频和视频信号的串行通信，而且为网络、存储设备和数据传送设备提供了实用、廉价和可扩展的数据交换标准，并能广泛用于高性能大型数据仓库、数据存储备份和恢复系统、基于网络的存储、高性能的工作组、数据的视/音频网络等。这些特点使得FC协议在整个20世纪90年代都得到了人们的认可，并且从20世纪90年代末开始FC-SAN得到大规模的广泛应用。目前，FC协议被用在绝大多数高容量、高端直连存储设备上。

FC-SAN是指使用FC协议的SAN网络。作为SAN网络中第一个成功的千兆位串行传输技术，FC已成为最适合块I/O应用的体系结构。FC满足存储网络对传输技术的下列需求。

（1）高速长距离的串行传输；

（2）大规模网络应用中的异步通信；

（3）较低的传输误码率；

（4）较低的数据传输延迟；

（5）模块化和层次化结构；

（6）传输协议可在HBA上以硬件方式实现，减少对服务器CPU的占用。

光纤通道协议其实并不能翻译成光纤协议，只是FC协议普遍采用光纤作为传输线缆，因此很多人把FC称为光纤通道协议。在逻辑上，我们可以将FC看作是一种用于构造高性能信息传输的、双向的、点对点的串行数据通道。在物理上，FC是一到多对应的点对点的互联链路，每条链路终结于一个端口或转发器。FC的链路介质可以是光纤、双绞线或同轴电缆。

四、IP-SAN

早期SAN网络采用光纤通道进行块数据传输，因此早期SAN指的是FC-SAN。在实际应用中，如果企业要使用SAN网络进行数据存储，需要购买FC-SAN存储网络相关的设备组件，其昂贵的价格和复杂的配置限制了中小型企业，尤其是小型企业的部署使用。因此，为了提高SAN存储网络的使用，满足中小型企业的需求，工程师们提出并设计了IP-SAN方案。

IP-SAN指基于IP协议传输的网络存储系统，其使用标准的TCP/IP协议，可在以太网上进行块数据的传输，无须配置专门的FC网络。如图3-12所示为IP SAN的拓扑结构。

IP-SAN具有如下优点。

（1）接入标准化。IP SAN的部署不需要专用的光纤HBA卡和光纤交换机，可直接

图 3-12　IP SAN 组网结构

利用现有网络中的以太网卡和以太网交换机。

(2) 传输距离远。只要 IP 网络可达的地方,就可以部署 IP-SAN 存储网络。

(3) 可维护性好。IP 网络的维护工具非常发达,具有较多的专业技术人员支持。

(4) 带宽扩展方便。iSCSI 承载于以太网,现以太网已经发展 10Gb/s 速率,40Gbit/s 也在研发中。

(5) 成本低。整体降低产品的总体拥有成本 TCO。

IP-SAN 的缺点如下。

(1) 数据安全性。数据在 IP-SAN 网络中传输时,尽管 IP 协议可以应用 IPSec 以保障数据的安全性,但也只能提供数据在网络传输过程的动态安全性,并不能保证数据被保存在存储设备上的静态安全性。另外,使用 IP 网络构建的 IPSAN 和传统的 IP 业务很难从物理上完全隔离,而 IP 网络是开放式网络,仍然存在众多安全漏洞,这对 IP-SAN 也构成安全性威胁。

(2) TCP 负载空闲引擎。由于 IP 协议是无连接不可靠的传输协议,数据的可靠性和完整性是由 TCP 协议来提供的,而 TCP 为了完成数据的排序工作需要占用较多的主机 CPU 资源,导致用户业务处理延迟的增加。

(3) 占用 IP 网络资源。由于 IP-SAN 是直接部署在现有的网络资源上,而 IP 网络尤其是以太网络的效率和 QoS 都较低,因此 IP-SAN 网络将占用系统资源。

IP-SAN 的组网形式包括以下两种。

(1) 单交换组网。主机与存储设备之间通过一台以太网交换机进行通信,同时主机安装以太网卡、TOE 卡或 iSCSI HBA 卡实现连接。

单交换组网结构使多台主机能共同分享同一台存储设备,扩展性强,但存在单点故障问题,如图 3-13 所示。

(2) 双交换组网。主机与存储设备之间通过两台以太网交换机进行通信(图 3-14),同时主机安装以太网卡、TOE 卡或 iSCSI HBA 卡实现连接。同一台主机到存储设备端由多条路径连接,可靠性强,避免了在单交换组网中以太网交换机处存在的单点故障。

下面从网络速度、网络架构、传输距离、管理维护、兼容性、性能、成本、容灾、安全性等方面对 FC SAN 和 IP SAN 进行分析和对比。

(1) 网络速度。FC SAN 支持 4Gb/s、8Gb/s、16Gb/s;IP SAN 支持 1Gb/s、10Gb/s。

(2) 网络架构。FC SAN 需要单独建设光纤网络和 HBA 卡;IP SAN 可直接使用现有 IP 网络。

(3) 传输距离。FC SAN 的传输距离受到光纤传输距离的限制;IP SAN 理论上没有距离限制,只要 IP 网络可达的地方,都能部署。

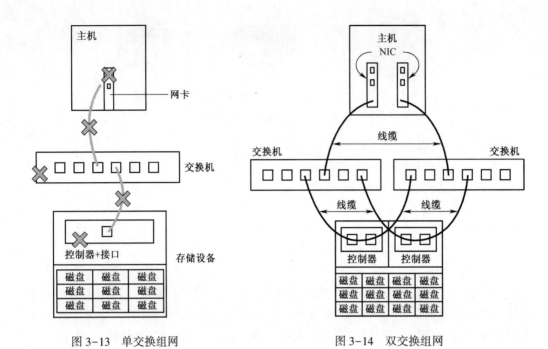

图 3-13　单交换组网　　　　　图 3-14　双交换组网

（4）管理维护。FC SAN 技术和管理较复杂；IP SAN 的管理维护与 IP 设备一样操作简单。

（5）兼容性。FC SAN 的兼容性差；IP SAN 与所有 IP 网络设备都兼容。

（6）性能。FC SAN 具有非常高的传输和读写性能；IP SAN 目前主要采用 1Gb/s 带宽，而 10Gb/s 带宽正在开发逐步进入实际应用。

（7）成本。FC SAN 网络的搭建需要购买光纤交换机、HBA 卡、光纤磁盘阵列等，同时需要培训人员、系统设置与监测等，成本高；IP SAN 购买与维护成本都较低，有更高的投资收益比例。

（8）容灾。FC SAN 搭建容灾的硬件、软件成本都比较高；IP SAN 本身可以实现本地和异地容灾，且成本低。

（9）安全性。FC SAN 和传统业务 IP 网络从物理上隔离，保证了 SAN 网络下传输和存储的数据安全性；IP SAN 网络中，尽管 IP 协议可以应用 IPSec 以保障数据的安全性，但只能提供数据在网络传输过程的动态安全性，并不能保证数据在存储设备上的静态安全性。由于 IP 网络是开放式网络，仍然存在众多安全漏洞，这对于使用传统 IP 网络构建的 IP SAN 是一个安全威胁。

五、SAN 与 NAS 的区别

图 3-15 给出 NAS 和 SAN 两种存储架构，二者都具有良好的扩展性，便于扩展。然而，二者具有明显区别。

（1）服务方式。NAS 提供文件级的数据访问和存储服务，而 SAN 提供块级数据访问和存储服务。

（2）文件系统所在位置。NAS 的文件系统集成在 NAS 设备上，而 SAN 的文件系统

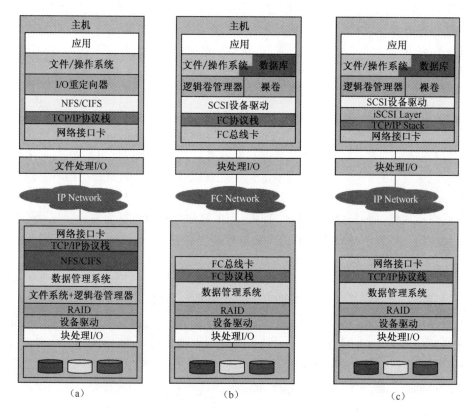

图 3-15　SAN 与 NAS 的存储架构
(a)NAS;(b)FC SAN;(c)IPSAN。

集成在主机侧。

（3）访问性能。NAS 与业务应用共享网络，占用 LAN 网络带宽资源，既影响业务，也限制 NAS 传输能力。SAN 采用专用的存储网络，不占用 LAN 带宽资源，提高传输性能。

第四节　云存储技术

一、云存储

云存储（cloud storage）是在云计算概念上延伸和发展出来的一个新的概念，是指通过集群应用、网格技术或分布式文件系统等功能，将网络中大量各种不同类型的存储设备通过应用软件集合起来协同工作，共同对外提供数据存储和业务访问功能的一个系统。当云计算系统运算和处理的核心是大量数据的存储和管理时，云计算系统中就需要配置大量的存储设备，那么云计算系统就转变成为一个云存储系统，所以云存储是一个以数据存储和管理为核心的云计算系统。

当我们使用某一个独立的存储设备时，我们必须非常清楚这个存储设备是什么型号，什么接口和传输协议，必须清楚地知道存储系统中有多少块磁盘，分别是什么型号、多大容量，必须清楚存储设备和服务器之间采用什么样的连接线缆。为了保证数据安全和业务的连续性，我们还需要建立相应的数据备份系统和容灾系统。除此之外，对存储设备进行定期的状态监控、维护、软/硬件更新和升级也是必需的。如果采用云存储，那么上面所提到的一切对使用者来讲都不需要了。云状存储系统中的所有设备对使用者来讲都是完全透明的，任何地方的任何一个经过授权的使用者都可以通过一根接入线缆与云存储连接，对云存储进行数据访问。

云存储的基础是存储的虚拟化。存储虚拟化（storage virtualization）最通俗的理解就是对存储硬件资源进行抽象化表现。通过将一个（或多个）目标（target）服务或功能与其他附加的功能集成，统一提供有用的全面功能服务。典型的虚拟化包括如下一些情况：屏蔽系统的复杂性，增加或集成新的功能，仿真、整合或分解现有的服务功能等。虚拟化是作用在一个或者多个实体上的，而这些实体则是用来提供存储资源或/及服务的。

存储虚拟化是一种贯穿于整个 IT 环境、用于简化可能相对复杂的底层基础架构的技术。存储虚拟化的思想是将资源的逻辑映像与物理存储分开，从而为系统和管理员提供一幅简化、无缝的资源虚拟视图。

对于用户来说，虚拟化的存储资源就像是一个巨大的"存储池"，用户不会看到具体的磁盘、磁带，也不必关心自己的数据经过哪一条路径通往哪一个具体的存储设备。

从管理的角度来看，虚拟存储池是采取集中化的管理，并根据具体的需求把存储资源动态地分配给各个应用。值得特别指出的是，利用虚拟化技术，可以用磁盘阵列模拟磁带库，为应用提供速度像磁盘一样快、容量却像磁带库一样大的存储资源，这就是当今应用越来越广泛的虚拟磁带库（Virtual Tape Library，VTL），在当今企业存储系统中扮演着越来越重要的角色。

存储虚拟化的优点如下。

（1）使存储设备管理简单化。虚拟存储化技术，可以让用户以自主、自动的方式在磁盘或者磁带上存储数据，使系统管理员不必再操心后端，只要关注于存储空间管理即可。在虚拟化环境中，所有的存储管理操作，如系统升级、建立和分配虚拟磁盘、改变 RAID 级别、扩充存储空间等都可自动实现，存储管理变得轻松简单。虚拟存储提供了一个大容量存储系统集中管理的手段，由网络中的一个环节进行统一管理，避免了由于存储设备扩充所带来的管理方面的麻烦。

（2）有较好的设备兼容性。虚拟存储技术为存储资源管理提供了更好的灵活性，可以将不同类型的存储设备集中管理使用，保障了用户以往购买的存储设备的投资，在存储设备的开支上可以节省一笔不小费用。

（3）在数据中心应用中优势明显。虚拟存储对数据中心应用最有价值的特点是：可以大大提高存储系统整体访问带宽。存储系统是由多个存储模块组成，而虚拟存储系统可以很好地进行负载平衡，把每一次数据访问所需的带宽合理地分配到各个存储模块上，这样系统的整体访问带宽就增大了。例如，一个存储系统中有两个存储模块，每一个存储模块的访问带宽为 50MB/s，则这个存储系统的总访问带宽就可以接近各存储模块带宽之和，即 100MB/s。这种带宽特点用于传送数据库文件或图像文件时更显速度优势。

二、云存储技术应用

云存储的核心是应用软件与存储设备相结合，通过应用软件来实现存储设备向存服务的转变，云存储的结构模型如图 3-16 所示。

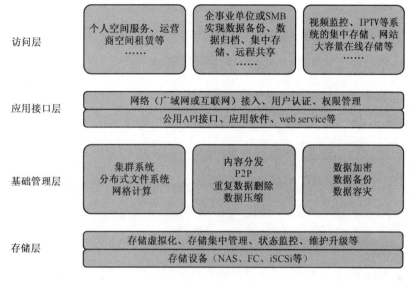

图 3-16 云存储的结构模型

1. 存储层

云存储中的存储设备数量庞大且分布多在不同地域，如何实现不同厂商、不同型号甚至于不同类型（如 FC 存储和 IP 存储）的多台设备之间的逻辑卷管理、存储虚拟化管理和多链路冗余管理将会是一个巨大的难题，这个问题得不到解决，存储设备就会是整个云存储系统的性能瓶颈，结构上也无法形成一个整体，而且还会带来后期容量和性能扩展难等问题。

存储层是云存储最基础的部分。存储设备可以是 FC 光纤通道存储设备，可以是 NAS 和 iSCSI 等 IP 存储设备，也可以是 SCSI 或 SAS 等 DAS 存储设备。云存储中的存储设备往往数量庞大且分布于不同地域。彼此之间通过广域网、互联网或者 FC 光纤通道网络连接在一起。

存储设备之上是一个统一存储设备管理系统，可以实现存储设备的逻辑虚拟化管理、多链路冗余管理，以及硬件设备的状态监控和故障维护。

2. 基础管理层

云存储中的存储设备数量庞大、分布地域广造成的另外一个问题就是存储设备运营管理问题。虽然这些问题对云存储的使用者来讲根本不需要关心，但对于云存储的运营单位来讲，却必须要通过切实可行和有效的手段来解决集中管理难、状态监控难、故障维护难、人力成本高等问题。因此，云存储必须要具有一个高效的类似与网络管理软件一样的集中管理平台，可实现云存储系统中设有存储设备、服务器和网络设备的集中管理和状态监控。

基础管理层是云存储最核心的部分，也是云存储中最难以实现的部分。基础管理层通过集群、分布式文件系统和网格计算等技术，实现云存储中多个存储设备之间的协同工作，使多个的存储设备可以对外提供同一种服务，并提供更大更强更好的数据访问性能。

内容分发系统、数据加密技术保证云存储中的数据不会被未授权的用户所访问，同时,通过各种数据备份和容灾技术和措施可以保证云存储中的数据不会丢失,保证云存储自身的安全和稳定。

3. 应用接口层

应用接口层是云存储最灵活多变的部分。不同的云存储运营单位可以根据实际业务类型,开发不同的应用服务接口,提供不同的应用服务。比如视频监控应用平台、IPTV 和视频点播应用平台、网络硬盘应用平台、远程数据备份应用平台等。

4. 访问层

任何一个授权用户都可以通过标准的公用应用接口来登录云存储系统,享受云存储服务。云存储运营单位不同,云存储提供的访问类型和访问手段也不同。

如同云状的广域网和互联网一样,云存储对使用者来讲,不是指某一个具体的设备,而是指一个由许许多多个存储设备和服务器所构成的集合体。使用者使用云存储,并不是使用某一个存储设备,而是使用整个云存储系统带来的一种数据访问服务。所以严格来讲,云存储不是存储,而是一种服务。

云存储可分为以下三类。

1. 公共云存储

像亚马逊公司的 Simple Storage Service(S3)和 Nutanix 公司提供的存储服务一样,它们可以以较低的成本提供大量的文件存储。供应商可以保持每个客户的存储、应用都是独立的、私有的。其中以 Dropbox 为代表的个人云存储服务是公共云存储发展较为突出的代表,国内比较突出的代表有阿里云、百度云盘、移动彩云、金山快盘、坚果云、华为网盘、360 云盘、新浪微盘、腾讯微云等。

2. 私有云存储

私有云存储是针对公有存储来说的。公共云存储可以划出一部分用作私有云存储。一个公司可以拥有或控制基础架构,以及应用的部署,私有云存储可以部署在企业数据中心或相同地点的设施上。私有云可以由公司自己的 IT 部门管理,也可以由服务供应商管理。这个私有云几乎五脏俱全,但是云的应用局限在一个区域、一个企业,甚至只是一个家庭内部。私有存储云有以下四大好处:

(1) 统一管理。当数据量巨大或者涉及的管理层面太多时,分散管理的优缺点:一是不能保证数据的一致性;二是用户自己管理自己的存储,导致所有人都做重复性工作,这样就会导致效率低下,造成人力资源的浪费;三是很难进行对信息的有效控制,信息泄露以及安全性将成为一个突出的问题。

而统一管理内同时解决了上面的三个问题,数据在同一个管理界面下进行维护,用户无须再自己处理数据管理的烦琐工作,降低了成本的同时、安全性问题也可以得到有效地解决。

(2) 易于实现集中备份及容灾。存储设备并不保证时刻都是可靠的。硬件坏了可以重新购买,但是数据丢失,特别是关键数据的丢失,是任何一个企业都是无法承受的损失。因此就需要对数据进行备份冗余保护,并且在适当的时候以可接受的成本来实现业务的容灾,保证应用与业务的可用性。与分散的存储相比,集中式地来处理数据备份与应用与业务容灾要更加易于实现与管理,并且更加高效。

(3) 易于扩展、升级方便。由于用户只知道存储的接口,并不知道存储的实现,这就相当于给私有存储云与用户之前加入了一个中间层。在计算机领域里有一个定理，就是加上一个中间层，计算机领域中大部分的问题就能够得到解决。中间层的意义在于即使对私有存储云的后端进行变动，也不会将影响传递给前端，不会影响用户的使用。这就使得对私有存储云空间进行扩展、维护、升级带来了灵活性，使得后端的变动的影响最小化。

（4）节约成本，绿色节能。由于是集中存储，并且易于扩展与升级，因此可以结合相应存储虚拟化，对容量进行灵活配置，提高大容量、高效率的数据访问服务。同时可利用虚拟机技术对硬件设备进行虚拟化，充分利用硬件的效益。相比分散存储，这间接上就减少了设备的投资，又减少了硬件设备能源的消耗，达到绿色节能。

3. 混合云存储

这种云存储把公共云和私有云/内部云结合在一起。主要用于按客户要求的访问，特别是需要临时配置容量的时候。从公共云上划出一部分容量配置一种私有或内部云可以帮助公司有效应对迅速增长的负载波动或使用高峰。尽管如此，混合云存储带来了跨公共云和私有云分配应用的复杂性。

以阿里云混合云存储为例，混合云阵列让用户可以像本地存储一样使用和管理本地和云端的各种存储资源（块、文件和对象），本地存储通过云缓存、云同步、云分层、云备份等方式无缝连通云存储。混合云阵列不仅可以作为传统存储与云的连接器，而且因为混合云阵列的高稳定性和性能，支持双控机头的模式，在一些场景下也可以直接替代传统存储成为混合云中的一级存储。阿里云混合云存储的结构如图3-17所示。

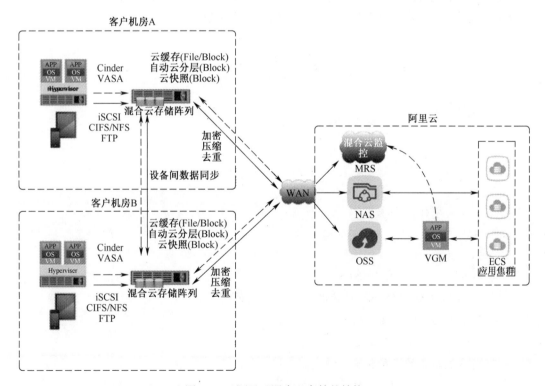

图3-17 阿里云混合云存储的结构

备份和容灾恢复服务是大量企业需求的混合云存储服务。云存储网关和混合云阵列能够帮助数据上云,同时也能够让云上和云下形成灾备机制。用户本地的虚拟机镜像备份,数据库备份以及应用备份,通过运行混合云阵列上的灾备服务,能够灵活的配置在云上的备份策略和备份周期,并且通过在云上进行与弹性计算服务的结合,在用户本地 IDC 发生故障时可以自动或手动的进行切换。

本章小结

  DAS 是指将存储设备通过 SCSI 线缆或光纤通道直接连接到服务器上。DAS 的适合存储系统必须被直接连接到应用服务器上的情况。

  NAS 是一种将分布、独立的数据整合为大型、集中化管理的数据中心,以便于对不同主机和应用服务器进行访问的技术。NAS 中服务器与存储之间的通信使用 TCP/IP 协议,数据处理是"文件级"的。

  SAN 分为 FC SAN 和 IP SAN。服务器和主机之间建立专用于数据存储的区域网络,实现存储扩容和共享。

  云存储是在是指通过集群应用、网格技术或分布式文件系统等功能,将网络中大量各种不同类型的存储设备通过应用软件集合起来协同工作,共同对外提供数据存储和业务访问功能的一个系统。当云计算系统运算和处理的核心是大量数据的存储和管理时,云计算系统中就需要配置大量的存储设备,那么云计算系统就转变成为一个云存储系统,所以云存储是一个以数据存储和管理为核心的云计算系统。

作业题

一、选择题

1. NAS 采用的文件服务协议有( )。
   A. NFS   B. NTFS   C. CIFS   D. SYS
2. NAS 客户端和存储设备之间通过( )网络通信。
   A. TCP   B. IP   C. FTP   D. WWW
3. NAS 的硬件包括( )。
   A. NAS 引擎   B. 网络接口卡   C. 电源   D. 磁盘
4. SAN 的常用端口有( )。
   A. FC   B. SCSI   C. iSCSI   D. FCoE
5. FC SAN 满足存储网络对传输技术( )的需求。
   A. 较低的传输误码率
   B. 较低的数据传输延迟
   C. 高速长距离的串行传输
   D. 传输协议可在 HBA 上以硬件方式实现,减少对服务器 CPU 的占用
6. 存储虚拟化的优点有( )。
   A. 使存储设备管理简单化   B. 有较好的设备兼容性

C. 在数据中心应用中优势明显　　　　　D. 有较好的扩展性

7. 相比其他网络存储技术，NAS 存储具有( )的优势。

A. 存储容量大，扩展性好　　　　　　　B. 组网成本低廉，易于部署

C. 存储效率高，互操作性强　　　　　　D. 存储能直接访问物理数据块

8. DAS 的优点不包括( )。

A. 能实现大容量存储　　　　　　　　　B. 可实现应用数据和操作系统的分离

C. 实施简单　　　　　　　　　　　　　D. 资源利用率高

9. 多路径下会出现一个 LUN 在主机端被多次识别，出现多个物理设备的情况，需要增加多路径管理软件，以下哪些是多路径软件的功能？( )

A. 将同一个 LUN 经由多条路径产生的重复设备虚拟为一个设备

B. 多产生销售 licence，增加销售额

C. 保证虚拟设备供主机的驱动程序正常访问

D. 提供冗余或负载均衡等更多的功能

10. 存储虚拟化的原动力是( )。

A. 空间资源的整合　　　　　　　　　　B. 统一数据管理

C. 标准化接入　　　　　　　　　　　　D. 使数据自由流动

11. 从实现位置来看，虚拟化技术可分为( )。

A. 基于主机的虚拟化　　　　　　　　　B. 基于网络的虚拟化

C. 基于存储设备、存储子系统的虚拟化　D. 基于带外的虚拟化

二、填空题

1. 一个 SCSI 环路或称为 SCSI 通道可以挂载最多_____台设备，FC 在仲裁环的方式下可支持_____个设备。

2. DAS 是指将存储设备通过_____或_____直接连接到服务器上。

3. NAS 的实现方式有两种：_____和_____。

4. NAS 的软件组成包括_____、_____、_____。

5. 常见的 SAN 有_____和_____。

6. 其中 FC SAN 为通过_____协议转发 SCSI 协议，IP SAN 通过_____转发 SCSI 协议。

7. SAN 由三个基本组件组成：_____、_____和_____。

8. IP SAN 组网形式有_____、_____。

9. 云存储的结构模型包含_____、_____、_____、_____四层。

10. 云存储服务可以分为_____、_____、_____三类。

11. NAS 是基于 IP 网络、通过文件级的_____和_____提供存储资源的网络存储架构。

12. NAS 目前采用的协议是_____和_____。

三、简答题

1. 简要解释 NAS 存储。

2. 相比其他网络存储技术，NAS 存储的优势是什么？NAS 的局限是什么？

3. 简要描述统一型 NAS 与网管型 NAS 的区别。
4. NAS 与文件服务器有什么区别？
5. 比较 CIFS 协议与 NFS 协议的区别。
6. 解释 SAN 的含义和用途。
7. SAN 网络有什么优点？
8. 描述 DAS 与 SAN 的区别。
9. IP-SAN 有什么优缺点？
10. 从网络速度、网络架构、传输距离、管理维护、兼容性、性能、成本、容灾、安全性等方面对 FC SAN 和 IP SAN 进行分析和对比。
11. 比较 SAN 与 NAS 的区别？
12. 私有云有哪些优点？

第四章 数据恢复技术

数据恢复技术是指通过各种手段把丢失的和遭到破坏的数据还原为正常数据的方法。在进行数据信息维护的过程中,总会出现各种原因导致数据丢失,所以数据恢复技术在现代信息系统中显得尤为重要。本章首先介绍关于数据恢复的基础知识、然后讲解了软件级数据恢复和硬件级数据恢复技术的流程和步骤。

第一节 数据恢复基础

在进行恢复数据之前,首先要牢记数据恢复的原则,熟悉数据恢复的步骤,以免对数据造成更大的破坏。本节主要介绍数据恢复的定义、原则和步骤。

一、数据恢复的定义

什么是数据恢复呢? 数据恢复是指将由于各种原因遭受破坏或丢失的数据重新恢复的技术。在计算机里,就是将无法正常读取的数据从损坏的存储介质或操作系统中最大限度地还原出来,还原出数据的多少及完整性,要视损坏的程度和故障后的操作而定。并不是所有情况下被破坏的数据都能恢复,如数据被粉碎、覆盖或存储介质严重受损,数据将难以恢复,甚者无法恢复。从数据安全角度来说,数据恢复是保护数据的最后一道防线,但它仅是一种不可靠的补救措施。所以及时将重要数据做备份,才能有效地提高数据安全。

数据恢复的方法手段虽然有很多,但根据存储介质出现逻辑故障和硬件故障这两种类型,大概可分为两大类:逻辑恢复和物理恢复。

逻辑恢复不涉及硬件维修,通过使用软件工具进行数据恢复,主要针对存储介质的逻辑故障,包括非硬件问题造成的问题,如病毒感染、分区丢失、误删除、密码丢失等。

物理恢复就是涉及所有因硬件故障导致数据丢失的数据恢复,主要针对存储介质的损坏或失效引起的硬件故障,包括磁道损坏、电路芯片烧坏、电机损坏等。

二、数据恢复的原则

在进行数据恢复工作之前,需要了解和掌握从事数据恢复业务的操作原则,不管你是用户还是技术操作人员都应该恪守,只有这样才能减少失误,避免损失,提高数据恢复成功率。数据恢复的方法手段多种多样,不同方法对应的原则可能有所不同,但无论何种情况,其中最重要的四条原则必须遵守。

第一条原则:尽可能多的收集问题,准确定位故障位置,制定数据恢复策略。也就是说当收到数据恢复业务时,不能贸然加电测试,首先要了解情况,以下几个问题是必须要问的。
(1) 发生故障前,做了哪些操作?
(2) 发生故障时,具体表现什么情况?
(3) 出现故障后,做了哪些操作?
(4) 丢失了哪些数据信息,哪些是重要的,哪些是不重要的?
(5) 数据存储介质是什么,有多大,使用的是什么操作系统,划分了几个分区?
(6) 要恢复的数据是什么格式,存放在哪个分区,大概有多大?

第二条原则:为了保证数据安全,防止在恢复过程中源介质或逻辑损坏,对需恢复数据的存储介质制作镜像,所有操作尽量在镜像备份的数据存储介质上操作,确保万无一失。而需恢复数据的存储介质要妥善保管。

关于镜像,通常有两种本质上完全不同意义的"镜像"。一般的"镜像"指的是系统备份,如果使用 Ghost 制作的镜像文件,这种镜像是种文件系统,它只是硬盘文件系统的备份,不会复制被损坏、丢失和被删除的文件,也不会复制"无用"的扇区,这种镜像仅适用于"灾难恢复"。另外一种镜像则是使用磁盘编辑工具,它是将整个磁盘或分区的扇区,进行磁盘镜像,不仅将已存数据空间做镜像,还对未占用的空间做镜像。

第三条原则:先恢复最容易、最有把握的数据,恢复了多少就备份多少。之所以要这样就是因为带故障的存储介质性能极不稳定,有可能一时能看到数据,但转瞬即逝,看到时不及时备份,等过后追悔莫及。

第四条原则:在进行每一步操作之前,都要认真评估,三思而行。做好评估工作很重要,通过评估成败得失,指导接下来的操作。只有做好最坏的打算,才能有更充分的准备,制定更为合理的预案。一定要清楚地知道你的每一步都在做什么,目的是什么,应该出现的结果,可能的后果和意外。要知道你下一步操作的风险,一旦采取了意味着什么。特别是在操作对象是原件而不是镜像的时候,要首先想清楚如果走出这一步是错的,那么有没有可能退回来,退不回来的话该怎么走下去。要想做好数据恢复业务,最根本的要求是专业水平和技术水平过硬。行就是行,不行就是不行,没有正确的理论指导正确的实践,就绝不会有正确的结果——恢复成功。从事数据恢复,应该在业务水平上,职业操守上严格要求自己。一切都高标准严要求,按规程行事,向标准看齐强。

三、数据恢复的步骤

根据数据丢失的原因不同,对应的数据恢复方法一般分成两类,即逻辑恢复和物理恢复。在数据存储设备能正常工作的情况下进行的数据恢复工作,称为逻辑恢复。也就是说数据遭受的破坏是逻辑破坏,如格式化、删除、重新分区等。逻辑恢复是数据恢复中比较常见的操作。在数据存储设备不能正常工作的情况下进行的数据恢复工作,称为物理恢复。物理恢复往往要先进行设备的修复,硬盘开盘操作就属于数据恢复中的物理恢复。物理恢复是数据恢复中非常难的一类,并且往往需要特殊的环境和辅助设备来进行操作。数据恢复中磁盘逻辑故障的比例非常高,一般的磁盘故障都可靠逻辑恢复解决。

逻辑数据恢复方法或者逻辑数据恢复软件的运行过程一般可分为以下几个步骤。
(1) 根据故障现象,初步判断引起故障的原因。
(2) 应用相关软件测试、查找、跟踪,定位到故障点或者借助于恢复软件的扫描功能,生成扫描报告。

（3）用户根据扫描结果，确定在哪个层次进行数据恢复。

（4）运行数据恢复软件的修复功能。

（5）恢复结果的比较和测试。

当遇到磁头故障或者盘片划伤等硬件故障时，一般都需要开盘进行数据恢复。这项操作不仅要求较高的技术，更需要洁净的环境，因为硬盘中的磁盘一旦暴露在空气中就会接触到致命的灰尘，从而导致数据报废。

存储介质的物理恢复需要对存储介质的内部结构相当熟悉的专业人员，并具备专业技能。还需要配备了相应等级的超净实验室、磁头、定位仪、伺服信息写入器等先进设备。稍有差错，很可能导致硬盘数据的损坏。另外，开盘有一定的风险，对于不同的存储介质风险大小也不一样，最坏的情况是数据没有被救出来而配件盘也被损坏。可以这样说，不到万不得已，请不要采用开盘技术进行数据恢复。

第二节 软件级数据恢复

在数据恢复中软件级数据恢复最为典型，本节重点阐述软件级数据恢复技术，软件级数据恢复事实上是对文件系统相关知识的具体应用，不管是文件系统受到破坏，还是文件本身的错乱，都归于逻辑故障，通常凡是能够通过相应软件在操作系统下看到数据，都可以使用软件级修复手段来恢复。相比物理故障来说，操作人员的专业性和设备环境要求较低，只要方法得当，通过对工具软件的使用即可实现数据恢复。

一、软故障的定义

软故障也称逻辑故障，是软件级数据恢复主要的修复内容，在行业内也称一级数据恢复，也就是最基础级的数据恢复。主要是由于误操作、恶意破坏、系统错误等原因造成的无法进入操作系统、文件无法读取、文件无法被关联的应用程序打开、文件丢失、分区丢失、显示乱码等现象。

（1）误操作：包括误分区、误格式化、系统恢复盘误恢复系统、误删除文件、误备份分区等所有因人为引起的操作现象。

（2）感染病毒：具体表现为分区表丢失即找不到分区或不能正常进入分区、引导扇区信息（BOOT）丢失进入不了系统、常见文件被删除被恶意破坏（包括 office 系列文件、数据库文件、图像文件、压缩文件、电子邮件、系统文件等）。

（3）系统错误：如内存溢出、软件冲突、系统 BUG 等造成的数据丢失现象。

（4）磁盘阵列错误：如配置信息丢失。

（5）密码丢失：包括操作系统密码、压缩文件密码、文档密码、数据库密码等。

二、软件级数据恢复流程

软件级数据恢复虽然相对简单，但对于操作流程的要求最为严格，规范化的操作不容忽视，一旦造成数据覆盖将造成无法挽回的损失，所以必须明确操作流程。

（1）判定故障。这是数据恢复工作的第一步，也是最关键的一步。通过预判，大概划分故障类型，选定初步尝试的修复手段。这种预判并不需要具体确定故障点，但是一定要明确是否是软件级故障。通常从两个方面考虑：一是从数据存储原理出发。用户能在操作系统下看到并使用的数据都是按照一定规范存储在介质中的有序排列的二进制码，软件级故障通常是其中的排列规范出了问题，也就是文件系统出了问题。二是从数据恢复操作流程出发。通过检测，到最后一步都正常，并且系统能够识别和查看数据，则可判断故障属于软件级故障。

（2）制作数据镜像，源存储介质妥善保存。这是保证源数据安全最重要的一步操作，避免应操作失误导致无法挽回的二次破坏。之后的所有操作都在制作的镜像中完成，要注意的是，就算所有流程都完成并恢复数据，也不能将恢复的数据导回源存储介质，而是存储到新的存储设备中。

（3）分析故障源。软件级故障通常并不是由某个组成部分单独出现故障引起的，一旦某一部分出现问题，其他部分会出现连锁反应，所以一般需要综合分析故障成因采取相应的修复手段，因此明确具体故障源尤为重要。

（4）选择修复手段。在明确故障源的基础之上，根据不同的故障，选取相应的修复软件，实现数据恢复。

（5）扫描修复。不管使用何种修复手段，都需要进行扫描修复，再次强调一下，扫描修复一般都是针对复制的镜像进行的。最大限度地保证源存储设备的数据安全。

（6）导出结果。将恢复成功的数据导入到新的存储介质中，完成数据恢复。

三、软件级数据恢复关键步骤详解

（一）制作数据镜像

在前面描述的流程中，数据镜像的制作是一个关键步骤，它对数据恢复工作而言的意义就像安全带对司机的意义一样，看似可有可无，但关键时候会挽回绝大部分可能造成数据彻底丢失的失误。因此尤为重要，需要了解数据镜像的相关理论和方法。

（1）数据镜像的用途。从根本上讲，数据镜像是对数据载体进行扇区级的一对一备份。防止在数据恢复操作过程中由于人为或者意外因素而导致对数据造成二次破坏的发生，给许多不可逆操作提供一个容错性较高的操作空间。针对不同故障级别，都会在实际操作之前加入这一步骤，原因也在于此。

（2）数据镜像的使用范围。数据镜像虽然重要，但并非所有情况都要使用，毕竟制作过程会耗费大量时间，导致恢复周期加长，因此这里归纳了需要进行数据镜像故障的常见特点。主要有以下几点：一是有效数据量占磁盘总量比重较大；二是硬盘至少在某个时间段内具有良好的读写性能；三是数据特别重要的；四是针对某些故障进行在线修复操作的。归根结底数据镜像对于恢复结果而言是一个效率与成功率互换的关系，实施与否取决于用户对其重视的程度，而一般需要进行数据恢复的，成功率通常占主导地位。

（3）常用数据镜像软件。从本质上来说，数据镜像就是将数据以扇区为单位从一块硬盘复制到另外一块硬盘上。相关的工具软件还是比较多的，如 Media Tools（MTL）、效率源强力修复软件、R-studio、WinHex、PC3000DE 等。

根据使用环境的不同，大概可以分为 DOS 系统操作软件、Windows 系统操作软件和独立系统操作软件三个类型。其中前面两种都是建立在没有硬件故障且能够恢复的操作介质能被识别的基础之上,而独立系统操作软件则需借助其他硬件,绕过计算机本身直接对存储介质操作,PC3000DE 就属于这一类型。实际操作过程中,虽然实现原理相差不大,但这三种类型软件各有优劣,使用范围也稍有不同,如表 4-1 所列。

表 4-1 恢复软件对比表

工具类型	优点	缺点	代表工具	适用案例
Windows 环境工具	操作简单	基本不具备坏道处理能力,容易出现死机甚至系统崩溃	WinHex R-Studio	软件故障
DOS 环境下工具	容错性较强,能够自动重试坏道部分,操作相对简便	具备基本坏道重试能力,但遇大面积坏道,不断重试会严重影响进度,甚至损坏磁头	MTL	前期经过硬件级处理或存在少量坏道的故障
独立操作系统	绕过 PC 系统直接对存储介质进行操作、速度快、容错性极强,有硬件复位、反向扫描等功能	操作复杂,对人员专业程度要求高,需要专门的软硬件系统,设备昂贵	PC3000DE	大量坏道硬件级故障

(二) 软件级故障分析

软件级故障基本是由于数据非法移动或者修改引起的,根据出错的性质和位置不同可以根据文件系统的不同模块归纳为分区表故障、FAT 表故障、MFT 故障以及 DBR 故障,解决方法稍有不同,为了明确具体的故障类别,下面介绍这些常见的软件故障。

(1) 分区表故障。分区表的功能相对比较单一,其作用主要是对分区的划分、标识和管理。由它引起的故障也比较容易辨别,直观表现为操作系统下看不到盘符。如果是主分区表被破坏了,那么开机时无法进入系统,需要修复的话就只能将整个硬盘挂在正常机器上,利用正常操作系统进行操作。虽然无法看到盘符但可以在管理工具里看到整个硬盘,只是此时的故障盘被系统识别为一块未划分分区的整体。可以使用 WinHex 工具打开故障磁盘观察,找出问题所在。

(2) 主引导记录(MBR)故障。MBR 位于磁盘主引导扇区,即整个磁盘的 0 磁道。主引导记录的作用就是检查分区表是否正确以及确定哪个分区为引导分区,并在程序结束时把该分区的启动程序(操作系统引导扇区)调入内存加以执行。它主要用于硬盘初始化和加电引导,进入系统后在具体操作中不会再用到。因此 MBR 一旦受损表现出来的故障十分严重,但相应的数据恢复操作却十分简单。该故障的直观表现主要是系统不认盘,开机后提示无法引导系统,就算将故障盘接入到其他正常系统下,在资源管理器中也是无法识别盘符的,但可以在磁盘管理器中看到物理盘符。

MBR 受损后在磁盘管理器中的表现和分区表故障十分相似,因为分区表本身就存在于 MBR 所在的扇区,若 MBR 引导代码受损,分区表同时受损的概率极大,所有其故障表现极为相似,唯一不同的地方就是在物理磁盘盘符的标志上多了红色标识符合,表明该磁盘未被初始化过。可通过 WinHex 查看故障区数据,发现第一扇区中负责初始化引导的 MBR 代码数据被修改确认故障。

通常 MBR 受损会导致分区表丢失,两者虽然在一个扇区,但互不存在逻辑关联性,因此修复工作可以分开进行。

(3) 操作系统引导区(DBR)故障。DBR 位于硬盘 0 柱 1 面 1 扇区,是操作系统可以直接访问的第一个扇区。它包括一个引导程序和一个本分区参数记录表。引导程序的主要任务是,当 MBR 将系统控制权交给它时,判断本分区根目录中是否存在指定的操作系统引导文件。DBR 与分区对应,负责进入系统后对分区访问的引导及分区信息的记录。它与分区的关联最为紧密,因而它引发的故障也会导致分区出现问题。直观表现为分区无法进入,双击相应盘符后提示未格式化或者直接死机。如果 DBR 破坏程度严重的话,在显示盘符的过程中就会进入死机状态,可将故障盘接入其他正常系统在磁盘管理器中查看,会发现所有盘符都在,但却没有分区信息。通常在软件故障范围内,能够看到具体的分区盘符,那么大部分分区故障都是由于 DBR 损坏引起的。

(4) 文件分配(FAT)表故障。FAT 位于 DBR 之后。同一个文件的数据并不一定完整的存放在磁盘的一个连续的区域内,往往会分成很多段,像一个链子一样存放。为实现文件的链式存储,硬盘必须准确地记录哪些簇已经被文件占用,还必须为每个已经占用的簇指明存储后继内容的下一个簇的簇号。它的功能和分区表类似,它是用来记录磁盘信息的排列顺序,但不同的是 FAT 表记录的信息顺序精确到扇区级,如果说分区表是目录,那么 FAT 表就类似于书中每页页码之间的顺序关系。因此 FAT 表损坏了,其数据的损坏率远比分区表损坏严重。

FAT 表根据受损程度不同,直观表现也不一样。如果受损面积不大,根据其链表形式的结构仅会有部分文件受到影响,不容易察觉,更为甚者当仅仅是某一文件本身部分受损,占用 FAT 表仅几个或一个字节,那么可能对于文件本身都不会产生什么影响,系统会自动过滤掉。如果是大面积或者整个 FAT 表受损,那么就会在进入相应盘符时产生报错、延时甚至死机等各种问题。遇到以上问题可以通过 WinHex 查看故障区数据,确认故障判断。FAT 表受损故障大多是被篡改或者出现坏道导致的。

(5) NTFS 文件系统故障。NTFS 文件系统相对于 FAT32 系统有了长足的进步,不仅体现在数据访问控制方面,还包含自身组件的保护设计方面,所有其出现问题的概率相对少一些。

NTFS 在数据管理方面是对 FAT 文件系统的增强,其结构框架以及对文件管理的思想是相同的。虽然 NTFS 文件系统的组件与 FAT 系统完全不同,但从功能实现角度出发却可以一一对应。把握了这一点就可以使用 FAT 文件系统的故障判断和修复经验对 NTFS 系统故障进行处理。

NTFS 文件系统不同于 FAT 文件系统将分区信息、文件目录等参数放在整个分区的中间位置,有效的避免了由于溢出等小问题引起的分区边界数据覆盖对文件系统组件的破坏。于此同时,使用统一的元文件对数据进行管理,内部划分为几个功能模块,其中 $BOOT 模块对应 FAT 文件系统的 DBR,$MFT 模块对应 FAT 文件系统的 FAT 和 FDT。$BOOT 的第一扇区所记录的内容就是本分区的详细参数,和 DBR 的功能完全相同。$MFT 模块中包含文件数据流的起始信息和结束信息,出现故障时直观现象与 DBR、FAT 出现故障表现类似,通过前文可直接判读出故障点。

(三) 软件级故障处理

解决软件级故障其本质就是对文件系统组件的修复或者重建。在判断好故障成因后可以根据故障组件本身的结构以及修复经验选择合适的修复手段。

软件修复手段比较丰富，可以选择手动修复，也可以选择各种修复扫描软件进行数据提取，事实上数据扫描软件几乎都可以解决全部单一问题。所有大部分软件级的数据恢复都会选择使用数据扫描恢复软件，但在功能和适用范围上有差别，如表4-2所列。

表4-2 软件恢复手段类别

类别	代表软件	优点	缺点	适用范围
手动修复	WinHex	效率极高 适用范围广	操作复杂 专业性要求高	系统组件小范围受损或者综合故障处理
专用软件	DiskGenius	效率高,操作较简便 专业性较低	适用范围窄	单一系统组件受损且故障明细
通用软件	EasyRecovery R-Studio	通用性强 适用广泛 无专业性要求	效率低,耗时长对硬盘读/写性能要求高	软件级范围内的综合故障其要求磁头性能好

如果忽略恢复效率和时间消耗的话，那么磁头的状况直接决定了所采用的恢复手段。下面具体介绍相应故障点的修复方法。

（1）分区表的修复方法。分区表包含的信息全部都是系统参数，它是由系统生成的，不能使用其他磁盘的分区表信息代替。但分区表结构简单，易于推算，因此可以通过手动恢复，也可以使用软件自动重建，实际效果区别不大，如果是单一问题推荐手动恢复，相比效率更快。

手动恢复实质上是对分区信息的手动计算和整合，根据受损情况可分为主分区表受损和扩展分区表受损两种情况。通过WinHex观察故障盘，通常情况第一扇区被覆盖成零，主分区表全部丢失。通过每个分区的DBR可以获得活动分区标志位、分区位置信息、分区类型这三种信息。DBR的第一扇区都是以跳转指令开头，以"55AA"标志位结束。跳转指令可能会因分区不同稍有变化，为增加命中率使用偏移条件搜索"55AA"。偏移条件为每个扇区的最后两个字节。搜索只要进行到第一个分区的DBR即可，其他分区位置都可以通过第一个分区推算得到。注意磁盘格式需要是FAT32文件系统。NTFS格式相对更复杂。完全手动修复分区表需要对分区表信息非常熟悉。所有一般使用分区重建工具，更为快捷，常用的修复工具有DiskGenius。后面我们将该工具的介绍使用方法。

（2）DBR的修复方法。对于DBR的恢复并没有专门的工具，方便起见可以使用通用的恢复软件直接对问题分区的逻辑区域进行扫描，针对文件进行恢复。相当于是绕过了DBR直接进行文件级的恢复，并未对DBR自身进行修正或重建，如果需要彻底的修复DBR的话需要对文件系统有深入的理解，使用WinHex观察磁盘找到相应位置数据信息。这里就不在展开来描述。之所以能够实现重建，原因就是在磁盘中存在冗余备份信息或者重新生成这些参数所必需的元素。

（3）FAT与FDT的修复方法。FAT表和FDT表是真正涉及到数据本身的文件系统组件，FDT主要描述了文件的头部信息，而FAT主要描述文件数据在数据区内的真实分布。相对于前面来说，它们的信息量更大，手工重建的可能性更难，换句话说基本是不可能实现的。尽管如此，在某些特定情况可以根据自身特性进行恢复。找到具体数据所在位置，绕过FAT直接进行文件级的恢复。大部分恢复软件都是通过这样的方法实现数据的恢复，如EasyRecovery，后面我们将介绍其使用方法。

（四）常用软件级数据恢复软件简介

1. Winhex软件

Winhex是数据恢复技术中最常用的工具。它可以用来检查和修复各种文件、恢复删除文件、硬盘损坏造成的数据丢失等。同时它还可以让你看到其他程序隐藏起来的文件和数据。值得一提的是Winhex是免费软件，兼容所有的Windows平台。安装简单，界面由标题栏、工具栏、菜单栏、图片浏览区和状态栏组成。

Winhex的菜单栏由8个菜单组成，文件、编辑、查找、位置、工具、选项、文件管理器、窗口和帮助。

文件菜单里包含新建、打开文件和保存以及退出命令，另外还有备份管理、创建备份和载入备份功能。编辑菜单里面除了复制粘贴之类的常见命令之外还有对数据格式进行转换和修改的功能。查找功能是方便您在文件里面查找特定的文本内容或者是十六进制代码的，支持整数值和浮点数值。位置菜单里面的命令可以实现在编辑大体积的文件时能够方便地进行定位，还可以根据其中的偏移地址或者是区块的位置来快速定位。工具菜单主要包括一些实用功能，例如，磁盘编辑工具（类似PCTOOLS里面的DISKEDIT）、文本编辑工具（类似记事本）、计算器、模板管理工具和十进制、十六进制转换器等。通过选项菜单可对Winhex的功能设置，里面除了常规选项的设置，还有安全性设置和还原选项设置。在文件管理器菜单中，可以对文件进行分割、比较、复制和剖析，功能十分强大。工具选项里面是文件新建、打开、保存、打印、属性工具、剪切、粘贴和复制编辑工具、查找文本和Hex值、替换文本和Hex值、文件定位工具、RAM编辑器、计算器、区块分析和磁盘编辑工具等。这些功能除了在菜单里面进行选择之外，还可以通过菜单下面的一列快捷按钮来执行。

可以使用Winhex创建磁盘镜像。首先通过单击文件菜单在弹出的对话框选择创建磁盘镜像，如图4-1所示；然后按照想到步骤一步一步实现镜像的创建。具体操作这里不再详细介绍。

2. DiskGenius修复分区法引导

DiskGenius是一款非常强大的硬盘修复及硬盘数据恢复软件。能对硬盘进行分区和格式化操作，还具有修复硬盘引导等功能。其主界面由硬盘分区结构图、分区目录层次图、分区参数图三部分组成，如图4-2所示。

（1）硬盘分区结构图。用不同的颜色显示当前硬盘的各个分区。用文字显示分区卷标、盘符、类型、大小。逻辑分区使用网格表示，以示区分。用绿色框圈示的分区为"当前分区"。用鼠标单击可在不同分区间切换。结构图下方显示当前硬盘的常用参数。通过点击左侧的两个"箭头"图标可在不同的硬盘间切换。

（2）分区目录层次图。显示分区的层次及分区内文件夹的树状结构。通过点击可切换当前硬盘、当前分区。也可点击文件夹以在右侧显示文件夹内的文件列表。

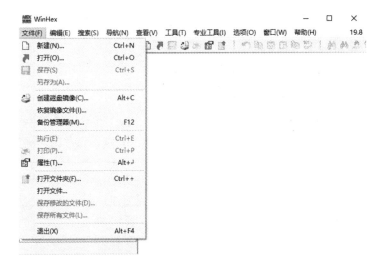

图 4-1　Winhex 创建磁盘镜像界面

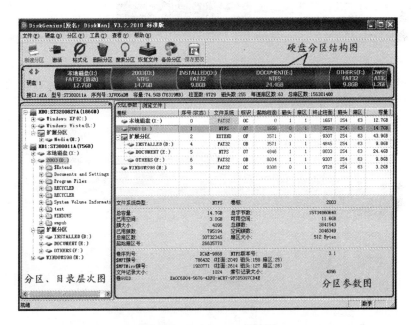

图 4-2　DiskGenius 主界面

（3）分区参数图。在上方显示"当前硬盘"各个分区的详细参数（起止位置、名称、容量等），下方显示当前所选择的分区的详细信息。

使用 DiskGenius 软件恢复硬盘主引导记录，具体操作步骤如下。

步骤1 使用 USBoot 软件将 U 盘制作为 DOS 启动盘，然后将 DiskGenius 软件存放到制作好的 DOS 启动 U 盘中，如图 4-3 所示。

步骤2 重新启动计算机，按 F12，选择从 U 盘启动系统。

步骤3 计算机后进入 DOS 状态和 DiskGenius 软件目录后，首先输入"DiskGenius"命令，然后按下"Enter"键即可运行 DiskGenius 软件。如图 4-4 所示。

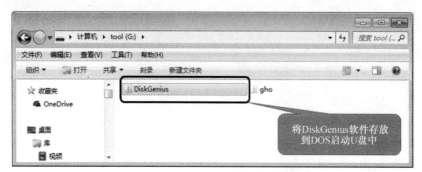

图 4-3　DiskGenius 软件放入 U 盘

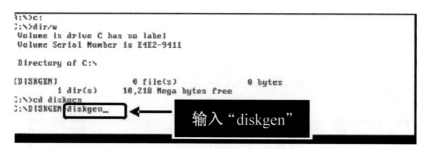

图 4-4　启动 DiskGenius

步骤 4　随即进入 DiskGenius 主界面，选择需要修复的磁盘，单击鼠标右键选择"重写主引导记录"命令，如图 4-5 所示。

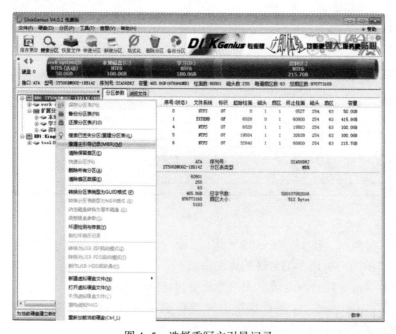

图 4-5　选择重写主引导记录

步骤 5　按下"Enter"键，导出"信息"对话框，系统询问用户"重建硬盘主引导记录（MBR）？"如图 4-6 所示。

图 4-6　重建硬盘主引导记录

步骤 6 单击"是"按钮，返回 DiskGenius 主界面即可完成主引导记录的重建。
步骤 7 计算机重新启动后即可从硬盘启动计算机进入系统。

3. EasyRecovery 恢复数据

EasyRecovery 是世界著名数据恢复公司 Ontrack 的技术杰作，它是一个威力非常强大的硬盘数据恢复工具。能够帮助恢复丢失的数据以及重建文件系统。为了防止硬盘数据被覆盖或破坏，在安装 EasyRecovery 软件时，系统会提示不要将软件安装在需要恢复数据的硬盘分区中。数据恢复主界面如图 4-7 所示。

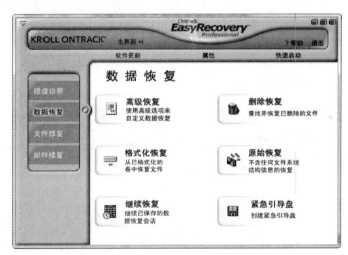

图 4-7　数据恢复主界面

EasyRecovery 支持的数据恢复方案如下：
（1）高级恢复——使用高级选项自定义数据恢复；
（2）删除恢复——查找并恢复已删除的文件；
（3）格式化恢复——从格式化过的卷中恢复文件；
（4）原始恢复——忽略任何文件系统信息进行恢复；
（5）继续恢复——继续一个保存的数据恢复进度；
（6）紧急启动盘——创建自引导紧急启动盘。

高级恢复提供先进的恢复选项包括误删除分区、恢复病毒的攻击和其他主要的文件系统损坏。该工具提供了连接到系统驱动器的详细图形表示，包括与每个设备相关联的分区,如图 4-8 所示。

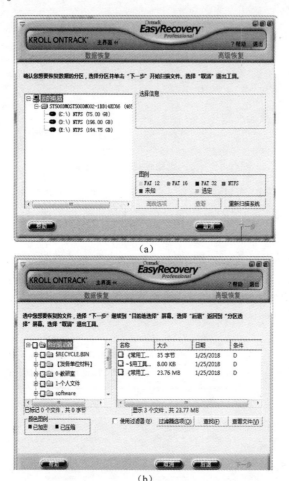

图 4-8　高级恢复中的分区关联

下面重点了解最常用的删除恢复和格式化恢复。

1) 误删除恢复

误删除文件是最常见的数据恢复场景之一。删除恢复工具能快速访问已删除的文件,对删除的文件进行快速扫描或彻底完整扫描,也可以选择不使用"通配符"输入或文件筛选器字符串,快速恢复一个特定名称的文件,如图 4-9 所示。

默认扫描选项是对分区的快速扫描,它使用现有的目录结构查找已删除的目录和文件。快速扫描需要数分钟至数十分钟时间才能完成。完整的扫描选项将搜索整个分区,从开始分区信息读取到分区的结束,完成一个完整的扫描,寻找目录和文件。

一般,如果误删除了一个或两个文件,并且没有将任何数据复制到数据驻留的分区上,成功恢复已删除文件的概率较大。在这种情况下,通常使用快速扫描选项找到文件信息。如果已经删除了包含几个子目录和文件的整个目录,那么最好勾选"完整扫描",执行一次完整彻底的扫描。

扫描完成之后,误删除的文件及文件夹会全部呈现出来,寻找勾选出需要恢复的文件或文件夹,如图 4-10 所示。如果不能确认文件是否是想要恢复的,可以单击界面右下角的"查看文件"按钮来查看文件内容。

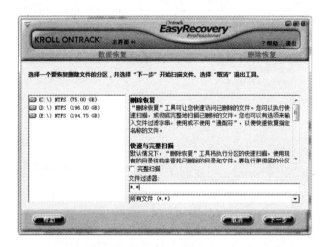

图 4-9 "删除恢复"选项

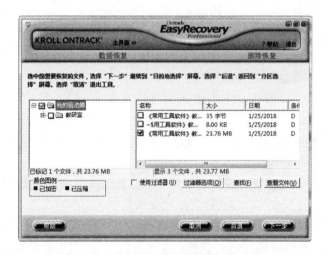

图 4-10 勾选需要恢复的文件或文件夹

选择好要恢复的文件后,选择保存待恢复文件的逻辑驱动器,如图 4-11 所示。

此时切记应将待恢复的文件保存到其他分区上。最好准备一个大容量的移动硬盘,这一点在误格式化某个分区时尤为重要。

单击"下一步"按钮,开始复制文件,并生成恢复报告。

下面介绍需要注意的几个事项。

(1) 如果不小心误删除文件或误格式化硬盘后,千万不要再对要修复的分区或硬盘进行新的读写操作(防止原数据被破坏或覆盖),因为这样会导致数据恢复难度增加或者数据恢复不完全。在 Windows 系统中虽然把文件彻底删除了,但其实文件内容在磁盘上并没有消失,只是在原来存储文件的地方作了可以写入文件的标记,所以如果在删除文件后又写入新数据,则有可能占用原来文件的位置而影响恢复的成功率。

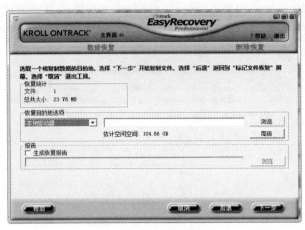

图 4-11 保存待恢复文件

（2）一定不要在目标分区执行新的任务。这一点从概念上容易理解，但实际要做到却不是那么容易的。因为 Windows 会在各个分区或多或少生成一些临时文件，加上还有在启动时自动扫描分区的功能，如果设置不当或操作上稍不留意，可能无形中就会写入新文件。所以在确认文件完全恢复成功前不要对计算机作不必要的操作（包括重新启动），特别是当发现误删除了文件而必须安装恢复软件时，一定不要把恢复软件安装在恢复文件所在分区。例如要恢复的是 C 盘中被误删的数据，而安装软件时默认路径也是 C 盘，此时若一路按回车键安装的话，可能就追悔莫及了。

（3）扫描到丢失的文件或文件夹时，最好将恢复的文件一一验明正身后再进行恢复操作，否则再想重新做一次恢复就难了。因为打开有些文件时会出现乱码，特别是文档资料，明明查看文件大小不是 0，以为文件可以完全恢复，而打开却是一堆乱码。

2) 格式化恢复

从一个已被不小心格式化或重新安装的分区中恢复文件。这种类型的恢复将忽略现有的文件系统结构，并搜索与以前文件系统相关联的结构。

同文件被删除一样，执行分区的格式化，并删除分区中所有文件，只是对分区作了可以写入文件的标记，文件数据（内容）仍然存在于分区上，没有被覆盖或破坏，可以使用格式化恢复工具，选择分区进行扫描，如图 4-12 所示。

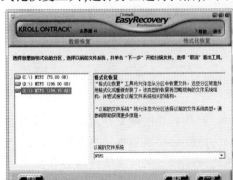 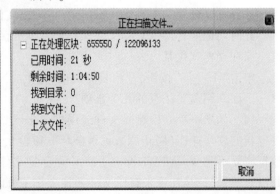

图 4-12 "格式化恢复"时选择分区进行文件扫描

待扫描完成,并重新构建目录树后,可选择需要的分区文件恢复到其他分区中保存,如图4-13所示。

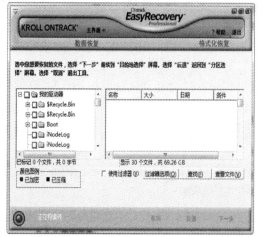
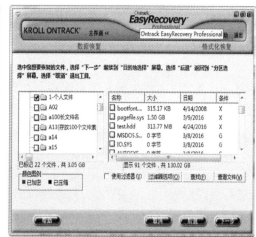

图4-13　格式化后的文件恢复

第三节　硬件级数据恢复

一、硬故障的定义

硬件级故障修复针对的是物理故障引起的数据丢失或损坏。其硬故障的表现形式有:BIOS不认盘;通电后产生"咔嚓咔嚓"的声响;通电后,盘体没有任何声响,电机不转;系统能识别硬盘,但常出现读/写错误等。如果存储介质出现以上症状便可以初步判定为硬故障,具体可以分为以下两类。

(1) 盘体故障。如磁头故障,包括磁头烧坏、摔坏、老化、偏移、磁头芯片损坏、磁盘损失、盘片划伤、磁组变形等。

(2) 电路板故障。包括电路板损坏、芯片烧坏等。

除此之外,固件故障也归纳到硬件故障里,所谓固件,就是写入EEPROM或EPROM(可编程只读存储器)中的程序。通俗理解就是"固化的软件",负责控制和协调集成电路的功能。它占存储介质很少的一部分,主要起着承上启下的作用。固件故障通常由于参数设置错误导致或是本身只读存储的程序因为存储器的故障导致失效或丢失引起。介于固件修复的特殊性,通常需要特定的固件模块,且整个检修、维修、验证过程需要借助专业工具。目前市场上此类工具并不多,最具代表性的有PC3000,能够修复的前提是能找到相应的固件程序。使用工具实现修复,修复难度较大,这也是将固件故障归纳到硬件修复里的原因。

二、硬件级数据恢复流程

硬件修复主要操作的对象是物理存储介质本身,这里以硬盘为例,大多涉及到比较机密的组件,操作风险较软件级恢复明显增加。为了降低风险,应严格按照操作流程,一旦操作失误,数据将永远无法恢复。修复的流程一般包括以下几步。

（1）故障判定。通常硬件级的故障比较容易判定,通常通电后故障盘的某组件不工作或者工作不正常,常会有比较明显的症状反应,仔细观察十分关键。往往有经验的数据恢复工程师就能准确定位故障点,但有些症状可能相同,需要进一步确认故障的成因。以发生异响敲盘为例,可能是因为磁头的问题,也可能是固件程序的问题,又或是电路板问题等,如果事先知道是因为工作时受到剧烈震荡,那么基本可以判断是磁头的问题了。二是制定可逆性故障优先判断恢复流程。在判断过程中往往会遇到无法最终确认故障的情况,即同时存在两个或者更多疑似故障,需要具体验证加以排查,对硬件进行操作,需要进行修复操作排序,以最大程度保证数据安全,此时需采取优先进行可逆后进行不可逆操作,且先简单后复杂的验证策略。

（2）指定修复方案。根据故障的判断结果,指定相应的修复方案。遵循的原则是优先进行可逆后进行不可逆操作,且先简单后复杂的实施策略。

（3）修复或更换故障组件。如果是固件故障,相对来说比较简单,通过寻找出厂固件,使用固件专用软件重新写入固件程序,修改相应参数,就可以完成修复。如果是其他组件故障则需要安装相应的操作流程实现故障组件的更换。

（4）制作数据镜像或提取数据。如果通过修复或更换故障组件,能够实现数据的读取,应尽快提取数据到其他存储介质。如未能实现数据的读取,但能够识别存储介质,说明硬件修复已完成,但可能还存在一些软件级故障需要修复,则应制作数据镜像,按照软件级数据恢复流程继续恢复数据。

（5）导出结果。将恢复成功的数据导入到新的存储介质中,完成数据恢复。

三、硬件级数据恢复关键步骤详解

（一）硬件级故障分析

这里主要针对机械硬盘来说,机械硬盘由盘体、控制电路板和接口部件等组成,盘体的内部结构又包括磁盘盘片、主轴电机以及磁头等部件。出现故障也主要从这几个方面来分析。

1. 盘体故障

硬盘盘体内部的盘片采用硬质合金制作,表面上涂有磁性物质,盘体处于密封状态,盘片在盘体中高速旋转,电机带动由线圈缠绕在磁芯上制成的磁头,通过电信号和磁信号的转换,磁头感应高速旋转的盘片上电流的变化来实现数据的读/写。

盘体故障主要包括磁盘坏道、磁头故障、电机故障这三种。

1）磁盘坏道

磁盘坏道可分为逻辑坏道和物理坏道两类。由于软件、病毒、非正常操作导致的磁盘未损伤的坏道大多是逻辑坏道。这种类型的坏道基本都可以通过软件实现修复。而由于磁盘本身损伤导致的坏道就是物理坏道。这种类型的坏道是无法修复的,只能通过硬盘工具重新定向到一个好的保留扇区,跳过有问题的扇区来实现磁盘的修复。

导致磁盘坏道的原因主要有两个方面,一是人为因素。具体表现就是违规关机,突然断电;在硬盘高速运转的时候频繁移动或震动;更严重的就是擅自在不具备开盘环境下打开盘体。二是环境因素。具体表现为硬盘在非安全环境下工作,空气中灰尘过多,太干燥引起静电等。

通常情况硬盘产生坏道后,会伴随很明显的故障现象。主要表现在无法开机引导,但作为从盘挂到正常系统下能识别磁盘;计算机在正常操作时突然出现蓝屏状况;在进行读写操作时,磁盘寻道声音变大,读写速度变慢;在运行某个文件时,无法正常读取,或运行很慢;写入文件时报"写入缓存错误"等。

2) 磁头故障

磁头一旦发生故障,则磁盘读/写就无法进行。严重时导致盘片的损坏,无法识别硬盘。发生故障主要表现有:盘体发生异响磁头与盘片发生机械碰撞,这种现象主要受外力碰撞引起,式非正常关机、灰尘导致磁头与盘片黏连,机械性卡死,这种现象主要是因为盘体长时间高温导致盘片磁粉性质变化,或是磁头臂张力增加;磁头被污染,一般由于长期处于潮湿环境,直接后果就是读写速度下降,出错异响,更严重的就是划伤盘片等。

3) 电机故障。

在盘体内部有两个电机,一个是主轴电机负责带动盘片高速旋转;另一个是音圈电机负责数据所在位置磁头定位。电机出现故障的可能性最低,一旦出现基本是无法挽回的。电机故障的维修也只能通过更换处理,即将盘片更换到一个兼容的正常盘体。

2. 控制电路板故障

硬盘的电路板由功能模块和独立的元器件组成。包括集成度高的主控芯片;用于加工磁头传来信号的前置信号处理器芯片;驱动电机的电机芯片和提高硬盘传输速度的缓存芯片。具体处理故障的思路是:首先观察电路版有没有明显损坏痕迹;其次通电观察指示灯是否正常其中出现指示灯不亮或微亮一般都有可能是芯片损坏。

3. 接口故障

接口在前面章节已经做了描述,接口焊接在电路板上,接口出现故障一般是连接线的问题,通过更换新的连接线即可解决。

(二) 硬件级故障处理

硬件级故障处理的原则一般是采用好的器件替换故障部分器件来实现。毕竟修复的成本有时候比重新更换还要高,稳定性也不如新更换的好。

1. 磁道的修复与坏道处理

用以下几种方法对硬盘的坏道作修复,要注意的是,应该优先考虑排在前面的方法。

(1) 在 Windows 的资源管理器中选择硬盘盘符,单击鼠标右键,在快捷菜单中选择"属性",在"工具"项中对硬盘盘面作完全扫描处理,并且对可能出现的坏簇做自动修正。对于不能进入 Windows 的现象,则可以用优盘启动盘引导机器,然后通过键盘输入"scan-disk X:"来扫描硬盘,其中"X"是具体的硬盘盘符或者用 DisGen 软件扫描硬盘。对于坏簇,程序会以黑底红字的"B"(bad)标出。

(2) 考虑对这些坏道作"冷处理"。所谓"冷处理"就是在这些坏道上作标记,不去使用。记住第(1)种方法中坏道的位置,然后把硬盘高级格式化,将有坏道的区域划成一个区,以后就不要在这个区上存取文件了。要说明的是,不要为节约硬盘空间而把这个区划得过分"经济",而应留有适当的余地,因为读取坏道周围的"好道"是不明智的——坏道具有蔓延性,如果动用与坏道靠得过分近的"好道",那么过不了多久,硬盘上又将出现新的坏道。

(3) 用一些软件对硬盘作处理,如 DiskGenius 修复。

(4) 硬盘作低级格式化。对硬盘作低级格式化至少有两点害处:一是磨损盘片,二是对有坏道的硬盘来说,低格还会加速坏道的扩散。

2. 控制电路板故障处理

控制电路板相对于硬盘来说包含了大部分的电子元器件。这部分的故障处理可以遵循电路维修相关原则。其故障的排除主要是采用更换器件的方法为主,常见包括更换电源稳压模块、更换外扩存储器及整个电路板。判断出故障点后具体大多采用焊接电路。这里重点要关注几个原则:一是电源组件匹配原则;二是外扩存储器匹配原则;三是整版替换原则。

3. 磁头、电机故障处理

磁头和电机属于机械组件,该部分构造紧密,对其修复的原则也是整体替换。这种维修对环境的要求比较苛刻,需要在无尘环境下工作,对于技术人员的技能要求也很高。维修的成本相对也较高。

(三) 存储介质的日常维护

存储介质中的数据非常重要,尤其是硬盘,用户需要遵守一些注意事项,保持良好的使用习惯,存储介质能够延长寿命,避免出现硬件级故障。下面我们以硬盘为例将存储介质的日常维护工作和注意事项归纳如下。

(1) 计算机需要使用质量过关的电源。电压不稳对计算机的影响是很大的,尤其是对硬盘的影响更大。如果电压不稳,则硬盘的转速就不会稳定,这样会影响硬盘的寿命。电压不稳的原因有两点,可能是计算机中使用的电源质量不好,也可能是供电电压不稳。如果是前者,请换用质量好的电源,如果是后者,需要为计算机配置稳压电源或者配置 UPS 稳压电源。

(2) 最好不要在硬盘正在工作时强行关机。当硬盘处于工作状态时(机箱上的硬盘指示灯会一直亮或者在闪烁),最好不要强行关闭主机电源。因为硬盘在读/写过程中如果突然断电很容易造各种数据丢失和硬盘物理性损伤。另外,由于硬盘中有高速运转的机械部件,所以在关机后其高速运转的机械部件并不能马上停止运转,这时如果马上再打开电源的话,就很可能会毁坏硬盘。

(3) 工作中的磁盘需要注意防震。虽然磁头与盘片并没有直接接触,但它们之间的距离实际上非常近,而且碰头也是有一定重量的,如果出现过大的震动,磁头也会由于惯性而对盘片进行敲击,这有可能导致数据的丢失。

(4) 尽量不要使用 Windows 自带的磁盘压缩功能。从 Windows95 开始的操作系统都带了"磁盘压缩"功能,而从 WindowsNT 开始,又带了 NTFS 格式的磁盘压缩功能。在以前硬盘空间很少的时候,使用磁盘压缩功能无可厚非,但现在硬盘容量已经足够大了,而在使用磁盘压缩时要频繁地对硬盘进行读/写操作,这样加大了硬盘的使用强度,也降低了系统的速度。所以现在没必要使用磁盘压缩功能。

(5) 保持计算机所在房间的干净。灰尘是电子设备的天敌,保持房间的干净,不仅对硬盘的使用有益,而且对整个计算机的使用都会带来益处。

（6）良好的磁盘散热,避免硬盘因高温而出现问题。硬盘的工作状况与使用寿命与温度有很大的关系,硬盘使用中温度以 20～25℃ 为宜,温度过高或过低都会使晶体振荡器的时钟主频发生改变,还会造成硬盘电路元件失灵,磁介质也会因热胀效应而造成记录错误;温度过低,空气中的水分会被凝结在集成电路元件上,造成短路。

（7）避免对硬盘进行低级格式化。只有在硬盘出现严重错误时才能对硬盘进行低级格式化。例如,出现分区紊乱并且使用其他方法不能修复时,可能要对硬盘进行低级格式化。对这种情况,只需要格式化硬盘一段空间即可,不需要对整个硬盘进行低级格式化,因为硬盘前面的信息就是分区等相关信息。

（8）预防病毒和黑客程序。很多计算机病毒在发作时都会删除硬盘的数据(如 CIH 病毒等),现在也有些黑客程序会"锁死"硬盘,之后会与你联系,在你付出一定的代价(一般是金钱)后才会给你解除硬盘的封锁,在网络时代更是加大了这种风险。

（9）正确拿硬盘的方法。在计算机维护时用手抓住硬盘两侧,并避免与其背面的电路板直接接触,要轻拿轻放,不要磕碰或者与其他坚硬物体相撞;不能用手随便地触摸硬盘背面的电路板,因为手上可能会有静电,静电会伤害到硬盘上的电子元件,导致无法正常运行。

（10）让硬盘智能休息。让硬盘智能地进入"关闭"状态,可以有效控制硬盘的工作温度,对硬盘的使用寿命能给予很大的帮助。首先进入"我的电脑",用鼠标左键双击"控制面板",然后选择"电源管理",将其中"关闭硬盘"一项的时间设置为 15min,应用后退出即可。

本 章 小 结

随着军队信息化程度的不断提高,对数据的使用越来越多,同时数据面临的风险越来越大,数据恢复现在应用的越来越广泛。但数据恢复不是万能的,要养成数据备份的好习惯,这样当数据丢失时可以快速从备份中恢复数据,数据恢复只能是一个保底手段。通过本章学习,主要了解数据恢复基础的知识,掌握数据恢复的流程和步骤。

作 业 题

一、选择题

1. 新硬盘购买后,应进行的第一个操作是(　　)。
A. 硬盘高级格式化　　　　　　　　B. 硬盘分区
C. 装入操作系统　　　　　　　　　D. 查杀硬盘是否有计算机病毒
2. 下列(　　)不是 Windows 支持的文件系统。
A. NTFS　　　　B. FAT　　　　C. FAT32　　　　D. FAT64
3. 硬盘低级格式化的主要功能是(　　)。
A. 检测硬盘磁介质　　B. 划分磁道　　C. 划分扇区　　D. 划分柱面

4. 下面不是恢复数据。涉及到的软件的是(　　)。
   A. Winhex　　　　　B. Office　　　　　C. R-Studio　　　　D. MTL
5. Windows 环境下工作的数据恢复工具是(　　)。
   A. PC3000　　　　　B. MTL　　　　　　C. Windex　　　　　D. Photoshop
6. 下列不是常见的软件级故障的是(　　)。
   A. 分区表故障　　　　　　　　　　　　B. MFT 故障
   C. 文件误删除　　　　　　　　　　　　D. 不识别存储设备且有异响
7. 下列不是硬盘盘体故障的是(　　)。
   A. 磁盘坏道　　　　B. 磁头故障　　　　C. 分区表故障　　　D. 电机故障
8. 控制电路板故障处理的原则有(　　)。
   A. 电源组件匹配原则　　　　　　　　　B. 外扩存储器匹配原则
   C. 整版替换原则　　　　　　　　　　　D. 焊接修复原则

二、填空题

1. 由于各种原因导致数据损失时把保留在介质上的数据重新恢复的技术称为_____。
2. 根据数据丢失的原因不同，对应的数据恢复方法一般分成两类，即_____和_____两大类。
3. 导致磁盘逻辑故障的原因往往是_____、误格式化、误分区、误克隆、误删除、操作断电等。
4. _____工具可以制作磁盘镜像包含了损坏、丢失和被删除的文件。
5. _____工具可以快速实现引导修复。
6. Windows 下有_____和_____等文件系统格式。
7. 软件级数据恢复流程_____、_____、_____、_____、_____、_____。

三、简答题

1. 简述数据恢复的概念。
2. 数据恢复的原则有哪些？
3. 简要回答软件级恢复数据的流程？
6. 常见软件级恢复数据工具有哪些？功能特点是什么？
7. 存储介质出现故障，如何区分硬件故障和软件故障？
8. 简述硬件级故障处理流程？
9. 修复磁盘坏道的方法有哪些？
10. 简述应当如何进行硬盘的日常维护工作。

第五章　数据备份与灾难恢复技术

　　数据备份是灾难恢复的基础。本章首先从数据备份讲起,第一节讲解了数据备份的基本知识。包括备份的概念、备份的目的、备份的意义、备份类型、备份策略、备份方案、备份系统以及备份场景和备份恢复的流程。第二节讲解了主要数据备份架构,包括基于DAS、LAN、LAN-Free 和 Server-Free 架构。第三节讲解了灾难备份方案设计,包括基于备份恢复软件的灾难备份方案,基于数据库的数据复制灾难备份方案,基于专用存储设备的数据复制灾难备份方案,基于主机的数据复制灾难备份方案,基于磁盘的数据复制灾难备份方案。

第一节　数　据　备　份

　　不仅仅是灾难管理工作的需要,对于信息安全人员而言,信息安全最常用的一个口号是:"第一是备份,其次是备份,最后仍是备份。"当你的数据资源由于灾难、病毒、黑客攻击、误操作以及硬件故障等遭到损失、破坏和毁坏时,备份是你最后也是唯一的办法。备份在信息安全领域里无论怎么强调都不过分。因此在灾难恢复管理技术考虑中,我们首先将讨论备份技术。
　　在深入讨论备份技术前,必须强调备份的另一项重要工作,这就是必须测试备份以证明其可靠和可用。测试备份意味着从备份介质中恢复数据以验证恢复可以完成。如果没有测试恢复过程,那么不能保证备份是成功的。

一、数据备份概念、目的和意义

(一) 数据备份概念

　　数据备份是指用户为应用系统产生的重要数据制作一份或者多份复制,以增强数据的安全性。顾名思义数据备份就是将数据以某种方式加以保留,以便在系统遭受破坏或其他特定情况下,重新加以利用的一个过程。在日常生活中,我们经常需要为自己家的房门多配几把钥匙,为自己的爱车准备一个备胎,这些都是备份思想的体现。简单的说,数据备份不仅像房门的备用钥匙一样,当原来的钥匙丢失或损坏了,才能派上用场。有时候,数据备份的更像是我们为了留住美好时光而拍摄的照片,把暂时的状态永久地保存下来,供我们分析和研究。当然我们不可能凭借一张儿时的照片就回到从前,在这一点上,数据备份就更显神奇。一个存储系统乃至整个网络系统,完全可以回到过去的某个时间状态,或者重新"克隆"一个指定时间状态的系统,只要这个时间点上,我们就有一个完整的系统数据备份。

一般来说，数据备份技术并不保证系统的实时可用性。也就是说，一旦意外发生，备份技术只保证数据可以恢复，但是恢复过程需要一定的时间，在此期间，系统是不可用的。在具有一定规模的系统中，备份技术、集群技术和容灾技术互相不可替代，它们稳定和谐地配合工作，共同保证着系统的正常运转。

（二）数据备份的目的

数据故障的形式是多种多样的。通常，数据故障可划分为系统故障、事务故障和介质故障三大类。从信息安全的角度出发，实际上第三方或敌方的信息攻击，也会产生不同种类的数据故障，例如，计算机病毒型、特洛伊木马型、黑客入侵型、逻辑炸弹型等。这些故障将会造成的后果有数据丢失、数据被修改、增加无用数据及系统瘫痪等。作为系统管理员，就是要千方百计地维护系统和数据的完整性与准确性。通常采取的措施有安装防火墙，防止黑客入侵；安装防病毒软件，采取存取控制措施；选用高可靠性的软件产品；增强计算机网络的安全性，但是，世界上没有万无一失的信息安全措施，信息世界攻击和反攻击也永无止境。对信息的攻击和防护好似矛与盾的关系，螺旋式地向前发展。

数据备份的根本目的是重新利用，这也就是说，备份工作的核心是恢复，一个无法恢复的备份，对任何系统来说都是毫无意义的。能够安全、方便而又高效地恢复数据才是备份系统的真正意义所在。数据备份更多的是指数据从在线状态剥离到离线状态的过程，这与服务器高可用集群技术以及远程容灾技术，在本质上有所区别。虽然从目的上讲，这些技术都是为了消除或减弱意外事件给系统带来的影响，但是由于侧重的方向不同，实现的手段和产生的效果也不尽相同。集群和容灾技术的目的是为了保证系统的可用性，也就是说，当意外发生时，系统所提供的服务和功能不会因此而间断。对数据而言，集群和容灾技术是保护系统的在线状态，保证数据可以随时被访问。而相对来说，备份技术的目的是将整个系统的数据或状态保存下来，这种方式不仅可以挽回硬件设备损坏带来的损失，也可以挽回逻辑错误和人为恶意破坏的损失。

（三）数据备份的意义

随着计算机的普及和信息技术的进步，特别是计算机网络的飞速发展，信息安全的重要性日趋明显。但是作为信息安全的一个重要内容——数据备份的重要性却往往被人们所忽视。只要发生数据传输、数据存储和数据交换，就有可能产生数据故障。这时，如果没有采取数据备份和数据恢复手段与措施，就会导致数据的丢失。有时造成的损失是无法弥补与估量的。

数据备份作为存储领域的一个重要组成部分，其在存储系统中的地位和作用都是不容忽视的。对于完整的IT系统而言，备份工作是其中必不可少的组成部分。其意义不仅在于防范意外事件的破坏，而且还是历史数据保存归档的最佳方式。换言之，即便系统正常工作，没有任何数据丢失或破坏发生，备份工作仍然具有非常大的意义，它为我们进行历史数据查询、统计和分析，以及重要信息归档保存提供了可能。

二、数据备份类型及策略

（一）备份类型

在备份技术中,有三种主要的备份类型。

（1）全备份。所谓全备份就是对整个系统所有文件进行完全备份,包括所有系统和数据。例如,星期一用一盘磁带对整个系统进行备份,星期二再用另一盘磁带对整个系统进行备份,依此类推。这种备份策略的好处是:当发生数据丢失的灾难时,只要用一盘磁带(即灾难发生前一天的备份磁带),就可以恢复丢失的数据。然而它也有不足之处:首先,由于每天都对整个系统进行完全备份,造成备份的数据大量重复,这些重复的数据占用了大量的磁盘空间,这对用户来说就意味着增加成本;其次,由于需要备份的数据量较大,因此备份所需的时间也就较长,对于那些业务繁忙、备份时间有限的单位来说,选择这种备份策略是不明智的;最后,完全备份会产生大量数据移动,选择每天完全备份的客户经常直接把磁带介质连接到每台计算机上(避免通过网络传输数据)。这样,由于人的干预(放置磁带或填充自动装载设备),磁带驱动器很少成为自动系统的一部分。其结果是较差的经济效益和较高的人力成本。

（2）增量备份。增量备份就是每次备份的数据只是相当于上一次备份后增加和修改过的数据。星期天进行一次完全备份,然后在接下来的六天里只对当天新的或被修改过的数据进行备份。这种备份策略的优点是节省了磁带空间,缩短了备份时间。但它的缺点在于,当灾难发生时,数据的恢复比较麻烦。例如,系统在星期三的早晨发生故障,丢失了大量的数据,那么现在就要将系统恢复到星期二晚上时的状态。这时系统管理员就要首先找出星期天的那盘完全备份磁带进行系统恢复,然后再找出星期一的磁带来恢复星期一的数据,然后找出星期二的磁带来恢复星期二的数据。很明显,这种方式很繁琐。另外,这种备份的可靠性也很差。在这种备份方式下,各盘磁带间的关系就象链子一样,一环套一环,其中任何一盘磁带出了问题都会导致整条链子脱节。例如,在上例中,若星期二的磁带出了故障,那么管理员最多只能将系统恢复到星期一晚上时的状态。

（3）差分备份。所谓差分备份就是每次备份的数据都是相对于上一次全备份之后新增加和修改过的数据。管理员先在星期天进行一次系统完全备份,然后在接下来的几天里,管理员再将当天所有与星期天不同的数据(新的或修改过的)备份到磁带上。差分备份策略在避免了以上两种策略的缺陷的同时,又具有了它们的所有优点。首先,它无须每天都对系统做完全备份,因此备份所需时间短,并节省了磁带空间。其次,它的灾难恢复也很方便。系统管理员只需两盘磁带,即星期一的磁带与灾难发生前一天的磁带,就可以将系统恢复。

在实际应用中,备份策略通常是以上三种的结合。例如每周一至周六进行一次增量备份或差异备份,每周日进行全备份,每月底进行一次全备份,每年底进行一次全备份。三种备份方式的比较如图5-1所示。

这三种备份方式都各有优缺点,在实际工作中,我们需要根据自己的备份需求,结合所使用的备份软硬件的实际情况及这三种备份方式,制定自己特定的备份策略。表5-1列举了这些备份方式的优势与劣势。

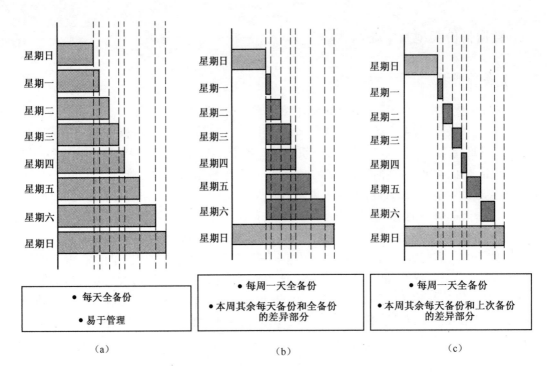

图 5-1　三种备份方式比较

(a)全备份；(b)增量备份；(c)差分备份。

表 5-1　不同备份类型的优点与缺点

备份类型	优　　点	缺　　点
全备份	当前系统备份中包含有所有的文件；只需要一份存储介质就可以进行恢复工作	如果文件没有经常变更，备份容易造成相当大的冗余；标准备份相当耗时
增量备份	数据存储所需的空间很小；耗时短	文件存储在多个介质中，因此难以找到所需要的介质
差分备份	数据恢复时只需最后一次的标准备份与差分备份；耗时比标准备份短	如果备份文件存储在单一介质上，恢复时间将会很长；如果每天都有大量数据变化，备份工作非常费时

(二) 备份策略

备份策略是指综合备份类型和备份频率，使用相关的备份软件和硬件，完成所需的备份管理。下面举例描述备份策略。

(1) 月备份策略。月备份通常是每一个星期中每一天使用不同的备份介质，周而复始地循环使用介质备份。同时重要数据是每星期做一次全备份。

星期一到星期五做增量备份，而星期六做全备份。最新的全备份存储在本地站点上，而把以前的全备份离站保存该操作以月为周期循环进行。

(2) 年度备份策略。年度备份策略是在一年中使用多个备份介质来备份和存储数据文件。其中，1 个作为星期一到星期五的增量备份，1 个用作星期六的全备份，12 个作为月度全备份并离站保存。

在制定备份策略和选择备份方式时,考虑如下方面的内容。

(1) 当备份数据进行大量修改的时候,应该先做一次全备份。而且,全备份可以作为其他备份的基础。

(2) 增量备份最适合用来经常变更数据的备份。

(3) 差分备份可以把文件恢复过程简单化。

(4) 全备份与增量或差分备份合用可以做到使用最少的介质来保存长期的数据。

大多数的备份工具都有用来识别前一个备份的标签。备份制作者也使用文档属性来追溯上次备份的日期。文件的任何变化都要求重新备份。

(三) 备份方案

如果有合适的数据备份方案那么恢复是有保证的。一个好的备份方案是保证数据恢复得以顺利进行并防止丢失重要关键数据。通常对于计算机系统有以下类型的备份方案,它们是基于下面的考虑进行分类的。

(1) 仅备份网络或服务器。如果你需要备份你的整个网络服务器数据,或者有存储设备与服务器相连来备份它们的重要数据时,可以考虑使用这种战略。

(2) 个人或本地计算机备份。如果每一个计算机需要存储介质或者每一个用户有责任备份他们的数据时,可以考虑采用这种战略。

(3) 服务和计算机备份。如果每一部门有存储设备并且指派部门中的某一个人来备份整个部门数据时,可以考虑使用这种战略。

(4) 专门的存储备份网络。使用 NAS/SAN 等技术建立同信息处理网络分离的专用的信息存储网络,并在存储网络上实现专门的备份管理。这种方式通常适用于大型信息系统环境。

三、备份系统

备份系统主要包括备用数据处理系统和备用网络系统。

(一) 备用数据处理系统

备用数据处理系统是指在灾难备份中心配置的一系列备用服务器,根据实际业务情况,它们和支持日常运作的信息系统所在数据中心(称"生产中心"或"主中心")的服务器有相同或稍低的硬件配置,以确保接管使用时,性能不致降低很多。在备用服务器上部署和原生产服务器完全相同的应用及软件,每当原生产中心服务器有更新时,备用服务器也及时更新,当原生产中心服务器发生故障而不能使用时,立即启用备用数据处理系统,可以在极短的时间内接管 IT 系统,从而确保业务的持续运行。

有多种多样的存储介质可以用来存放文件,如磁带驱动器和磁盘驱动器。数据也可以复制到逻辑驱动器、可拆除磁盘、磁盘库或网络共享上。磁带上的文件存放到介质库中,并由机械控制。在缺少单独存储设备时,可以把文件复制到其他硬盘或者软盘上。

理想的存储设备应该有足够的容量来备份你最大的服务器。它应该有错误检测和纠正机制。技术总是在不断进步,备份技术也不例外。因此,实时跟踪市场中最新的存储设备发展情况是非常重要的,特别是在你决定采购合适设备之前。

最常用的存储介质是磁带。备份中最常用的磁带类型有 1/4 英寸卡带(QIC)、数字声频带(DAT)、8mm 磁带和数字线性磁带(DLT),也可以使用 CD、DVD 等光盘,随着硬盘容量的增长,硬盘备份也成为存储备份的一个潮流。

(二) 备份网络系统

单一的介质驱动器可以通过网络共享。这样就可以把数据复制到远程计算机中。远程存储可以看作为加强系统可用性的一种机制,保证文件服务器可以有充裕的空闲磁盘空间。不经常使用的数据的分离也可以减少备份程序的工作量。

1. 远程备份及灾难恢复网络架构方案设计原则

(1) 满足网络切换目标的需求可以支持灾难恢复系统对于网络的需求。

(2) 高性能与高利用率,提供标准化的高速主干网连接。可以在同一个网络中支持多种服务质量,以支持目前和未来应用与服务的需求。

(3) 所选用的设备和技术符合国际标准。网络中使用的设备和协议应完全符合国际通用的技术标准,兼容现有生产中心的网络环境,提供良好的互联性。

(4) 网络提供足够的带宽。丰富的接口形式,满足用户对应用和带宽的基本需要,并保留一定的余量供扩展使用,最大可能地降低网络传输的延迟。

(5) 网络有很高的可靠性、稳定性及冗余。提供拓扑结构及设备的冗余和备份,把单点失效对网络系统的影响减少到最小,避免由于网络故障造成用户损失。

(6) 网络有良好的可扩充性。对未来的应用和技术有一定的前瞻性,随着网络的规模及其运行的应用的不断发展,现有系统应提供足够的扩充能力,以适应发展的需要。

(7) 保护已有投资。网络设计充分考虑各级部门已有的网络设备的兼容性。

(8) 先进性原则。方案和采用的设备应具备先进性,并充分考虑今后技术和应用的发展,同时根据实际需求选择经济、实用、成熟的产品和技术。

(9) 安全性原则。通过进行逻辑划分、用户认证、访问控制、地址过滤和网络安全保密等技术措施,保证网络安全。

(10) 网络易于安装、操作和维护。在网络中使用单一的网络管理软件来管理所有网络设备,对 IP 网络设备及存储网络等进行直观、灵活的配置,并提供完整的网络拓扑图,可以根据网络的流量情况做出分析和建议,尽量使网络的安装、操作、维护工作变得简单易行。

(11) 网络的经济性。由于备用网络平台的作用在于发生灾难时支持关键业务,实际上是在原有网络基础上的扩展,应该在权衡各业务重要性等级的基础上,尽可能简化备份中心的设计,甚至利用原有设备,选择合适的通信线路,避免大而全的浪费性投资。

(12) 尽量降低网络改造的风险。在备用网络平台的建设过程中,不但涉及到原有的生产网络,而且需要将新的网络和原有的网络进行很好的融合,实际上是一个巨大的网络改造工程,因此需要将网络改造的技术风险降至最低。整个项目牵涉到主机以及其他服务器的硬件、软件设置、应用系统的热切换,以及通信线路选择等各个方面,所以在技术上以及项目的管理及实施上存在较大的风险。故此项目的实施方应具有强大而且全面的技术支持力量,以及极具经验的项目控制及管理能力。

2. 备用网络系统构成

备用网络系统包含备用网络通信设备和备用数据通信线路。进行灾难切换时,生产中心的各分支机构可以通过手工切换或者设备自动切换,将生产中心的数据切换到备用网络系统运行,以保证生产中心的业务连续性。

备用网络通信设备主要指灾难备份中心的备用通信设备,包括交换机、路由器和防火墙等;备用数据通信线路主要指生产中心各分支节点至灾难备份中心的网络线路,可使用自有数据通信线路或租用公用数据通信线路。

生产中心分支节点到灾难备份中心的备用通信线路可以根据生产系统情况,租用ISP或建设专线连接。专线方式具有成本较高、但通信质量和稳定性较好的特点。

为了节省成本,生产中心分支节点到灾难备份中心可以使用VPN(Virtual Private Network)作为备用线路。VPN具有带宽较高、成本较低的特点,但技术及实施相对复杂,同时不如专线稳定可靠。

VPN定义为通过一个公共网络建立一个临时、安全的连接,是一条穿过公共网络的安全、稳定的加密隧道。VPN是虚拟的,并不是某个专有的封闭线路,但VPN同时又具有专线的数据传输功能,因为VPN能够像专线一样在公共网络上处理自己的信息。

四、备份场景

在备份前需要考虑系统的配置。不同的系统配置备份方案可能完全不同,如简单的小网络只需要少量数据进行备份,大区域网络需要海量数据进行备份。下面详细讨论这些网络场景的备份方案。

(一)中小局域网备份

下面四个步骤说明了小型局域网可能采用的备份解决方案。

(1)选择可靠、快速、高容量、成本合适的并且兼容性好的磁带来做系统备份。磁带的容量应该足够备份整个服务器。

(2)在服务器上安装磁带控制器。当使用SCSI时,你需要安装磁带本身的驱动控制器。

(3)为保证有效备份系统状态数据,可将磁带连接到服务器上,也可以把用户文件备份到远程计算机上。

(4)维持磁带备份循环周期,并注意备份磁带的保存。鼓励用户养成每天下班前把重要数据备份到服务器上的好习惯。

(二)海量数据备份或24小时备份

海量数据备份,如数据库或图形文件数据等,是一个非常耗时的过程。因此,中小数据备份方法对它来讲是不适用的。最佳实践方案是,采用备份设施来复制数据并同时保证应用程序仍然可以让客户端使用。

重要数据的备份可以使用有冗余级别配置的主机或硬件RAID。两个独立硬件控制的RAID阵列的软件镜像可以用来备份极其关键的数据。这种技术可以保证当磁盘或阵列发生故障时仍然可以使用。任何网络组件的故障,如网卡、视频设备、IDE控制器、电源等,可以容易地替换而不影响运营。备份中常用的两个术语是"数据"和"目标"。数据指的是计算机中存有的需要做备份的数据。目标指的是运行备份操作的计算机。下列是常用的用来备份海量数据的三种方法。

(1) 方法一:备份数据到本地磁盘。网络备份可以把需要备份的文件复制到目标机器上。应该定期验证目标机器上备份数据内容与源数据的一致性。可以通过数据传输量和传输速度估计需要的备份时间。

(2) 方法二:通过网络备份数据到目标主机。备份数据可以复制到另外一张磁盘上或者专用数据盘上。为了做到这一点,可以使用连接到专用数据盘上备份设备来在线备份数据。数据也可以通过网络备份到目标主机上。基于如下几点因素考虑来决定备份的数据和目标:目标计算机的可用性;现有的备份策略中规定的备份操作所使用的计算机;备份操作所需要的时间和成本。

(3) 方法三:使用硬件镜像或第三方设备来备份数据。当需要备份的数据正在使用中的时候,备份数据可以通过网络镜像到其他计算机上。这种方法是抵抗由于磁盘或阵列故障带来数据损失的最好方法。当发生这样故障时,从镜像计算机上传输数据到数据主机上是一个非常耗时的过程,但是它要比增量备份数据要快。

五、备份和恢复流程

备份和恢复流程的选择每个都是不一样的。在备份和恢复流程开发完以后,需要对它进行测试,记录并验证它们应对灾难的影响。为了制定出合适的备份和恢复流程,需要考虑以下问题:任务授权;明确叙述时间敏感的备份;当备份出现问题时采取的行动;安全考虑;策略考虑;技术考虑;测试备份和恢复程序;文档化备份和恢复程序;验证操作的正确性。

1. 任务授权

建议用可信的人员负责备份和恢复工作。解决以下问题可以帮助你进行指派任务。

(1) 由谁来起草哪些文件?计算机需要备份的策略?这个策略对组织中其他人可用吗?

(2) 由谁来执行备份操作?

(3) 如果备份是自动进行的,谁来处理备份故障问题?

(4) 当指派的人员不在现场时,谁来负责备份工作?

(5) 谁来向上级汇报备份工作情况?当备份出现故障时,谁来通知用户?

2. 明确叙述时间敏感的备份

灾难发生后,恢复数据所需要的时间与决定备份所需要的时间和频率同样重要。下面几个问题可以帮助你决定恢复数据所需要的时间。

(1) 下班后,是否进行全部或部分备份工作?

(2) 什么时候应该做备份?是在下班前还是下班后?

(3) 全部备份和增量备份的频率?

(4) 从本地存储区取出备份并加以恢复所需要的时间?在正常上班时间,远程备份是否可以随时访问?

(5) 当计算机发生故障时,需要多长时间恢复?

3. 当备份出现问题时采取的行动

在备份出现问题时应该考虑下列问题。

（1）确定问题汇报对象及程序。

（2）考虑备用站点的可用性或者从厂商那里租用设备建立临时站点。确定该步骤所需的时间。

（3）确定软件或硬件故障时技术支持的可用性。

（4）确定技术支持人员可以是否使用计算机配置信息。如果不可以，确保灾难发生时信息的可用性以减少混乱。

（5）确定进行故障修复时软件和硬件厂商支持的效果。

（6）如果有夜班的话，人员如何进行交接？夜班人员第二天是否还继续工作？确定在排错或恢复程序的过程中能替代熟练人员的人员。

4. 安全考虑

应该考虑下列几个问题以保证备份操作和位置的安全。

（1）备份磁带应该存放的地点。

（2）备份存放地点如何免受自然灾害的威胁？

（3）用来监控备份存放地点状态的方法。

（4）相关人员是否可以接触到在线备份磁带？

（5）备份介质的复制存放在什么地方？

（6）备份存放地点是否有担保？

5. 策略考虑

在开发备份和恢复程序时，应该考虑下列几个问题。

（1）备份策略是什么？备份计划是否与该策略相一致？

（2）公司策略是要求备份所有变更的文件还是仅备份部分用户、组、部门或分公司的关键文件？

（3）是否存在不需要备份的磁盘或计算机？

（4）终端用户是否负责他们系统的备份？

（5）大量的备份工作是否有责任追溯机制？

（6）备份过程的验证机制是什么？

6. 技术考虑

在决定组织机构备份方式时，下列几个问题可以提供帮助。

（1）在开始备份工作前，需要满足什么样的条件？

（2）备份是从命令行、图标或批处理方式开始的吗？

（3）日志是否使用了合适的格式？

（4）备份工作是否涉及到一些特殊的情况，如长路径、奇怪文件名、文件大或大量的文件？文件恢复能否全面恢复这些特征？

（5）备份是在本地驱动器上进行，还是在远程机器上进行，或者通过WAN进行？

（6）备份是否周期进行？

（7）是否对备份数据进行验证以保证其正确性？

7. 测试备份和恢复程序

检查和确认备份与恢复程序来估计数据恢复所需时间是非常重要的。测试也可以发现备份和恢复程序的依赖关系与资源。仔细记录任何测试过程中的错误并加以排除，来保证实施正确的数据备份与恢复程序。

周期性备份和恢复可以发现在软件验证中不出现的硬件问题。组织机构也可以使用模拟仿真的方式来测试所设计的程序。例如，通过镜像进行备份时，可以模拟硬盘故障来保证操作无误。这里的仿真可以通过移除或关闭某一镜像来做。

8. 文档化备份与恢复程序

备份记录应该周期性地保存起来，以消除可能出现的信息丢失并让数据恢复过程可以更快完成。下面介绍用来文档化备份和恢复程序的方法。

（1）介质标签，标签应该包含日期、类型和备份内容清单等信息。

（2）目录，在备份介质上制作一份备份文件目录以供恢复时做参考。

（3）日志文件，它包含备份文件的文件名称和目录。

9. 验证操作的正确性

在验证过程中，把磁盘上文件与备份介质上的文件相比较。这个过程在备份或恢复工作完成后进行。验证所需时间和备份或恢复时间一样。在每一步骤之后做一次验证会是一个非常好的习惯。

第二节 主要数据备份架构

正常情况下，系统的各种应用运行在主中心的计算机系统上，数据同时存放在主中心和备份中心的存储系统中。当主中心由于断电、火灾甚至地震等灾难无法工作时，则立即采取一系列相关措施，将网络、数据线路切换至备份中心，并且利用备份中心计算机系统重新启动应用系统。这里最关键的问题就是保证切换过程时间满足业务连续性要求，同时尽可能保持主中心和备份中心数据的连续性和完整性。而如何解决主中心和备份中心的数据备份和恢复则是备份方案的重点。

目前，最常见的网络数据备份系统按其架构不同可以分为四种：基于直接附加存储（DAS-Base）结构，基于局域网（LAN-Base）结构，基于SAN的LAN-Free和Server-Free结构。备份网络结构示意图如图5-2所示。

一、DAS-Base结构

基于直接附加存储系统的备份系统是最简单的一种数据保护方案，在大多数情况下，这种备份大多是采用服务器上自带的磁带机或备份硬盘，而备份操作往往也是通过手工操作的方式进行的，如图5-3所示。虚线表示数据流，它适合下面的应用环境。

（1）无须支持关键性的在线业务操作。

（2）维护少量网络服务器（小于5个）。

（3）支持单一操作系统。

（4）需要简单和有效的管理。

（5）适用于每周或每天一次的备份频率。

第五章　数据备份与灾难恢复技术　143

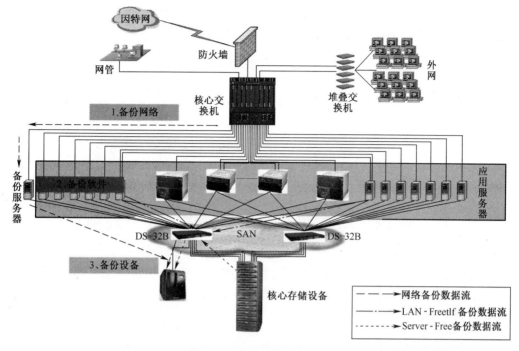

图 5-2　备份系统示意图

基于 DAS 的备份系统是最简单的数据备份方案,适用于小型企业用户进行简单的文档备份。它的优点是维护简单,数据传输速度快;缺点是可管理的存储设备少,不利于备份系统的共享,不大适合于现在大型的数据备份要求,而且不能提供实时的备份需求。

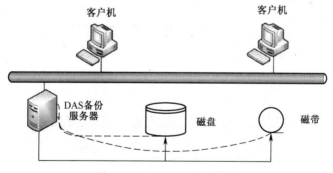

图 5-3　DAS-Base 备份结构

二、LAN-Base 结构

LAN-Base 备份结构,这是小型办公环境最常用的备份结构。如图 5-4 所示。在该系统中系统的传输是以 LAN 为基础的,首先预先配置一台服务器作为备份管理服务器,它负责整个系统的备份操作。磁带库则接在某台服务器上,当需要备份数据时备份对象把数据通过网络传输到磁带库中实现备份。

备份服务器可以直接接入主局域网内或放在专用的备份局域网内。后者方案较为科学,因为如果采用前者方案的话,当备份数据量很大的时候,备份数据会占用很大的网络带宽,主 LAN 的性能会下降很厉害,而后者就可以使备份进程与普通工作进程相互的干扰减少,保证主 LAN 的正常工作性能。

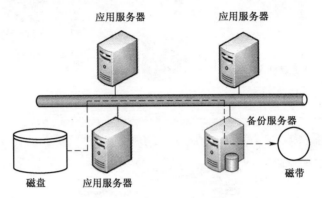

图 5-4　LAN-Base 备份结构

LAN-Based 备份结构的优点是投资经济、磁带库共享、集中备份管理;它的缺点是网络传输压力大,当备份数据量大或备份频率高时,LAN 的性能下降快,不适合重载荷的网络应用环境。

三、LAN-Free 结构

为彻底解决传统备份方式需要占用 LAN 带宽问题,基于 SAN(存储区域网)的备份是一种很好的技术方案。LAN-Free 和 Server-Free 的备份系统是建立在 SAN 的基础上的两种具有代表性的解决方案。它们采用一种全新的体系结构,将磁带库和磁盘阵列各自作为独立的光纤结点,多台主机共享磁带库备份时,数据流不再经过网络而直接从磁盘阵列传到磁带库内,是一种无需占用网络带宽的解决方案,如图 5-5 所示。

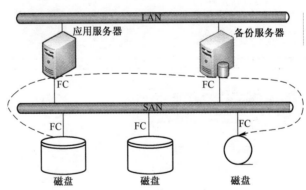

图 5-5　LAN-Free 备份结构

所谓 LAN-Free,是指数据无需通过局域网而直接进行备份,即用户只需将磁带机或磁带库等备份设备连接到 SAN 中,各服务器就可把需要备份的数据直接发送到共享的备份设备上,不必再经过局域网链路。由于服务器到共享存储设备的大量数据传输是通过 SAN 网络进行的,局域网只承担各服务器之间的通信任务,而无须承担数据传输的任务,实现了控制流和数据流分离的目的。

目前,LAN-Free 有多种实施方式。通常,用户都需要为每台服务器配备光纤通道适配器,适配器负责把这些服务器连接到与一台或多台磁带机(或磁带库)相连的 SAN 上。同时,还需要为服务器配备特定的管理软件,通过它,系统能够把块格式的数据从服务器内存、经 SAN 传输到磁带机或磁带库中。还有一种常用的 LAN-Free 实施办法,在这种结构中,主备份服务器上的管理软件可以启动其他服务器的数据备份操作。块格式的数据从磁盘阵列通过 SAN 传输到临时存储数据的备份服务器的内存中,之后再经 SAN 传输到磁带机或磁带库中。

尽管 LAN-Free 技术与 LAN-Base 技术相比有很多优点,但 LAN-Free 技术也存在明显不足。首先,它仍然让服务器参与了将备份数据从一个存储设备转移到另一个存储设备的过程,在一定程度上占用了服务器宝贵的 CPU 处理时间和服务器内存。另外,LAN-Free 技术的恢复能力很一般,它非常依赖用户的应用。

许多产品并不支持文件级或目录级恢复,整体的映像级恢复就变得较为常见。映像级恢复就是把整个映像从磁带返回到磁盘上,如果我们需要快速恢复系统中某些少量文件,整个操作将变得非常麻烦。此外,不同厂商实施的 LAN-Free 机制各不相同,这还会导致备份过程所需的系统之间出现兼容性问题。LAN-Free 的实施比较复杂,而且往往需要大笔软、硬件采购费。

因此,LAN-Free 的优点是数据备份统一管理、备份速度快、网络传输压力小、磁带库资源共享;缺点是少量文件恢复操作繁琐,并且技术实施复杂,投资较高。

四、Server-Free 结构

另外一种减少对系统资源消耗的办法是采用无服务器(Server-Free)备份技术。它是 LAN-Free 的一种延伸,可使数据能够在 SAN 结构中的两个存储设备之间直接传输,通常是在磁盘阵列和磁带库之间,如图 5-6 所示。这种方案的主要优点之一是不需要在服务器中缓存数据,显著减少对主机 CPU 的占用,提高操作系统工作效率,帮助系统完成更多的工作。

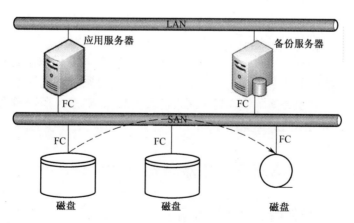

图 5-6　Server-Free 备份结构

与 LAN-Free 一样,无服务器备份也有几种实施方式。通常情况下,备份数据通过名为数据移动器的设备从磁盘阵列传输到磁带库上。该设备可能是光纤通道交换机、存储路由器、智能磁带、磁盘设备或者服务器。数据移动器执行的命令其实是把数据从一个存

储设备传输到另一个设备。实施这个过程的一种方法是借助 SCSI-3 的扩展复制命令，它使服务器能够发送命令给存储设备，指示后者把数据直接传输到另一个设备，不必通过服务器内存。数据移动器收到扩展复制命令后，执行相应功能。另一种实施方法就是利用网络数据管理协议(NDMP)。这种协议实际上为服务器、备份和恢复应用及备份设备等部件之间的通信充当一种接口。在实施过程中，NDMP 把命令从服务器传输到备份应用中，而与 NDMP 兼容的备份软件会开始实际的数据传输工作，且数据的传输并不通过服务器内存。NDMP 的目的在于方便异构环境下的备份和恢复过程，并增强不同厂商的备份和恢复管理软件，以及存储硬件之间的兼容性。

Server-Free 备份与 LAN-Free 备份有着诸多相似的优点。如果是 Server-Free 备份，源设备、目的设备，以及 SAN 设备是数据通道的主要部件。虽然服务器仍然需要参与备份过程，但负担已大大减轻，因为它的作用基本上类似交通警察，只用于指挥，不用于装载和运输，不是主要的备份数据通道。

Server-Free 备份技术具有缩短备份及恢复所用时间的优点。因为备份过程在专用高速存储网络上进行，而且决定吞吐量的是存储设备的速度，而不是服务器的处理能力，所以系统性能将大为提升。此外，如果采用无服务器备份技术，数据可以以数据流的形式传输给多个磁带库或磁盘阵列。至于缺点，虽然服务器的负担大为减轻，但仍需要备份应用软件(以及其主机服务器)来控制备份过程。元数据必须记录在备份软件的数据库上，这仍需要占用 CPU 资源。与 LAN-Free 一样，Server-Free 备份可能会导致上面提到的同样类型的兼容性问题。而且，Server-Free 备份技术难度大、实施成本高。最后，如果无服务器备份的应用被广泛采用，那么其恢复功能还有待进一步改进。

因此，Server-Free 优点是数据备份和恢复时间短，网络传输压力小，便于管理和备份资源共享；其缺点是需要特定的备份应用软件进行管理，厂商的类型兼容性问题需要统一，并且实施起来与 LAN-Free 一样比较复杂，成本也较高，适用于大中型企业进行海量数据备份管理。

前面提到的四种主流网络数据安全备份系统结构，有各自的优点和缺点，用户需要根据自己的实际需求和投资预算仔细斟酌，来选择合适自己的备份方案。目前主流的备份软件，如 IBM Tivoli、Veritas，均支持上述备份方案。其中，LAN 备份数据量最小，对服务器资源占用最多，成本最低；LAN-Free 备份数据量大一些，对服务器资源占用小一些，成本高一些；Server-Free 备份方案能够在短时间备份大量数据，对服务器资源占用最少，但成本最高，客户可根据实际情况选择。

第三节 灾难备份方案设计

一、基于备份恢复软件的灾难备份方案

软件供应商推出了更多集中备份容灾软件，如 Veritas Netbackup、Veritas BackupExec、Legato Networker 和 Backbone 公司的 Netvault 软件。所有这些产品都采用了一种集中机制，备份都通过一个专用备份服务器和直接连接的存储设备进行。这些集中备份系统根据容灾的需要产生了更多的软件和硬件模块。基于备份软件的解决方案最大的问题是：

在进行灾难切换时,需要在灾难备份端进行应用系统的安装工作,同时用户必须了解备份解决方案的不同组件,以及它们的功能和对生产系统性能的影响。基于备份恢复软件的灾难备份方案如图 5-7 所示。

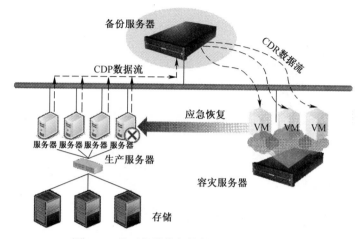

图 5-7 基于备份恢复软件的灾难备份方案

二、基于数据库的数据复制灾难备份方案

数据库厂商和专业数据备份恢复厂商专门针对各种专业数据库提出了基础数据库的数据复制灾难备份方案。这些数据复制灾难备份方案不仅可以提供双机实时热备份和灾难恢复功能,实现本地或异地的一对一或一对多等多种备份形式,减免夜间数据备份、软/硬件升级、数据库重组等计划性事件以及诸如服务器故障、火灾、洪水、电源故障等非计划性事件造成的停机时间,为你的商务运行环境提供高可用性,如图 5-8 所示。

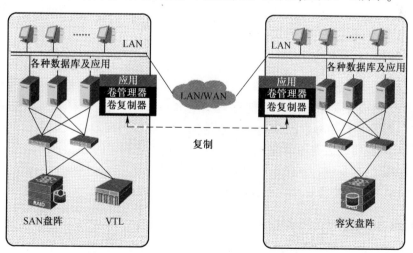

图 5-8 基于数据库的数据复制灾难备份方案

三、基于专用存储设备的数据复制灾难备份方案

随着存储技术的发展,各专业存储设备厂商为数据复制灾难备份提供了基于 NAS、

SAN 等各种存储技术的专用存储设备,它能帮助用户建立集中的存储中心,并通过专用存储设备所提供的各种同步镜像及异步镜像等技术,实现更灵活的数据复制灾难备份方案,如图 5-9 所示。

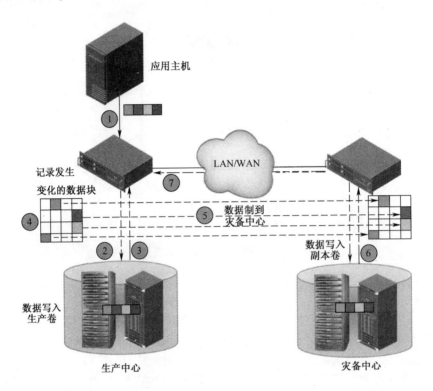

图 5-9　基于专用存储设备的数据复制灾难备份方案

四、基于主机的数据复制灾难备份方案

数据容灾采用卷管理器的磁盘镜像功能来实现。例如,通过在数据灾难备份中心主机和用户端主机上安装卷管理器软件,可以将数据灾难备份中心的镜像磁盘和用户端的主磁盘上的分区或卷虚拟为服务器能够看到的同一分区或卷,这样在用户端主机发生 I/O 操作时,系统会自动将数据分别写入本地的主磁盘阵列和数据灾难备份中心的镜像磁盘阵列中,从而实现数据的镜像。这种写操作是对主机而言的,是逻辑上的。当客户端数据发生灾难时,数据灾难备份中心数据可以被接管应用。当客户端中心系统重建后,数据可以随时从数据灾难备份中心得到恢复,如图 5-10 所示。

五、基于磁盘的数据复制灾难备份方案

利用高性能磁盘阵列(硬件层次)的高级数据复制功能,通过存储子系统之间的通信,并结合一些主机端的管理工具,来实现用户端数据和数据灾难备份中心对数据的传输复制,如图 5-11 所示。复制是通过用户端和数据灾难备份中心磁盘阵列上的微处理器实时完成。在灾难发生时,可以将关键数据的损失降至最低,而且不需要主机干涉或占用主机资源,可以做到灾难发生的同时实现应用处理过程的恢复。

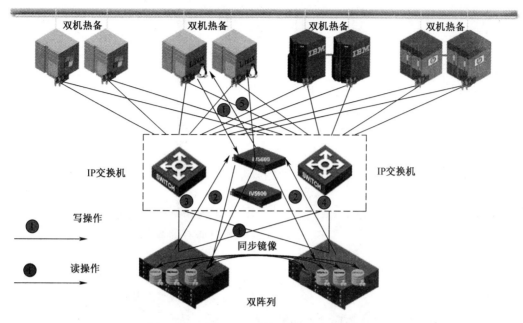

图 5-10　基于主机的数据复制灾难备份方案

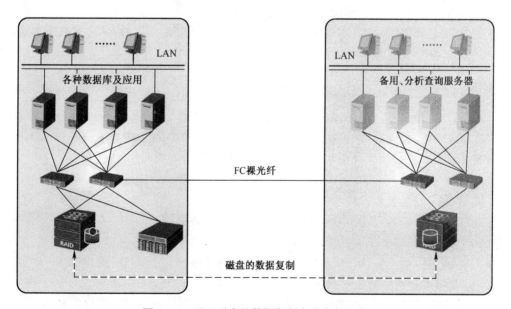

图 5-11　基于磁盘的数据复制灾难备份方案

本 章 小 结

本章主要介绍数据备份的基础知识、备份架构和灾难备份方案的设计。数据备份是容灾的基础,没有数据备份也就没有容灾,数据备份也是一种容灾,基于数据备份方案的灾难设计是容灾系统一种主要的建设方案。

作 业 题

一、选择题

1. 关于数据备份的主要类型,下列说法错误的是(　　)。
   A. 当备份数据进行大量修改前,应该先做一次全备份
   B. 增量备份最适合用来经常变更数据的备份
   C. 差分备份可以把文件恢复过程简单化
   D. 全备份、增量备份、差分备份不能合用

2. 计算机系统有以下(　　)类型的备份战略。
   A. 仅备份网络或服务器　　　　　　B. 个人或本地计算机备份
   C. 服务和计算机备份　　　　　　　D. 专门的存储备份网络

3. 数据被破坏的原因包括(　　)。
   A. 不安装杀毒软件　　　　　　　　B. 系统管理员或维护人员误操作
   C. 计算机设备故障　　　　　　　　D. 病毒感染或"黑客"攻击

4. 下列选项中,属于常见备份系统架构方式的有(　　)。
   A. DAS-Base　　　B. LAN-Free　　　C. LAN-Base　　　D. Server-Free

5. 以下哪个说法不符合LAN备份的特性(　　)。
   A. 节省投资　　　B. 布置简单　　　C. 备份速度快　　　D. 不占用服务器资源

6. 数据备份系统由哪几部分组成(　　)。
   A. 备份服务器　　　B. 备份网络　　　C. 备份设备　　　D. 备份软件

7. 哪种备份技术将全面的释放网络和服务器资源(　　)。
   A. 网络备份　　　B. Lan-Free备份　　　C. 主机备份　　　D. Server-Free备份

8. 用户的需求如下:每星期一需要全备份,在一周的其他天内只希望备份从上一天到目前为止发生变化的文件和文件夹,他应该选择的备份类型是(　　)。
   A. 正常备份　　　B. 全备份　　　C. 增量备份　　　D. 差异备份

9. 下面哪一个不是常见的备份类型(　　)。
   A. 正常备份　　　B. 完全备份　　　C. 增量备份　　　D. 差分备份

10. 常用的备份硬件不包括(　　)。
    A. 磁带库　　　B. 软盘　　　C. 磁盘阵列　　　D. 虚拟带库

11. 数据备份系统的基本构成中不包括(　　)。
    A. 备份服务器　　　B. 备份软件　　　C. 硬件　　　D. 备份客户端

12. 关于数据备份的分类,说法不正确的是(　　)。
    A. 按照备份状态可以分为物理备份和逻辑备份
    B. 按照备份的数据量可以分为完全备份、增量备份、差分备份
    C. 增量备份只备份新的数据部分
    D. 差分备份节省了磁盘空间,但备份时间最长

13. 数据备份系统的基本构成中不包括(　　)。
    A. 存储介质　　　B. 数据库　　　C. 硬件　　　D. 备份软件

二、填空题

1. 备份策略是指综合备份类型和备份频率，使用相关的备份软件和硬件，完成所需的_____。
2. 利用高性能磁盘阵列的高级数据复制功能，可以实现_____和数据灾难备份中心对数据的传输复制。
3. 数据故障可划分为_____、_____和_____三大类。
4. 备份工作的核心是_____。
5. 备份系统主要包括_____和_____。
6. 主要数据备份架构有_____、_____、_____、_____。
7. Lan-Free备份数据流是通过_____网络传输，指令是通过_____传输。
8. 备份是将在线数据转移成_____的过程，其目的在于应付系统数据中的逻辑错误和恢复数据到故障以前。

三、简答题

1. 什么是数据备份？
2. 数据备份的类型有哪些？
3. 简述主要数据备份方式。
4. 简述备份海量数据的常用三种方法。
5. 简述备用网络系统的设计原则与系统构成。
6. 数据备份的意义是什么？
7. 简述备份与恢复的流程。
8. 简述四种备份架构的优缺点。

第六章　灾难恢复规划和实施

　　本章内容主要包括灾难系统建设规划、实施和维护等。第一节主要介绍灾难恢复需求与计划。灾难恢复需求分析包括对风险分析，业务影响分析，并根据分析的结果，确定业务影响分析的目标，评估业务中断的影响，分析业务功能的恢复条件等，为制定灾难恢复策略打下基础。第二节介绍了灾难恢复策略。灾难恢复策略制定包括成本效益分析，灾难恢复资源，灾难恢复等级的确定，同城和异地等。第三节介绍了灾难恢复建设，主要包括灾难恢复建设的内容、流程、基本原则、建设的模式等内容。第四节介绍了灾难备份中心建设。从灾难备份中心建设的意义讲起，介绍了中心的选址，灾难备份中的基础设施的要求。第五节介绍了灾难恢复的组织管理。主要介绍了灾难恢复建设的组织结构和外部协助。第六节介绍了灾难恢复技术支持和运行维护。主要内容有技术支持和运行维护的目标体系构成、组织机构和灾难备份中心维护的内容和制度管理。第七节介绍了灾难恢复预案的实现。从灾难恢复预案的内容、管理、培训过和演练方面介绍了灾难恢复预案的实现。

第一节　灾难恢复需求与计划

一、需求分析的必要性和特点

　　信息系统灾难恢复的建设是针对于高风险、小概率事件准备的，对于大部分用户来说，灾难恢复系统在多年内可能由于没有灾难发生而无须切换，一些用户对于灾难的发生或多或少抱有侥幸心理，觉得灾难恢复系统可建可不建。但对任何个体来讲，灾难发生后意味着极大的损失，甚至是100%的损失。

　　对于准备建设灾难恢复系统的用户来说，应如何启动灾难恢复系统建设，投入多少才能有效保护单位的资产并避免浪费呢？

　　我们都知道，单位的损失和业务连续性之间存在关联，业务中断时间越长，单位的损失就越大；同时，恢复数据所需的时间越少，业务处理服务中断的时间就越短，所需方案的成本就越高。根据经验，业务连续性和总成本之间找到一个平衡点，如图6-1所示，结合用户可以容忍的损失数据和中断时间，从而制定单位的灾难恢复策略和预案，就是最佳方案。那么在规划灾难恢复策略和方案时，对应的时间和最佳投资分别是多少，这需要咨询专业人员，并根据单位信息及业务系统现状进行灾难恢复需求分析。

　　与任何信息系统建设一样，灾难恢复系统的建设也必然面临无限需求和有限资源、有限投入之间的矛盾。灾难恢复系统的建设绝不是简单的数据复制或生产系统的克隆。灾难恢复系统建设和其他IT系统建设一样也必须以服务于业务为目标。灾难恢复系统的最终使用方是单位的最终客户或者内部业务部门。

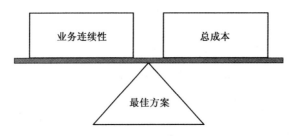

图 6-1 业务连续性和总成本之间的平衡

灾难恢复系统的建设具有复杂性。灾难恢复系统应考虑恢复的不单是个部门或某个系统,而是整个IT服务体系,涉及的系统、应用、部门庞杂,不经过系统的、全面的调研则无法清楚地了解和描绘灾难恢复系统使用方的真正需求。

灾难恢复系统的建设具有有限性。鉴于灾难恢复系统的启用和切换是一个小概率的事件,灾难恢复系统投入的效率必然很低。作为临时性的代用系统,对于灾难恢复系统的投入必然和生产系统的投入存在一定的差距。而最终用户往往希望在灾难发生时,能够在最短的时间内获得与灾难发生前没有差异的信息系统服务。如何利用有限的资源满足灾难发生时的业务需要是灾难恢复系统建设者必须调和的矛盾。

灾难恢复系统的建设具有关联性。灾难发生后,IT系统的恢复必然存在以下问题:用有限的资源恢复不同的系统和业务的次序以及服务品质差异;灾难恢复系统与其他单位互连互通的要求。灾难恢复系统不是一个孤立的系统,其内部也存在对恢复资源的依赖性和优先级的协调。必须合理地处理好灾难恢复系统的这种外部和内部的关联性才能够保证灾难恢复系统的有效运作。

灾难恢复系统的建设具有连续性。在灾难发生后,灾难恢复系统作为临时性替代系统,必须保证为持续的服务提供能力,直到生产系统完成重建和回退。灾难恢复系统提供服务连续性的时间越长,建设成本会越高。如何合理地确定灾难恢复系统的持续能力也是灾难恢复系统建设需求分析的主要内容。同时,灾难恢复系统完成建设后,必须保证持续的更新和维护才能够保证灾难恢复系统的长期有效,灾难恢复系统的更新维护制度、运行维护管理也是在灾难恢复系统规划期间必须考虑的内容。

二、风险分析

识别信息系统的资产价值,识别信息系统面临的自然的和人为的威胁,识别信息系统的脆弱性,分析各种威胁发生的可能性,并定量或定性地描述可能造成的损失。通过技术和管理手段,防范或控制信息系统的风险。依据防范或控制风险的可行性和残余风险的可接受程度,确定对风险的防范和控制措施。

信息系统灾难恢复的风险分析主要根据单位现状和业务特点,全面识别并分析影响信息系统正常运行的风险因素,分析这些因素发生的可能性。风险分析的范围主要考虑单位所在地区范围和与之在经济、业务上有紧密联系的邻近地区的交通、电信、能源及其他关键基础设施遭到严重破坏,或造成此地区的大规模人口疏散或无法联系后所面对的可能性风险,同时还需要考虑单位信息系统中断所造成的系统性风险。系统性风险指单位或部门因不能履行其应尽义务而导致其他机构不能开展业务,引起连锁反应,从而造成的各种社会影响和损失。

识别潜在的风险,这些风险的来源如下:

(1) 各种区域性的自然灾难,如洪水、地震和疫病等;

(2) 认为事故或蓄意破坏造成的严重灾难,如火灾、恐怖主义袭击等;

(3) 安全威胁、硬件、网络或通信故障;

(4) 灾难性的应用系统错误。

所有的风险都应纳入单位的风险分析范围,并且应对各种风险的可能来源进行较准确的定位。对于每一种风险的来源都应该认识到其风险的类型、风险的程度和风险发生的可能性。

如果按照风险的破坏类型或程度进行分类,它们对业务的影响可以分为以下三种:

(1) 经营场所及设备完全破坏;

(2) 经营场所及设备部分破坏;

(3) 经营场所及设备完好,但人员不能进入,如疫病的隔离、恐怖威胁造成的人员疏散等。

(一) 风险分析方法

当前最传统也最广泛的风险分析方法主要是基于知识的分析方法、基于模型的分析方法、定量分析和定性分析以及定量定性混合的分析方法。最近几年也出现了一些分析工具,按这些方法分析的结果同相应的风险分析标准和规范进行比较,它们共同的目标都是找出单位信息资产面临的风险及其影响,以及目前安全水平与单位安全需求之间的差距。

1. 基于知识的分析方法

基于知识的分析方法又称为经验方法,采用这种分析方法,风险分析团队不需要通过繁琐的流程和步骤,可节省大量精力、人员、时间和资源;只需通过特定途径收集相关信息,识别单位当前的资产、资产所存在的漏洞、组织的风险和当前采取的安全措施等信息,与特定的标准或最佳实践进行比较,从中找出不符合的地方,并按照标准或最佳实践推荐选择安全措施,最终达到降低和控制风险的目的。

基于知识的分析方法,最重要的还在于完整详细的收集和评估信息,主要方法一般有:问卷调查、会议讨论、人员访谈、对当前的策略和相关文档进行复查。

2. 基于模型的分析方法

基于模型的分析方法可以评估出系统自身内部机制中存在的危险性因素,同时又可以发现系统与外界环境交互中的不正常和有害的行为,从而完成系统脆弱点和安全威胁的定性分析。

3. 定量分析方法

定量分析就是对风险的程度用直观的数据表示出来。其主要思路是对构成风险的各个要素和潜在损失的程度赋予数值或货币金额,度量风险的所有要素(资产价值、弱点级别、脆弱性级别等)都被赋值,计算资产暴露程度、控制成本以及在风险管理流程中确定的所有其他值时,尽量具有相同的客观性,这样风险分析的整个过程和结果都可以被量化了。

根据不同的标准和方法论,定量分析需考虑不同的因素,一般应考虑如下几个重要的概念。

(1) 资产价值,即单位资产所具有的价值,一般根据财务报表数据或是估算。而对于关系国家和军队关键应用的资产有时很难用数字去说明。

(2) 暴露因数,即特定威胁对特定资产造成损失的百分比,或者说损失的程度。例如,某单位的某个资产,价值是 200 万元,一次火灾损失了 15 万元,那么它的暴露因数就是 $15/200 \times 100\% = 7.5\%$。

(3) 单一损失期望,即发生一次风险对资产的损失数值。是分配给单个事件的金额,代表一个具体威胁利用漏洞时单位将面临的潜在损失。

(4) 年度发生率,即威胁在一年内估计会发生的频率,应合理预估该数字。一般需要由安全专家或业务顾问来进行评估。其数值类似于定量(定性)风险分析的可能性,其范围从 0(从不)至 100%(始终)。

(5) 年度损失期望,表示特定资产在一年内遭受损失的预期值。单一损失期望乘以年度发生率即可计算出该值。

(6) 年度投资回报,即通过实施一定的安全措施所获得的年度投资回报。其计算公式如下:

年度投资回报=实施控制前的年度损失期望-实施控制后的年度损失期望-年控制成本

例如,大楼遭受火灾的年度损失期望为 35 万元,现在通过采取应对措施(加装了监控火警探头,购买了充足的灭火器,共花费了 8 万元)后,大楼遭受火灾的年度损失期望为 7 万元,那么现在年度投资回报=35-7-8=20 万元。

可以看到,对定量分析来说,有两个指标最为关键,一个是事件发生的可能性,另一个是事件可能引起的损失程度。在将来制定灾难恢复预案时,要考虑采取措施降低安全事件发生的可能性和暴露因数。

从理论上讲,通过定量分析可以对安全风险进行准确的定义和分级,但是这种方法也有一些固有的难以克服的明显缺点:定量分析所赋予的各种数据的准确性并不可靠,没有正式且严格的方法来有效计算资产和控制措施的价值,很多数据对个人主观性的依赖较强;其次,使用定量分析的方法需要同单位相关人员交流以了解并掌握其业务流程,这需要耗费大量的成本,人力资源和时间来完成其全部周期,经常会出现员工对如何计算具体数值发生争论的情形,影响项目继续推行进展。

从实际使用情况来看,单纯采用定量分析的案例并不多见。

4. 定性分析方法

定性分析方法是目前采用最为广泛的一种方法,它与定量风险分析的区别在于不需要对资产及各相关要素分配确定的数值,而是赋予一个相对值。通常通过问卷、面谈及研讨会的形式进行数据收集和风险分析,涉及各业务部门的人员。它带有一定的主观性,往往需要凭借专业咨询人员的经验和直觉,或者业界的标准和惯例,为风险各相关要素(资产价值、威胁和脆弱性等)的大小或高低程度定性分级,例如,高、中、低三个等级。

对于某一个业务中断的无形影响分析,可以使用如下的定性分析方法(表 6-1)。

我们对这些无形影响数据的定义如下:

表 6-1 业务中断无形影响

业务系统名称	无形影响
业务 1	3
业务 2	3
业务 3	3
业务 4	4
业务 5	2

(1) 0——无(造成的影响可忽略不计);
(2) 1——较小(引致资金周转困难等传言);
(3) 2——重要(造成有限的负面社会影响);
(4) 3——严重(造成较大的负面社会影响);
(5) 4——非常严重(造成全面的严重负面社会影响)。

通过这样的方法,对风险的各个分析要素赋值后,可以定性地区分这些风险的严重等级,避免了复杂的赋值过程,简单且易于操作。

与定量分析相比较,定性分析的准确性稍好但精确度不够;定性分析消除了繁琐的易引起争议的赋值,实施流程和工期大为降低,只是对相关咨询人员的经验和能力提出了更高的要求;定性分析过程相对主观,定量分析过程基于客观;此外,定量分析的结果很直观,容易理解,而定性分析的结果则很难有统一的解释。

目前,最常用的分析方法一般都是定量和定性的混合方法,对一些可以明确赋予数值的要素直接赋值,对难于赋值的要素使用定性方法,这样不仅更清晰地分析了单位资产的风险情况,也极大地简化了分析的过程,加快了分析进度。

选择风险分析的方法和判断标准,应考虑行业自身特点,区别它们各自的关注点,灵活制定风险分析过程和分析方法。例如,对于金融行业来说,丢失数据风险的损失比短时间业务停顿的风险所带来的损失更为严重;而对于通信行业来说,业务停顿风险带来的损失比少量数据丢失的风险更难以接受。

(二) 风险分析的要素

单位在开展风险分析的过程中,应全面和准确地识别信息系统的风险、脆弱性和损失。风险是一种对信息系统构成潜在破坏的可能性因素,是客观存在的。在分析单位信息系统面临风险时,一般考虑如下几个因素:

(1) 自然的无法抗拒的风险;
(2) 误操作、人为故意的风险;
(3) 内部的、外部的、内外勾结的风险;
(4) 在控制能力之内的、超出控制能力之外的风险;
(5) 有预警的、无预警的风险。

脆弱性是对信息系统弱点的总称。脆弱性识别是风险分析中最重要的一个环节。脆弱性识别可以从环境、网络、系统、应用等层次进行识别。脆弱性识别的依据可以是国际或国家安全标准,也可以是行业规范、应用流程的安全要求。在分析单位信息系统面临风

险的脆弱性时,主要从以下两个方面考虑:
(1) 技术脆弱性,如物理环境、应用系统的安全问题;
(2) 管理脆弱性,包括技术管理和组织管理两个方面。

风险计算是采用适当的方法与工具确定风险,估计信息系统灾难发生的可能性如下:
(1) 计算灾难发生的可能性;
(2) 计算灾难发生后的损失;
(3) 计算风险值。

灾难发生造成业务中断,可能造成的损失如下:
(1) 直接经济损失;
(2) 间接经济损失;
(3) 负面影响损失。

(三) 风险分析的过程

为了能全面、有效地分析单位信息资产所存在的风险,又没有安全因素的遗漏,我们有必要按照一定的流程和步骤进行风险分析。我们在进行风险分析时必须注意的是:用于灾难恢复建设的风险分析过程不等同于常规的信息安全风险评估,它主要是从与灾难恢复相关的方面来进行分析的。例如,数据中心基础设施、用户相应的管理制度、应急计划等。

1. 确定风险分析范围

在风险分析项目启动后,应清晰地确定风险分析的范围。单位中存在着业务系统、财务系统和邮件系统等各种系统,风险评估者需要确定对哪些系统进行分析,是对IT系统和部门分析还是需要对非IT系统和部门进行分析;对于一个指定要分析的系统,需要明确对哪些部分进行分析,比如对于系统所处的基础设施分析还是分析系统本身具有哪些补丁的缺损,这些都需要风险分析者和用户协商一致。在整个流程期间,应经常在全体风险承担者会议上讨论并了解范围,在分析团队成员和用户之间达成一致,避免相关人员理解不一致而引起的障碍,便于项目的健康开展而不致偏离方向。最重要的是风险分析范围必须得到用户高层的认同和批准。

2. 确定风险分析目标

风险分析阶段应首先明确分析的目标,即风险分析所要实现的功能,同时设置合理的期望值,为风险分析的过程提供导向。

一般说来,风险分析的目标如下:
(1) 更好地理解单位资产的相关现状;
(2) 识别单位资产当前的风险,为业务影响分析直至灾难恢复预案的制定提供依据;
(3) 确保投资人对单位的投资具有足够的信心;
(4) 保护单位重要数据,使其免遭到泄露;
(5) 满足国家相应监管要求;
(6) 遵守相关的法律法规和相关标准等。

3. 确定风险分析团队

为了完成风险分析的工作,有必要组建一个分析实施团队,团队成员中应包括资深的咨询分析顾问、单位信息系统相关人员及各业务部门精通业务的骨干等。用户IT人员和业务人员的参与可以便于分析团队熟悉单位架构，清楚单位业务流程，了解单位的IT系统等，用户相关人员的参与也是公司高层支持风险分析的一个实际措施。

4. 确定风险分析方法

从上文可以得知风险分析的方法，那么在项目开展前，分析团队应明确采用哪种或哪种风险分析方法。选择方法时要结合当前风险分析的目标、时间、资源和效果等方面来考虑。

5. 获取用户高层的支持

为了确保项目的顺利进展，成功消除项目进展过程中可能受到的干扰和障碍，风险分析团队应在实施之前和用户管理层进行有效的交流和沟通，确保管理层了解评估的重要性以及他们的角色，并向管理层明确单位可接受的风险水平和等级、提交项目实施的范围、目标、方法和日程安排等，确保获得管理层对此的理解和支持。

6. 资产分析

资产是具有价值的信息或资源，是单位风险分析所要保护的对象。它能够以多种形式存在，如无形的或有形的、硬件或软件、文档或代码、服务或形象等。机密性、完整性和可用性是评价资产的三个安全属性。

通过准备阶段的工作，分析团队可以列出一份风险分析的资产清单，详细记录分析范围和边界内所有相关的资产，要竭力防止遗漏。实际操作时，单位可以根据业务流程来分析资产。例如，若分析财务系统，那么就需要分析财务系统本身的服务器、系统、财务数据，以及同财务系统相连的网络和打印机等。一般说来，单位常见的资产包括如下几种：数据中心、建筑物、服务器、应用软件、数据及文档、合同、协议等书面文件，员工，单位名誉和形象等。

经过分析得到单位相关的资产清单后，有必要对资产进行分类以区分不同资产的重要性，为下面制定灾难恢复策略提供依据。为确保资产赋值时的一致性和准确性，团队应建立一个资产价值评价尺度，以指导资产赋值，使分析结果更具有客观性。

单位应根据自身的情况，选择对资产机密性、完整性和可用性这些最为重要的属性的赋值等级作为资产的最终赋值结果，或者根据资产机密性、完整性和可用性的不同重要程度对其赋值进行加权计算而得到资产的最终赋值。

7. 风险识别

造成风险的因素可分为人为因素和环境因素。根据风险的动机，人为因素又可分为恶意和无意两种，环境因素包括自然界不可抗拒的因素和其他物理因素。

识别信息资产面临的风险后，还应该评估风险发生的可能性。风险分析团队应该根据经验或者相关的统计数据来判断风险发生的频率或概率。

8. 脆弱性识别

脆弱性识别也称为弱点识别，弱点是信息资产本身存在的，如果没有相应的风险发生，单纯的弱点本身不会对资产造成损害。所以，单位应该针对每一项需要保护的信息资产，找到可被风险利用的弱点。脆弱性识别主要以单位资产为核心，从技术和管理两个方面进行，所采用的方法主要有：问卷调查、工具检测、人工核查、文档查阅和渗透性测试等。

脆弱性识别之后，可以根据它们对资产损害程度、技术实现的难易程度、弱点流行程度,可采用等级方式对已识别的脆弱性的严重程度进行赋值。

9. 已有安全措施的确认

对于已经采取一定安全措施的单位来说,有必要对已采取的安全措施的有效性进行确认,继续保持有效的安全措施,以避免不必要的工作和费用,防止安全措施的重复实施。对于确认为不适当的安全措施应核实并判断是否应被取消,或者用更合适的安全措施替代。

10. 风险计算

经过前面的风险分析步骤,分析团队已经对单位的资产、威胁、脆弱性和已有安全措施一一进行了识别及赋值,下面考虑如何计算风险。

对于如何计算风险,不同的标准制定了不同的计算方法,可以参考《信息安全技术 信息系统灾难恢复规范》(GB/T 20988—2007)的风险计算原理,公式如下:

$$风险值 = R(A,T,V) = R(L(T,V),F(I_a,V_a))$$

式中:R 为安全风险计算函数;A 为资产;T 为风险;V 为脆弱性;I_a 为安全事件所作用的资产重要程度;V_a 为脆弱性严重程度;L 为风险利用资产的脆弱性导致安全事件发生的可能性;F 为安全事件发生后产生的损失。

计算单位存在的风险,有以下三个关键计算环节。

(1) 计算灾难发生的可能性。根据风险出现的频率及脆弱性状况,计算风险利用脆弱性导致灾难发生的可能性,即

$$灾难发生的可能性 = L(风险出现频率,脆弱性) = L(T,V)$$

在具体评估中,应综合脆弱性被利用的难易程度以及资产吸引力等因素来判断灾难发生的可能性。

(2) 计算灾难发生后的损失。根据资产重要程度及脆弱性严重程度,计算灾难一旦发生后的损失,即

$$灾难的影响 = F(资产重要程度,脆弱性严重程度) = F(I_a,V_a)$$

(3) 计算风险值。根据计算出的灾难发生的可能性以及灾难的损失,计算风险值,即

$$风险值 = R(灾难发生的可能性,灾难的损失) = R(L(T,V),F(I_a,V_a))$$

评估者可根据自身情况选择相应的风险计算方法计算风险值,如矩阵法或相乘法。矩阵法通过构造二维矩阵,形成灾难发生的可能性与灾难的损失之间的二维关系;相乘法通过构造经验函数,将灾难发生的可能性与灾难的损失进行运算得到风险值。

风险等级的划分如表 6-2 所列。

表 6-2 风险等级划分

等级	标识	描述
5	很高	一旦发生将使系统遭受非常严重破坏,单位利益受到非常严重损失
4	高	如果发生将使系统遭受严重破坏,单位利益受到严重损失
3	中	发生后将使系统受到较重的破坏,单位利益受到损失
2	低	发生后将使系统受到的破坏程度和利益损失一般
1	很低	即使发生只会使系统受到较小的破坏

根据风险计算得到风险值,单位应制定相应级别的防范措施以有效削减或降低风险。

11. 残余风险的确认

经过分析确定所存在的风险,且采取了一定的安全措施削减风险后,并不能绝对消除风险,仍然可能存在的风险称之为残余风险。有些风险虽然存在,但是外来风险利用它并对单位造成损失的可能性极小或是成本极大,所以这类风险可以接受;另外有一些风险,可能是安全措施不当或无效,需要继续控制。因此,单位的风险通常不可能完全消除。针对不可接受的风险,按照灾难恢复资源的成本与风险可能造成的损失之间取得平衡的原则(成本风险平衡原则),评估风险防范的安全措施的可行性和效率,确定风险防范的安全措施。风险分析团队需要对这些残余风险进行记录,并经用户确认。

单位应对这些残余风险进行有效的监控并定期评审,充分考虑残余风险导致的灾难事件发生在最不利的时间和地点,可能对单位造成较大损失,以及影响范围的广泛性。

12. 风险分析文件记录

风险分析文件包括在整个风险分析过程中产生的过程文档和结果文档,对于这些风险分析过程中形成的各相关文件,应规定其标识、储存、保护、检索、保存期限以及处置所需的控制等,以备后来的风险消减规避或为再次分析提供相关背景资料。

(四) 风险分析的结论要求

风险分析完成后,风险分析团队需要向用户提交一份正式的风险分析报告,报告内容包括对用户风险分析的概要、结论及建议等,报告还包括每一次调查及会见的记录和收集资料的汇总。

风险分析报告主要包括:

(1) 确定用户资产可能面对的危险;

(2) 评估各种危险发生的可能性;

(3) 评估危险真正发生时所造成的损失;

(4) 分析用户所存在的风险;

(5) 评估风险及控制措施;

(6) 对可采用的风险控制措施提出建议等。

风险分析是业务影响分析和制定灾难恢复策略和预案的前期准备条件,以便在策略制定和预案制定时更具有针对性,考虑因素更为全面,规划的实施成本会更合理,从而有效地保护投资,获得更大的投资回报率。

三、业务影响分析

风险分析完成后,得到单位一系列存在风险的业务系统范围,业务影响分析则是对这些存在风险的业务系统的功能,以及当这些功能一旦失去作用时可能造成的损失和影响进行分析,以确定单位关键业务功能及其相关性,确定支持各种业务功能的资源,明确相关信息的保密性、完整性和可用性要求,确定这些业务系统的恢复需求,为下一阶段制定灾难恢复策略提供基础和依据。

(一) 业务影响分析方法

分析系统的业务影响,一般采用和风险分析相似的方法,即主要采用问卷调查、人员访谈、会议讨论等方式,通过收集单位业务系统的资产、人员、职责、工作流程、数据流等要素来实现。

能否制定适合单位情况的调查问卷和实施流程是业务影响分析能否成功的关键,业务影响分析需要从两个方面来收集相关的信息:业务系统情况、业务中断影响/损失。分析人员根据这些信息,凭借自身的专业经验进行以下分析。

(1) 业务功能可接受的中断时间分析;
(2) 业务系统敏感性分析;
(3) 确定关键的业务功能,确定各业务功能间的依赖关系;
(4) 确定各个业务系统的恢复时间目标;
(5) 业务功能恢复优先顺序以及恢复要求;
(6) IT 应用系统恢复优先顺序以及恢复要求;
(7) 灾难恢复资源分析;
(8) 灾难恢复需求和灾难恢复方案的建议等。

(二) 业务影响分析的要素

1. 业务功能

通过分析单位各业务系统的基本情况和职能、流程等相关信息,根据用户主要的服务职能目标,确定支持业务开展的信息系统功能,为后期制定灾难恢复预案时各业务系统恢复顺序的排列和不同恢复等级下所需恢复业务系统的分类提供依据。

2. 业务影响分析指标设置

针对业务系统不同的方面,需要制定不同的业务影响分析指标。业务中断的损失分析主要从财务影响和非财务影响来进行分类。对于财务影响,我们可以根据单位所处行业的类型和规模来分级,以判定其业务中断随时间的关系;而对于非财务影响,则只能采用定性的方法。

对于业务系统之间的关联、依赖性,可以按照如下的分类标准进行:

(1) 1——几乎没有依赖性;
(2) 2——提供非关键依赖性;
(3) 3——缺乏资源,自身的部分功能将不能正常运行;
(4) 4——缺乏资源,自身的重要功能将不能正常运行;
(5) 5——缺乏资源,自身功能完全不能运行。

3. 业务系统的恢复优先级

为了能够成功完成信息系统灾难恢复需求的分析,使制定的灾难恢复策略和灾难恢复预案更具操作性,在业务影响分析时必须明确各业务系统的恢复优先级。

在分析灾难恢复系统实际的需求时,一般从如下几个方面考虑业务系统的恢复优先级。服务客户群及影响;服务时间和响应要求;业务可替代性;业务系统之间的关联性;业务数据重要性。

通过业务影响分析,我们可以根据业务恢复需求和业务功能的相互依赖关系及程度,把各相应业务系统进行排列,得到一个恢复优先级,以决定如何制定灾难恢复预案并实施。业务系统恢复优先级分类如表6-3所列。

表 6-3 业务系统恢复优先级分类

业务系统名称		业务关键等级	恢复时间目标
第一恢复级别	业务系统 1	关键业务	小于 6h
	业务系统 2	关键业务	小于 6h
	业务系统 3	关键业务	小于 6h
第二恢复级别	业务系统 4	次关键业务	小于 24h
	业务系统 5	次关键业务	小于 24h
	业务系统 6	次关键业务	小于 24h
第三恢复级别	业务系统 7	非关键业务	小于 7 天
	业务系统 8	非关键业务	小于 7 天
	业务系统 9	非关键业务	小于 7 天
	业务系统 10	非关键业务	小于 7 天

4. 损失接受程度和衡量

分析团队通过业务影响分析,采用定性和定量的方法评估信息系统中断所造成的经济损失和非经济损失,经济损失包括直接经济损失和间接经济损失。

直接经济损失包括资产的损失、收入的减少、额外费用的增加、管理机构的罚款等。间接经济损失包括:丧失的预期收益、丧失的商业机会、影响的市场份额等。在军事信息系统中,甚至影响到战争的胜败。

如表 6-4 所列为一个用户信息系统中断,直接经济损失分析的示例。

表 6-4 用户信息系统中断直接经济损失分析

中断无形影响	中断时间/h	小于 10 万元	小于 50 万元	小于 100 万元	大于 100 万元
资产损失	4	√			
	8		√		
	24		√		
	大于 24			√	
收入减少	4	√			
	8		√		
	24				√
	大于 24				√
额外费用增加	4	√			
	8	√			
	24	√			
	大于 24	√			
管理机构罚款	4	√			
	8	√			
	24	√			
	大于 24	√			

定性分析信息系统中断所造成的非经济损失包括社会影响、政治影响、社会形象及公关影响、合作伙伴影响等。

如表 6-5 所列为一个用户信息系统中断,非经济损失分析的示例。

表 6-5 用户信息系统中断的非经济损失分析

中断无形影响	中断时间/h	无	较小	重要	严重	非常严重
社会影响	4			√		
	8				√	
	24					√
	大于24					√
政治影响	4		√			
	8				√	
	24					√
	大于24					√
社会形象及公关影响	4		√			
	8			√		
	24				√	
	大于24					√
合作伙伴影响	4			√		
	8				√	
	24				√	
	大于24				√	

5. 确定所需最小恢复资源

根据业务影响分析的结果,决定了灾难恢复所需达到的指标,我们便可以按照成本风险平衡原则,对不同类别的业务系统分别制定最低等级的恢复策略和恢复预案,确定支持各种业务功能所需的信息系统资源和其他资源,包括基础设施、技术设施、主要设备以及人员队伍等恢复所需资源,避免投资的浪费,实现最大化的投资保护。

(三) 业务影响分析的结论要求

业务影响分析报告一般包括业务功能影响分析、业务功能恢复条件和业务功能分类等内容。

1. 业务功能影响分析

(1) 哪种业务功能对于用户的整体战略而言是生死攸关的;
(2) 该功能在多长时间内失效不会造成影响和损失;
(3) 由于该功能的失效,用户的其他业务功能会受到何种影响,即运营影响分析;
(4) 该功能的失效可能造成的收入影响,即财务影响分析;
(5) 该功能是否会对客户关系造成影响,即客户信心损失分析;
(6) 该功能是否会对单位在行业中的地位造成影响,即竞争力损失分析;
(7) 该功能是否会影响今后市场机会的丧失;

（8）什么是最大的可承受的失效。

2. 业务功能的恢复条件（灾难恢复资源分析）

（1）要使该功能连续，需要哪些资源和数据记录；
（2）最少的资源需求是什么；
（3）哪些资源可能来自单位外部；
（4）它与单位其他功能的依赖关系以及依赖程度；
（5）单位的其他功能与该功能的依赖关系及程度；
（6）该功能与单位的外部业务、供应商、其他厂商的依赖关系及程度；
（7）在缺少试验环境的情况下进行恢复，需要采取哪些预防措施或检验手段。

3. 业务功能分类

（1）关键功能，如果这类功能被中断或失效，就会彻底危及单位的业务并造成严重损失；
（2）基础功能，这些功能一旦失效，将会严重影响单位长期运营的能力；
（3）必要功能，单位可以继续运营，但这些功能的失效会在很大程度上限制其效率；
（4）有利功能，这些功能对用户是有利的，但它们的缺失不会影响单位的运营能力。

四、需求分析的结论

根据前面的风险分析和业务影响分析，我们了解了单位所存在的各种风险及其程度，以及单位灾难恢复系统建设的需求、业务系统的应急需求和恢复先后顺序，完成了系统灾难恢复的各项指标。我们应当根据风险分析和业务影响分析的结论确定最终用户需求和灾难恢复目标，应该包括以下内容。

（1）灾难恢复范围。根据业务影响分析确定业务恢复范围，确定信息系统的恢复范围。
（2）灾难恢复时间范围。根据业务影响分析的结果，确定各系统的灾难恢复时间目标和恢复点目标。
（4）灾难恢复顺序要求。根据业务影响分析中业务恢复的优先级要求，结合各系统间的资源依赖关系，制定信息系统的恢复顺序和优先级关系。
（5）灾难恢复系统建设规划。根据灾难恢复范围、恢复时间目标和灾难恢复处理能力的要求，结合单位未来发展规划，制定灾难恢复系统建设的项目目标和时间进度目标。并按照进度要求合理规划预算投入。

第二节 灾难恢复策略

一、成本效益分析

成本效益分析就是将投资中可能发生的成本与效益归纳起来，利用定量或定性分析方法计算成本和效益的比值，从而判断该投资项目是否可行。成本效益是一个矛盾的统一体，二者互为条件、相伴共存又互相矛盾，此增彼减。从事物发展规律来看，任何事情都存在成本效益。成本大致可划分两个层次：一个是直接的、有形的成本；另一个是间接的、无形的成本。效益也包含两个层次：一个是直接的、有形的效益；另一个是间接的、无形的效益。

例如，某公司要购买一批新车，指望这些车辆给更多的顾客，以更快的速度运送更多的货物。关键的问题是，这笔投资将增加多少利润？借助传统的财务方法，有关部门可以进行相当精确的预测，包括一次性购买成本、每年新增的人员开支、每年新增的维护费用、每年新增的折旧和每年新增的预期收入等。可以据此计算出每年的投资回报率以及收回投资的时间等。如果需要，还可以评价同样的投资在银行、股票或者其他投资项目中的回报测算，并最终给出投资评估的建议，这样就更容易通过预算审查。然而，IT 投资却没这么简单。很少有首席信息官能对 IT 投资给出类似的数据。

让 IT 价值显现出来，需要一种合理的评估方法，把 IT 投资对单位的财务贡献识别出来。采用过评估方法的首席信息官们说，IT 评估模型可以帮助他们在 IT 和商业战略之间、技术驱动和股东价值之间建立直观的联系，而且方便和首席财务官的沟通。这样，可以帮助他们最终获得更多的 IT 投资，并且花在更有价值的地方。

（一）成本效益分析的方法

灾难恢复建设首先是单位建设的一个组成部分，它通常是以项目的方式进行。我们可以按照项目管理的成本效益分析方法对灾难恢复建设进行成本效益分析。但是灾难恢复建设又有自己的特点，信息系统灾难恢复建设内容包含灾难备份系统、支持维护体系和灾难恢复管理制度等，它比通常的信息系统建设更为全面。灾难恢复建设的价值实现是在灾难发生时体现的，具体的体现时间是不确定的，这和绝大部分信息系统建设项目从投产时就产生效益有较大的区别。因此，对于灾难恢复建设的效益分析也与通常的信息系统建设有很大的不同。

传统成本效益分析中通常只需要分析成本和收益；在新的成本效益分析体系中，加入了对项目风险的关注。

$$项目效益 = 收益 - 成本$$

$$项目效益 = (收益 - 成本) \times 风险系数(成功概率)$$

通过成本效益分析，我们可以在不同的方案间进行比较和选择，选择对单位最有利的投资方案。

在信息技术系统项目中，常用的成本效益分析方法可以划分为三类：传统财务方法、定性方法（也叫启发式方法）和概率论方法。不管采用哪种方法，评估的最终目的是唯一的，即在 IT 投资和单位盈利之间建立直接的关联。

传统财务方法是成本效益分析中历史最悠久也是最常用的一类分析方法，它脱胎于投资项目分析，将 IT 项目作为一种投资来分析成本的构成和效益的产出，计算具体的量值并依此给出比较结果。方法间不同之处在于对成本、效益和项目风险的估算方式。在信息技术领域比较常用的是总体拥有成本（TCO）。TCO 方法的主要优点是不单纯评估项目的静态成本，同时考虑整个产品服务生存期内的所有费用，不仅包括开发、采购、运输、安装和调试的显性成本，还包括修理、维护和操作人员等可能发生的隐性成本。对那些喜欢 TCO 方法"铁面无私"特点的技术经理们，TCO 已经成为他们生活的重要内容。TCO 在现行成本对比分析方面很出色，是评估和控制 IT 开销的良好手段。但是，TCO 不能评估风险,也不能就如何把技术与战略、竞争性商业目标结合起来提供指导。

定性方法有时被称为启发式方法,旨在用主观的、定性的指标评价人员和流程的价值,对定量方法是有益的补充。对于大部分单位而言,信息技术系统的投入不能带来直接的经济利益,而传统财务方法往往很难精确衡量收益部分,可采用主观评价体系,通过记分卡、配比组合和综合评价等方式对收益和风险进行综合评价。

概率论方法运用统计和数学模型测量一定概率范围内的风险。概率论方法对于希望得到量化结果的用户是具有吸引力的。它通过运用统计样本和数学模型计算隐性收益和风险,为使用者提供较精确的数量结果。但是,概率论方法必须得到统计样本和数学模型的支持;而对于特定的单位而言,要得到一个可用的较精确的结果,统计样本和数学模型都必须定制,除了对于专业技能的要求外,无论从时间上还是成本上都是相当可观的,这限制了概率论方法的运用。

到底应该选择哪种价值评估方法呢?评估者除了考虑方法本身的特点外,还应当考虑评估者自己以及单位运作方式的影响。

下面对灾难恢复成本分析进行说明。

(1) 灾难恢复成本=恢复速度×恢复的完整性×防范风险的范围和等级。其中,恢复速度是指在业务发生中断后重新恢复并提供相关服务所需的时间,一般以 RTO 表示,恢复速度越快,所需成本越高。恢复的完整性包括恢复功能的完整性、恢复数据的完整性和恢复能力的完整性。恢复的功能越完整,恢复过程中数据丢失越少,恢复后的处理能力越大,则成本越高。防范风险覆盖的范围越大,风险类别越多,防范风险等级越高,则成本越高。

(2) 灾难恢复成本效益合理区间。在灾难发生时,业务中断所造成的损失是一个与时间有关的变量。随着业务中断时间的延长,损失大小呈指数曲线上升。根据国外的统计数字,一个单位如果发生业务中断超过 14 天,那么它会在一年后倒闭的可能性具有 70%。而恢复成本却随着恢复时间指标要求的下降而呈指数曲线下降。在这两条曲线的交叉点附近就是我们追求的恢复时间目标,恢复成本的合理区间。

这两个灾难风险的成本效益分析模型包含的因素并不完整,具体的参数和曲线也很难量化,但是为方案选择和合理性可行性分析提供了一个可以借鉴的方法。

综上所述,成本效益分析中成本、效益和风险(项目本身的风险,不是单位风险)是成本效益分析中的三个重要因素,我们前面介绍了几种成本效益分析的方法,在成本、效益和风险的分析过程中各有特点,没有哪一种方法是最好的,我们应该根据实际的情况选择最合适的方法。

(二) 成本效益分析的内容

下面,我们将罗列一些在分析灾难恢复项目建设的成本效益时应该关注的几个方面。

1. 成本

在进行成本分析的时候我们可以借鉴总体拥有成本(TCO)的方法。IT 环境日益增长的复杂程度使得 TCO 模型面向的是一个由分布式的计算、服务台、应用解决方案、数据网络、语音通信、运营中心以及电子商务等构成的 IT 环境。TCO 同时也度量这些设备成本之外的因素,如 IT 员工的比例、特定活动的员工成本和信息系统绩效指标等,终端用户满意程度的调查也经常被包含在 TCO 的标杆之中。这些指标不仅支持财务上的管理,同时也对其他与服务质量相关的改进目标进行合理性考察和度量。在大多数 TCO 模型中,以下度量指标中的基本要素是相同的。

(1) 直接成本,包含在传统的 IT 预算中,包括硬件与软件、运营、管理等。

(2) 间接成本,由 IT 用户产生的成本,包括宕机时间、终端用户运营等。

通过 TCO 的分析,我们可以发现:IT 的真实成本平均超出购置成本的 5 倍之多,其中大多数的成本并非与技术相关,而是发生在持续进行的服务管理的过程中。TCO 会产生一个与单位成本相关的由货币度量的数值。许多单位希望能将自己的成本信息与其他同类单位进行比较。事实上,这些数据只有当被用来与其他在 TCO 方面作为行业标杆的单位进行比较,或与本单位之前的度量结果进行比较得出取得进步(或退步)的结论时才能发挥其真正的作用。

灾难恢复项目的成本来源于以下九个方面。

(1) 备用基础设施建设。作为提供灾难恢复服务的基础设施,在功能区划分、环境控制、安保监控、电力保障、通信保障和地理位置选择等方面都有较高的要求。不论是采取租用还是自建,备用基础设施的选择、建设或租赁、装修等费用都是必须被考虑的。这些支出基本是一次性的。

(2) 数据备份系统。数据备份系统是灾难恢复项目的核心服务内容,是保证数据安全性、完整性和有效性的关键环节。相关的存储设备、专用网络设备、主机设备、备份软件和应用软件等的设计、采购、安装、集成和培训费用也是灾难恢复项目成本必不可少的一个组成部分。这些支出了数据复制线路的租用外,其他基本上是一次性的。

(3) 备份数据处理系统。备份数据处理系统是在灾难发生后,灾难备份中心能够继续提供数据处理服务的必要保证。根据灾难恢复项目的建设目标的不同,备份数据处理系统建设并不是灾难恢复项目必需的组成部分。备份数据处理系统根据目标和具体应用体系的不同可能包含主机、存储、专用网络、系统软件和应用软件等设备。这些费用基本上是一次性的。

(4) 备用网络系统。备用网络系统主要是用来支持在生产中心或生产网络发生故障后,最终用户访问灾难备份中心或生产中心的备用网络。备用网络系统建设包括网络设备、线路铺设、线路租用和管理软件等的安装、集成和培训等。根据灾难恢复建设的需求和目标的不同,可能不包含备用网络系统的建设。其中设备和软件的采购安装费用基本上是一次性的,但是备份网络线路的租用将是长期连续性的。

(5) 技术支持能力。灾难恢复系统是一个建设门类齐全的项目,包含了基础设施工程,主机和网络等各种硬件,备份管理、操作系统、数据库和应用系统等各种软件。保障这些基础设施和软硬件系统的长期稳定运行,长期可靠的技术支持是必不可少的。技术支持能力可以通过购买厂商服务的方式获得,也可以通过建立技术支持团队来获取;更多的情况下,是两种情况的综合。不论采取什么方式取得长期可靠的技术支持能力,都必然需要费用上的付出。这种支出将是连续性的。

(6) 运行维护管理。能够长期有效地保证对生产系统的恢复功能,是灾难恢复系统的基本使命。为了达到这个目标,灾难恢复系统必须有一个高效、可靠的运行维护体系。灾难恢复系统的数据要生产系统保持一致,在生产系统发生技术架构调整、软/硬件配置调整、应用系统程序变更时灾难恢复系统也必须做出相应调整。作为一套长期处于运行就绪状态或运行准备状态的系统,还必须对运行过程中发生的问题进行及时的处理以保证灾难恢复系统的随时可用。专业运行维护管理人员应提供 5×8h 或 7×24h 不间断的服务,这是一个连续性的成本投入。

(7) 灾难恢复预案制定。灾难恢复预案是根据用户需求目标,结合已经制定的灾难恢复策略,在灾难发生时具体指导相关人员执行恢复动作的计划。灾难恢复预案的制定和执行跨越了从主机、网络、存储到电力、空调和消防等多个技术学科,跨越了从单位主管、信息技术到财务、后勤支持等多个部门。灾难恢复预案制定的本身就是一个复杂的系统工程,必须组建专门的团队或者由第三方的专业公司提供咨询服务。同时,灾难恢复预案还必须随着单位的发展、技术的进步、人员的调整、策略的改变定期或不定期地进行更新调整。不论采取什么方式,投入的人员与时间也是灾难恢复项目必须考虑的成本。

通过以上分析,可以采用 TCO 的方式,全面考虑一次性投入和在可预期的时间内的连续性投入,可以对灾难恢复项目在一定时间周期内的成本构成和金额得出较可靠的结论。

2. 效益

在成本效益分析中,效益的构成由两个组成部分:

$$效益 = 成本的减少 + 收益的增加$$

在灾难恢复项目的建设过程中,效益分析是一个比较困难的事情。首先,效益分析中收益的增加部分往往是难以度量的预期值,比如单位信用度的提升、用户忠诚度的提高和单位长期可持续发展能力的提升等,这些价值的提升往往带有不确定性,具体的价值也很难量化估算。其次,成本的减少效果不明显,从显性的效果来看还会带来经营成本的增加(连续性的投入)。但是,如果我们将单位的业务中断损失作为成本的一个组成部分,那么灾难恢复项目能够带来的损失减少的效果是显而易见的。在数理统计中,有一条重要的统计规律:假设某意外事件在一次实验中发生的概率为 $P(P>0)$,则在 n 次试验中至少有一次发生的概率为:$P_n = 1-(1-P)^n$。由此可见,无论概率 P 多么小,当 n 越来越大时,P_n 越来越接近 1,从而说明事故将来必定发生。在单位长期风险不受控的情况下,长期风险损失的累积爆发完全可以将一个单位拖入万劫不复的深渊。对于灾难恢复项目可能给单位带来的收益及其关键性程度可以通过业务影响分析得出。

业务影响分析描述了哪些业务对于单位的生存至关重要,这些业务能够容忍多大程度的中断或停止响应以及发生中断后会对单位造成多大的损失等。通过这些描述,我们就可以认识甚至量化单位的长期风险损失的范围、程度和概率,以及我们通过灾难恢复项目可以在多大程度上避免这些损失。

在进行业务影响分析的时候我们必须注意,对于业务中断带来的损失的大小和范围是一个和中断时间相关的变数。随着业务中断时间的延长,业务中断所带来的损失呈指数曲线上升,当业务中断时间超过某个阈值,单位将面临倒闭的风险。

3. 风险

任何项目都可能存在失败的风险,灾难恢复项目也是一样,我们已经看到了很多这样的案例。对单位需求把握得不准确,对风险防范范围掌握得不全面,运维和技术支持投入力量不足,备份恢复技术方案存在缺陷,没有恢复预案或者没有足够的演练,都可能导致在灾难性事件真正发生时灾难恢复系统不能起到应有的作用。项目风险的大小对于项目成本效益分析也是至关重要的要素,我们可以认为:

$$项目真实成本 = 项目可见成本 \times 风险系数$$

风险系数越大,项目的真实成本越高,风险系数的比较对于不同项目实现方式的成本效益的比较分析具有重要的参考意义。

灾难恢复项目的风险可能来自以下四个方面。

(1) 认知风险。认知风险是对项目威胁最大的风险,如果对项目的需求和目标发生认知错误或者偏差,那么整个项目无论如何运作都不可能取得最后的成功。在灾难恢复的建设过程中,需求分析、灾难恢复策略制定阶段是可能存在认知风险最大的阶段。借鉴其他机构或者专业厂商提供的成熟经验和方法可以最大限度地减少认知风险。

(2) 技术风险。在开发实施阶段,应尽量选择灾难恢复领域中成熟的技术、产品和技术实现方案,以降低可能的技术风险。灾难恢复项目对可靠性的要求极高,是整个信息系统的最后一道防线。如果可能,应事先进行技术和设备的模拟测试,将技术风险减至最低。

(3) 操作风险。在项目的实施阶段,应保持对项目的控制,包括成本控制、计划控制和质量控制,及时发现差异、跟踪差异并解决差异,避免项目的进度和质量失控而威胁项目的成功。

(4) 外部风险。灾难恢复、业务连续性在很多国家都已经形成了标准、规范、行业准入制度甚至是国家法律的要求。灾难恢复项目的建设目标和成果必须符合相关的规范和法律要求(部分海外上市公司应同时遵循国外的相关法律法规要求)。在项目的规划期间充分了解所在地、本行业的相关法律法规要求也是灾难恢复项目避免外部风险的必要举措。

二、灾难恢复资源

支持灾难恢复所需的资源可以分为如下几个要素。

(1) 数据备份系统。一般由数据备份的硬件、软件和数据备份介质(以下简称介质)组成,如果是依靠电子传输的数据备份系统,还包括数据备份线路和相应的通信设备。

(2) 备用数据处理系统。指备用的计算机、外围设备和软件。

(3) 备用网络系统。最终用户用来访问备用数据处理系统的网络,包含备用网络通信设备和备用数据通信线路。

(4) 备用基础设施。灾难恢复所需的、支持灾难备份系统运行的建筑、设备和组织,包括介质的场外存放场所、备用的机房及灾难恢复工作辅助设施,以及容许灾难恢复人员连停留的生活设施。

(5) 专业技术支持能力。对灾难恢复系统的运转提供支撑和综合保障的能力,以实现灾难恢复系统的预期目标。包括硬件、系统软件和应用软件的问题分析和处理能力、网络系统安全运行管理能力以及沟通协调能力等。

(6) 运行维护管理能力。包括运行环境管理、系统管理、安全管理和变更管理等。

(7) 灾难恢复预案。

三、灾难恢复等级

(一) 灾难恢复SHARE78的七级划分

1992年Anaheim的SHARE78，M028会议的报告中提出了异地远程恢复的七级划分，即从低到高有七种不同层次的灾难恢复解决方案。如图6-1所示。

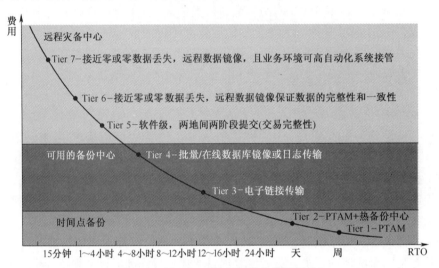

图6-2　SHARE78的七级容灾等级划分

可以根据企业数据的重要性以及需要恢复的速度和程度，来设计选择并实现你的灾恢复计划。恢复计划取决于下列要求：

(1) 备份/恢复的范围；
(2) 灾难恢复计划的状态；
(3) 应用中心与备份中心之间的距离；
(4) 应用中心与备份中心之间如何相互连接；
(5) 数据怎样在两个中心之间传送；
(6) 有多少数据被丢失；
(7) 怎样保证更新的数据在备份中心被更新；
(8) 备份中心可以开始备份工作的能力。

在SHARE 78中的灾难恢复七级划分如下。

(1) 1层(Tier 1)为没有异地数据(No off-site Data)。Tier 0即没有任何异地备份或应急计划。数据仅在本地进行备份恢复，没有数据送往异地。事实上这一层并不具备真正灾难恢复的能力。

(2) 2层(Tier 2)为PTAM卡车运送访问方式(Pickup Truck Access Method)。Tier 1的灾难恢复方案必须设计一个应急方案，能够备份所需要的信息并将它存储在异地。PTAM指将本地备份的数据用交通工具送到远方。这种方案相对来说成本较低，但难于管理。

(3) 3层(Tier 3)为PTAM卡车运送访问方式+热备份中心(PTAM+Hot Center)。

Tier 2 相当于 Tier 1 再加上热备份中心能力的进一步的灾难恢复。热备份中心拥有足够的硬件和网络设备去支持关键应用。与 Tier1 相比,明显降低了灾难恢复时间。

（4）4 层(Tier 4)为电子链接(Electronic Vaulting)。Tier 3 是在 Tier 2 的基础上用电子链路取代了卡车进行数据的传送的进一步的灾难恢复。由于热备份中心要保持持续运行,增加了成本,但提高了灾难恢复速度。

（5）5 层(Tier 5)为活动状态的备份中心(Active Secondary Center)。Tier 5 指两个中心同时处于活动状态并同时互相备份,在这种情况下,工作负载可能在两个中心之间分享。在灾难发生时,关键应用的恢复也可降低到小时级或分钟级。

（6）6 层(Tier 6)为两个活动的数据中心,确保数据一致性的两阶段传输承诺(Two-Site Two-Phase Commit)。Tier 6 则提供了更好的数据完整性和一致性。也就是说,Tier 6 需要两中心与中心的数据都被同时更新。在灾难发生时,仅是传送中的数据被丢失,恢复时间被降低到分钟级。

（7）7 层(Tier 7)为 0 数据丢失(Zero Data Loss),自动系统故障切换。Tier 7 可以实现 0 数据丢失率,被认为是灾难恢复的最高级别,在本地和远程的所有数据被更新的同时,利用了双重在线存储和完全的网络切换能力,当发生灾难时,能够提供跨站点动态负载平衡和自动系统故障切换功能。

（二）灾难恢复的 RTO/RPO 指标

在灾难恢复领域中,除了等级划分,还提供了两个用于定量化描述灾难恢复目标的最常用的恢复目标指标——恢复点目标(RecoveryPoint Objective,RPO)和恢复时间目标(RecoveryTime Objective,RTO)。

（1）RPO 的定义是灾难发生后,系统和数据必须恢复到的时间点要求。它代表了当灾难发生时允许丢失的数据量,如图 6-3 所示。

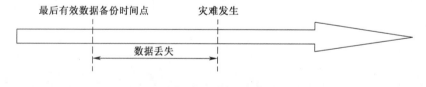

图 6-3　恢复点目标

（2）RTO 的定义是灾难发生后,信息系统或业务功能从停顿到必须恢复的时间要求。它代表了系统恢复的时间。

RTO(恢复时间目标)和 RPO(恢复点目标)一起,帮你确定了灾难恢复时间范围的灾难恢复目标,如图 6-4 所示。

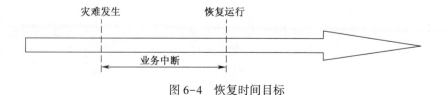

图 6-4　恢复时间目标

(三) 我国灾难恢复等级划分

在国家标准《信息安全技术信息系统灾难恢复规范》(GB/T 20988—2007)中,根据上述七个要素所达到的程度,对信息系统的灾难恢复等级进行了如下的定义。

1. 第1级:基本支持

在第1级中,每周至少做一次完全数据备份,并且备份介质场外存放,同时还需要有符合介质存放的场地。单位要制定介质存取、验证和转储的管理制度,并按介质特性对备份数据进行定期的有效性验证。单位需要制定经过完整测试和演练的灾难恢复预案,如图6-5所示。

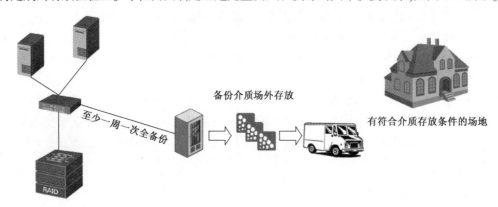

图6-5 第1级:基本支持

2. 第2级:备用场地支持

第2级相当于在第1级的基础上,增加了在预定时间内能调配所需的数据处理设备、通信线路和网络设备到场的要求,并且需要有备用的场地,它能满足信息系统和关键功能恢复运作的要求。对于单位的运维能力,也增加了具有备用场地管理制度和签署符合灾难恢复时间要求的紧急供货协议,如图6-6所示。

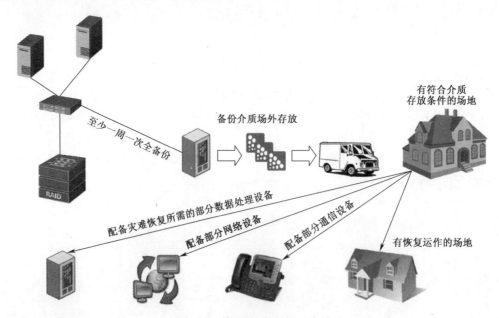

图6-6 第2级:备用场地支持

3. 第 3 级：电子传输和部分设备支持

第 3 级相对于第 2 级的备用数据处理系统和备用网络系统，要求配置部分数据处理设备、部分通信线路和网络设备。要求每天实现多次的数据电子传输，并在备用场地配置专职的运行管理人员。对于运行维护支持而言，要求具备备用计算机处理设备维护管理制度和电子传输备份系统运行管理制度，如图 6-7 所示。

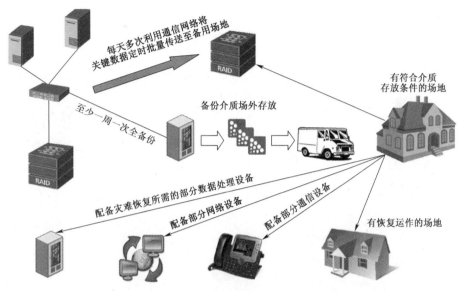

图 6-7　第 3 级：电子传输和部分设备支持

4. 第 4 级：电子传输及完整设备支持

第 4 级相对于第 3 级中的部分数据处理设备和网络设备而言，需配置灾难恢复所需要的全部数据处理设备、通信线路和网络设备，并处于就绪状态。备用场地也提出了支持 7×24h 不间断运行的高要求。同时，技术支持人员和运维管理要求也有相应的提高，如图 6-8 所示。

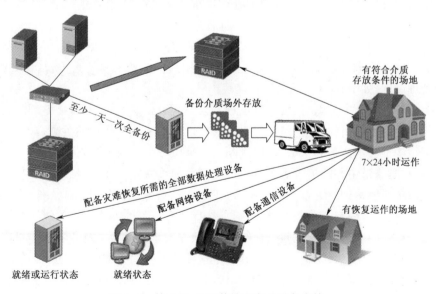

图 6-8　第 4 级：电子传输及完整设备支持

5. 第 5 级：实时数据传输及完整设备支持

第 5 级相对于第 4 级的数据电子传输而言，要求采用远程数据复制技术，利用网络将关键数据实时复制到备用场地。备用网络应具备自动或集中切换能力。备用场地有 7×24h 不间断专职数据备份、硬件和网络技术支持人员，具备较严格的运行管理制度。如图 6-9 所示。

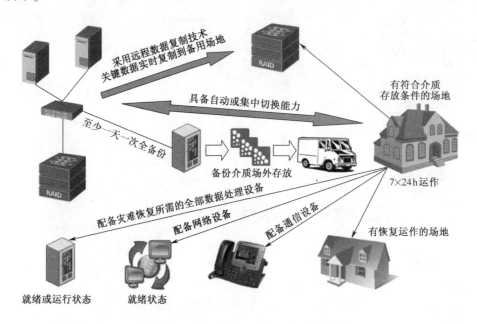

图 6-9　第 5 级：实时数据传输及完整设备支持

6. 第 6 级：数据零丢失和远程集群支持

第 6 级相对于第 5 级的实时数据复制而言，要求实现远程数据实时备份，实现零丢失。备用数据处理系统具备与生产数据处理系统一致的处理能力并完全兼容，应用软件是集群的，可以实现实时无缝切换，并具备远程集群系统的实时监控和自动切换能力。对于备用网络系统的要求也加强，要求最终用户可通过网络同时接入主、备中心。备用场地还要有 7×24h 不间断专职操作系统、数据库和应用软件的技术支持人员，具备完善、严格的运行管理制度，如图 6-10 所示。

从上述等级划分中可以看出，不管灾难恢复的等级高低如何，经过完整测试和演练的灾难恢复预案都是必需的，它也是信息系统灾难恢复系统能否成功的关键。

根据这 7 个要素达到的水平，可以判断一个单位所实施的灾难恢复能够达到的等级。一般来讲，灾难备份中心的等级等于其可以支持的灾难恢复最高等级。

信息系统所要达到的灾难恢复等级，对于不同的行业，并没有强制标准，不同的行业及用户，可根据自身的行业业务种类和特点，选择适合自身的灾难恢复等级。我们以银行业为例来进行说明：银行综合风险分析结论、中断损失影响程度以及业务功能对恢复时间要求的敏感程度对信息系统进行分类，并确定这几类系统的灾难恢复最低恢复要求，对照《信息安全技术信息系统灾难恢复规范》（GB/T 20988—2007），可以了解这几类信息系统所要达到的灾难恢复等级。

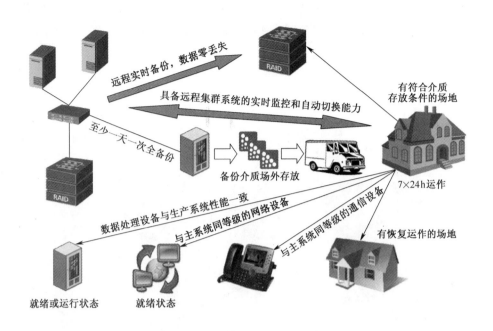

图 6-10　第 6 级：数据零丢失和远程集群支持

四、同城和异地

在灾难备份中心选址时，生产中心与灾难备份中心的距离也必须被考量。采用同城灾难备份中心模式还是异地灾难备份中心模式，需要根据单位战略与业务需求而定，这两种模式的含义及优缺点，如表 6-6 所列。

表 6-6　同城和异地灾难备份中心的比较

项目	同　城	异　地
含义	灾难备份中心与生产中心处于同一区域性风险威胁的地点，但又有一定距离的地点，如在数十千米以内，可实现数据同步复制的区域	灾难备份中心不会同时遭受与生产中心同一区域性风险威胁的地点，如距离生产中心在数百千米以上
优点	技术上可以支持同步的数据实时备份方式；运营管理和灾难演练比较方便	对地震、地区停电、战争等大规模灾难防范能力较强
缺点	抵御灾难能力方面有局限性，对地震、地区停电、战争等大规模灾难防范能力较弱	技术上只能支持异步的数据实时备份方式；运营管理和灾难演练不方便

如果希望做到备份数据的同步实时传输，在现有的技术水平下，生产中心与备份中心的距离不能超过数百千米，而异地灾难备份中心的距离一般均超过数百千米，因此异地的数据备份只能选择异步实时传输。当然，这不是说同城的数据备份一定要采用同步实时

的传输方式,根据自己业务的需求,也可以采用异步实时传输和批量传输方式。随着技术的发展,异地的数据备份也可能实现同步实时传输。两地三中心的模式已广泛采用,如图6-11 所示。

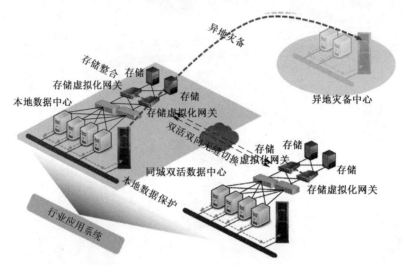

图 6-11　双活高可用与异地容灾方案

五、灾难恢复策略的制定方法

灾难恢复策略是一个单位为了达到灾难恢复的需求目标而采取的途径,它包含实现的计划、方法和可选的方案。灾难恢复策略是基于单位对于灾难恢复需求确切了解的基础上做出的,其根本目的是为了达到在灾难恢复需求中描述的实现目标。灾难恢复策略是指导整个灾难恢复建设的纲领性文件,描述了灾难恢复需求的实现步骤和实现方法。

在制定建设目标和实施策略的过程中,可以参照《信息安全技术信息系统灾难恢复规范》(GB/T 20988—2007)中灾难恢复等级的划分。既可以根据需求先确定灾难恢复的等级,再分别描述各个要素需要达成的目标和实现方法;也可以根据用户的需求,先确定各个要素需要达成的目标,再确定达成的灾难恢复等级。这两种方式都是可行的,也各有特点。

在目前的情况下,大多数单位没有灾难恢复建设经验,通过业务恢复需求直接描述各要素应该满足的条件、建设要点和建设方式比较困难,但是根据等级划分的基本描述确定本单位所需的灾难恢复等级相对较容易。这种情况下,单位可以先根据业务恢复需求确定灾难恢复系统建设等级,再对照灾难恢复等级对各个要素的要求描述灾难恢复实施策略。对大多数单位而言,这是比较容易操作的模式。但是,这样定义的实施策略还必须重新根据业务恢复要求逐项地进行审核和调整,以便在更大程度上符合单位的实际情况。

如果已经全面掌握了本单位的需求,了解灾难恢复各个要素的建设特点和技术环境,也可以从单位的恢复需求出发,逐项确定灾难恢复各个要素的建设要求和实现方式。实际上各单位的情况和信息系统的应用模式都有很大的不同,灾难恢复 6 个等级对各个要素的要求也不是必须一一对应的,而且同一个灾难备份中心也可以同时支持不同等级的灾难恢复需求,所以灾难恢复等级的确定有两个基本原则。

(1) 要达到某个灾难恢复等级,应同时满足该等级中 7 个要素的要求;

(2) 灾难备份中心的等级等于其可以支持的灾难恢复最高等级。

简单地说,第一原则是"就低不就高",也就是说,灾难恢复等级的评定是以所有 7 个要素中满足要求最低的要素对应的等级为准的;第二个原则是"就高不就低",对于可以同时满足几个灾难恢复等级的灾难备份中心,按照能够满足的最高等级评定灾难备份中心的等级。

针对灾难恢复的需求开发灾难恢复的策略。灾难恢复需求分析中已经对恢复的范围、需要防范的风险的范围、等级,恢复的时间目标要求,恢复的数据完整性要求,恢复的处理能力要求,恢复优先级等做出了说明。灾难恢复策略必须回答采用什么样的方式来满足恢复需求目标,明确在上文中提到的 7 个要素(数据备份系统、备份数据处理系统、备用网络系统、备用基础设施、专业技术支持能力、运行维护管理能力和灾难恢复预案)如何获取,达到什么样的程度等。

灾难恢复的最终目标不仅是恢复信息系统,最关键的目的是保障业务运作的连续。信息系统是业务运作的服务保证和支持系统,我们在考虑灾难恢复策略时应当全面考虑单位的业务特点和行业法律要求,保证制定的灾难恢复策略能够经得起时间和意外事件的考验。在考虑业务特点的时候通常考虑以下情况,如服务用户数量、服务用户分布、提供服务的类型和周期、用户取得服务的方式和频度、服务的关键度和服务承担的法律义务等。

第三节 灾难恢复建设

一、灾难恢复建设的内容与流程

灾难恢复建设的内容主要包括以下几点。

(1) 灾难恢复需求的确定。通过风险分析及业务影响分析等手段对单位的风险和业务进行分析,确定灾难恢复的目标。

(2) 灾难恢复策略的制定。根据灾难恢复需求、技术手段的可行性、资源获取方式和预算费用情况确定灾难恢复策略和方案。

(3) 灾难备份系统实施。根据既定的策略和方案建设灾难备份基础设施、灾难备份系统、灾难恢复预案及管理制度。

(4) 灾难恢复预案及管理制度的演练和有效性评估。

(5) 灾难恢复的持续维护。包括灾难备份中心的运行管理和对灾难恢复预案的维护、审核和更新。

灾难恢复建设是一个循环往复的流程,分为五个阶段,采用科学的方法与人员、过程、信息、软件和基础建设相融合,以下分别对五个阶段的工作内容和实现目标进行描述。

1. 分析评估

分析评估阶段主要是确定灾难恢复及业务连续性的需求。主要包括风险评估和业务影响分析。

风险评估是认识并分析各种潜在危险,确定可能造成公司及其设施中断的灾难、事件可能造成的损失。

业务影响分析是确定由于中断和预期灾难可能对机构造成的影响,以及用来定量和定性分析这种影响的技术。确定关键功能、其恢复优先顺序和相关性以便确定恢复时间目标。

2. 构架设计

在明确了灾难恢复和业务连续性的需求后,架构设计阶段主要是确定业务连续性策略,包括对确定业务连续性规划的范围(时间目标、人员组织等),并根据业务影响分析的结果评估可选的策略,选择备份中心以及与第三方的合作等,同时业务连续性策略需要考虑成本效益分析并获得高级管理层的承诺认可。

确定了策略之后,进行灾难恢复 IT 解决方案的设计,选择符合恢复时间目标的技术和产品,方案应涵盖数据、通信网络及处理能力等各方面内容。

3. 开发实施

本阶段主要是根据对 IT 解决方案进行实施,准备具体的实施计划,包括对技术方案的测试验证、备份中心的准备,以及备份系统的安装联调等。

除了 IT 解决方案的实施之外,还需要制定相应的业务连续性计划。业务连续性计划(Business Continuity Plan,BCP),即指一套计划文档,当事故发生造成业务中断时,可以迅速采取措施,尽量减少企业的业务损失,确保关键业务系统持续进行的执行计划和文档。

业务连续性计划中必须包括在恢复中所涉及的软硬件、网络等部件和业务操作处理文档,还要记录团队中每个人的职责范围等。在制定计划前,要对公司中所有关键业务都进行文档整理,了解关键业务如何执行,以便在灾难场景下能采取合适的措施维持业务运行。

4. 启动管理

本阶段是 BCP 计划的启动投产阶段。包括对制定好的 BCP 计划进行测试演练,并在企业内部进行意识培养和培训推广。

演练前需要定义演练目标,安排演练时间表,安排演练前的培训和准备工作,对预先计划和计划间的协调性进行演练,并评估和记录计划演练的结果。

同时,需要对企业内部人员进行 BCP 意识培养和技能培训,以便业务连续性规划能够得到顺利的制定、实施、维护和执行。

5. 持续维护

本阶段主要是对业务连续性进行持续的维护管理。包括信息系统、备份中心的运营维护管理,及对 BCP 计划的定期审核更新和定期的测试演练等。

一套完善的业务连续性计划必须周期性地加以维护管理,以保持其持续可用。其中包括对 IT 备份系统和备份中心进行持续不断的维护管理,以确保灾难恢复功能的及时性和有效性。

BCP 需要建立定期评估审核制度，一旦有新的系统、新的业务流程或者新的商业行动计划加入企业的生产系统，引起企业整体系统发生变化时，就更应该强制启动这种检查程序。

最后，所有的计划和维护管理流程，需要通过持续不断的测试和演练，来使企业所有人员熟悉，保障其可用性和可操作性。

二、灾难恢复建设的基本原则

灾难恢复建设必须坚持统筹规划、资源共享、分级管理和平战结合的原则。要充分调动和发挥各方面的积极性，全面提高抵御灾难打击的能力和灾难恢复的能力。

1. 统筹规划原则

要从实际出发，组织有关机构和专家针对信息系统安全威胁和防护措施的有效性等进行评估。要统筹考虑，合理布局，通过科学的引导和调控，形成发展有序的灾难恢复体系格局。

2. 资源共享原则

灾难恢复建设要充分利用现有资源，讲求实效，保证重点，提倡资源共享，互为备份。在保障主要信息系统安全的前提下，考虑灾难恢复基础设施和其他资源的充分共享，防止重复建设，避免资源浪费。

3. 分级管理原则

根据信息系统的重要性，面临的风险大小，业务中断所带来的损失等因素综合平衡安全成本和风险，确定灾难恢复建设的等级，选择合适的灾难备份方案，防止"过保护"和"欠保护"现象的发生。

4. 平战结合的原则

灾难恢复资源是为"小概率、高风险"事件准备的，平时多处于闲置状态。因此在不影响灾难备份和恢复功能的前提下：一方面，加强灾难恢复"平时"的应急演练，确保战时应急恢复的系统效能；另一方面，充分利用灾难恢复的各类资源，将日常运营和应急灾难恢复需求结合起来，综合安排，发挥更大的效益。

三、灾难恢复建设的模式

灾难恢复作为信息系统安全保障体系的一道防线，越来越体现出其重要性和迫切性。采用何种建设模式，低成本、快速进行灾难恢复建设是各单位必须面对的课题。

灾难恢复建设是一项周密的系统工程，涉及到灾难备份中心选址、基础设施建设、运营管理和专业队伍建设、灾难恢复预案等一系列工作，不仅需要投入大量人力、物力和财力，而且需要考虑灾难恢复系统实施所面临的技术难度和经验不足所带来的风险，还需要考虑今后长期运营管理方面的资金投入。

根据灾难恢复建设的模式分类，目前主要有自建、共建和外包三种模式。

（1）自建是指单位自己拥有并操作灾难恢复设施，有自己的灾难恢复运营和管理团队。

（2）共建是指多个单位共同出资建设灾难备份中心，在这些单位内部互相提供灾难备份服务。

(3) 外包是指单位选择外部专业技术与服务资源,以替代内部资源来承担灾难恢复系统的规划、建设、运营、管理和维护,如租用灾难备份场地和设备,将灾难备份运营维护交灾难恢复服务商、服务商协助应急恢复等形式。

从国际上看,特别是美国,灾难恢复行业已经比较成熟,外包是灾难备份中心建设的主要方式。调查显示,使用灾难备份外包服务的比例达到了71%,这其中也包括美国国防部的灾难恢复系统和澳大利亚政府的电子政务系统等。而我国的灾难备份中心建设还处于起步阶段,目前自建是主要的方式,同时也有一部分外包,军事灾难恢复系统以自建为主。

灾难恢复建设投资巨大,并且使用概率较低,因此,需要对灾难恢复建设的总体投入成本(TCO)和投资回报率(ROI)进行认真分析和计算,从而确定灾难恢复资源的获取方式。下面通过对国外灾难恢复行业的研究,并结合中国国情,对灾难恢复建设的不同模式进行一些简要的分析。

(一) 自建模式的优点和所面临的困难及风险分析

自建灾难恢复系统,需要由单位自己投入资金、人力和物力进行灾难备份中心建设。自建模式在数据安全与保密、数据中心资源控制与使用、灾难恢复的策略调整、灾难恢复演练的灵活性、灾难恢复系统的运维管理、灾难恢复的保障和风险控制等方面有一定优势,常被一些资金和技术实力雄厚的单位所选用。但对一些中小机构来讲,自行建设和运营灾难恢复系统将会面临以下几个方面的问题和风险。

1. 一次性投资巨大

灾难恢复系统的资金投入涉及备份数据中心的建筑工程、机房配套工程、IT系统投入、通信网络设备等,这是一笔巨大的投入,且这是为小概率事件准备的,平时都是处于闲置状态,导致总体投入成本和投资回报率不对称,也不能对单位的信息化建设产生直接的推动作用。

2. 年运营成本高

灾难恢复系统每年的运营费用主要包括:房屋和设备的维护、折旧费,人员的工资、福利,电费、水费和通信费等,这些费用加起来,每年的总成本会非常高。

3. 专业技术及实施难度大

灾难恢复建设不仅涉及备份数据中心基础建设、IT系统建设等多方面工作,还牵涉到与当地政府、电力和电信部门的合作关系,涉及的面非常广,其具体的组织和实施有一定的难度;同时,灾难恢复系统的规划、设计、实施和管理,需要精深的专业技术和完善的方法论支持,否则将会有很大的难度和风险。

4. 资源利用率低

灾难恢复资源是为小概率事件准备的,资源利用率低的情况会造成单位无法集中资源开展业务、服务创新和增强核心竞争力。

5. 运营队伍难以保持稳定

备份数据中心的运营管理上应与生产中心同等标准。但必须看到,技术人员平时实际是处于一种待命状态,这支技术队伍如果得不到锻炼和提升能力的机会,人心不稳,将难以保证运营队伍的稳定。

6. 建设周期长

备份数据中心具有自己独特的选址、建设要求。一般而言,从选址到建设完成需要 18~36 个月的时间,并且风险分析、业务影响分析、灾难恢复策略的制定、应急管理体系建设、灾难恢复预案的制定和管理等工作,对于缺少相关知识和方法论的单位内部员工而言,也将是一个漫长而反复的过程。

(二) 共建模式的优点和所面临的困难及风险分析

共建灾难恢复系统,是指由两个或多个单位合作,按一定的比例分别投入资金、人力和物力进行灾难恢复系统的建设和运营管理。

共建灾难恢复系统在资源共享、降低建设成本、加强行业联合等方面有一定优势。共建模式在国外曾经使用过,后来因为多方面的原因,逐渐被自建和使用灾难恢复外包服务所取代。灾难恢复系统共建模式主要存在如下问题和风险。

(1) 建设投资和运营费用难以协调和分摊。因为建设投资和运营费用的分摊没有一定的规则可以参照,因此资金的投入比例难以协调和分摊。

(2) 管理复杂。因为合作方之间法律上的责任界定不明确,通常会存在多头管理,造成灾难恢复系统管理复杂,导致规章制度难以得到有效贯彻执行,难以保证各合作单位的数据安全和数据保密,如果共建单位存在业务竞争关系,这点尤其关键。

(3) 灾难恢复系统的可用性难以保障。因为合作方之间存在职责不明确、管理复杂,这会对灾难恢复系统的可靠运行带来一定的影响,灾难恢复系统的可用性难以保证。

(三) 外包服务的优点和所面临的困难及风险分析

灾难恢复服务外包是指专业的灾难恢复服务商利用其高标准的灾难备份中心、结合其灾难恢复专业经验,采用资源共享的方式,面向用户提供多项灾难恢复服务,而客户可按多种模式租用灾难恢复服务商提供的服务。

目前,信息技术外包作为一种新型的竞争策略正在被越来越多的单位所接受,把一些外围非核心业务外包,自己则可以集中精力开展核心业务。在欧美发达国家,由商业化运作的灾难恢复服务商提供专业灾难恢复外包服务是灾难恢复建设的主流。目前美国已有上百个商业化运作的灾难备份中心,数十家公司提供灾难备份及恢复服务。

外包服务的优点主要有以下几点。

(1) 可节省大量一次性投资。客户以每年支付租金的方式取代数额巨大的一次性投资,而获得高标准灾难备份中心提供的灾难恢复服务。

(2) 可节省大量的年运营成本。社会化的灾难备份中心,采用资源共享方式为多个客户提供灾难恢复服务,从而降低客户灾难恢复系统运营管理的成本开支。

(3) 可享受高质量的专业服务。社会化的灾难备份中心拥有完善的灾难恢复服务体系和方法论,有专业的技术和运营管理队伍,具有强大的工程实施、系统支持能力,可确保客户享受良好的灾难恢复专业服务。

(4) 可在较短时间内实现灾难恢复目标。社会化的灾难备份中心拥有丰富的资源和灾难备份项目实施经验,有完整而成熟的实施方法论和协同高效的技术队伍,可在较短的时间内为客户提供灾难恢复服务。

(5) 可使用高等级灾难备份中心资源。社会化的灾难备份中心完全按照国家计算机机房标准和灾难备份中心规范进行建设,且配有完备的供电及后备发电系统、冗余通信系统,采取严密的保安、消防和监控措施等。

(6) 可使用完善的配套设施。社会化的灾难备份中心还提供了客户灾难恢复专用的现场指挥部、会议室、操作控制室、终端室、客户服务室、影印传真室、图书资料室、餐厅、客房及办公场所等设施。

当然,灾难恢复外包服务也有它的缺点和风险,如增加了用户对外包服务商的依赖性,增加了用户的商业风险,数据安全与保密控制较难等。因此用户如果采用外包服务模式,则须慎重选择灾难恢复服务商,和服务商签订严密的服务水平协议、保密合同,规避风险,事先做好外包服务的风险防范工作。

综上所述,三种建设方式的优缺点比较如表6-7所列。

表6-7 三种建设模式的优缺点比较

建设方式	优　　点	缺　　点	适用单位
自建	单位专用;所有决策都由单位自己作主测试免费,并且测试时间没有限制	灾难备份中心建设成本高;运营维护成本高;建设周期较长;资源利用率低,且随着单位的发展,恢复资源可能滞后;技术与实施难度大、管理与维护要求高;运营队伍难以保持稳定	适合风险控制要求高,资产规模大、技术与资金实力强的单位
共建	降低投资成本;加强行业联合	技术与管理难度大;人员组织和管理困难;责任不易界定;合作模式要求高;数据的安全难以保证;灾难恢复系统的可用性难以保障	适合同行业之间,且竞争不明显的单位
外包	成本低,可以大幅度降低灾难备份投资;灾难恢复服务提供商具有专业优势,可得到专业化服务;在较短时间内实现灾难恢复目标;资源共享带有灵活性;易于扩展	单位网络必须延伸到恢复站点;服务商的自身实力、服务质量等会影响灾难恢复系统的建设和运行	适合风险控制要求相对较低,技术与资金相对较弱的单位

在灾难恢复建设过程中,用户可根据自身实际情况,在灾难恢复系统的投资模式、灾难恢复资源使用模式和灾难恢复系统的运营管理模式方面进行合理选择。

(四) 灾难备份中心资源使用模式

根据灾难备份中心资源使用模式分类,可分为以下三种模式。

(1) 专属使用模式。专属资源可包括:专属数据备份系统、专属备份数据处理系统、专属通信网络系统、专属机房空间和专属工作环境等。

(2) 确保使用模式。在灾难发生时,外包服务商可确保客户得到灾难恢复所需的备份数据处理系统、通信网络系统、机房空间和工作环境等资源。

(3) 共享使用模式。客户灾难演练与灾难恢复所需要的备份数据处理系统、通信网络系统和工作环境等资源由多个客户共享,其使用方式为先到先得。

(五)灾难恢复系统运营管理模式

根据灾难恢复系统运营管理模式分类,可分为以下两种模式。
(1)外包服务商负责运行管理服务模式。
(2)客户自行管理模式等。

来自 IDC2003 年灾难备份自建和外包的比较分析,如表6-8 所列。

表6-8 灾难恢复自建和外包的比较分析

建设模式	优 点	缺 点
自建	保持所有控制;能够随时调整需求;可以自主管理业务风险	影响了对核心业务的关注度;承担人员和资产的法律义务;增加成本支出;降低公司其他方面的投资收入能力;第三方已经具备的专业能力和最佳实践无法利用
外包—专属	增强对核心业务的关注度;降低整体拥有成本;最大化人员工作效率;确保灾难恢复服务的专业性	增加外包项目的业务安全风险;还可以将总体拥有成本降得更低
外包—共享	最大限度地关注核心业务;将总体拥有成本降至最低;最大化人员工作效率;最大化实现业务增长目标的能力	降低了对技术层面和灾难恢复的控制;大范围的灾害发生可能造成共享用户间的资源竞争

灾难恢复自建和外包对 TCO 和 ROI 的影响,如表6-9 所列。

表6-9 灾难恢复自建和外包对 TCO 和 ROI 的影响

选择	成本中心			财务影响		全面影响	
	设施	人员	技术	IT 预算	其他发生费用	总体拥有成本	投资回报
自建	增加	增加	相同	增加	增加	增加	下降
外包-专属	不可行	下降	相同	下降	下降	下降	增加
外包-共享	下降	下降	下降	下降	下降	下降	增加

(六)灾难恢复服务商的选择

根据以上的分析,灾难恢复外包将成为一种市场趋势。随着灾难恢复服务需求的迅速增加,我国的灾难恢复服务行业将得到迅猛发展,如何区分和选择灾难恢复外包服务商以便降低外包风险,成为很多单位关注的问题。本节在借鉴国外管理经验的基础上,给读者提供几点有益的建议。

(1)服务质量。灾难恢复服务提供商应具有一定的安全与服务品质保障。服务商是否关注服务质量,是否有成功的案例,是否具有服务体系和安全体系的认证(如 ISO 9001,BS 7799 等);服务商能否保持与单位的同步发展。

(2)服务经验。有丰富服务经验的服务商通常都拥有一套完整的恢复程序和控制措施,一套有效的灾难恢复和业务连续管理方法论。能提供哪些服务类型,是否有服务经验和成功案例,以及曾承担过的灾难恢复专业服务的规模,这是选择灾难恢复服务提供商最直观的方法。另外灾难恢复服务是一种规模经济,拥有一定量的客户合约是保证持续服务的基础。

(3) 服务的范围。考察服务商是否能够提供你所需要的所有服务。包括场地、设备、紧急递送、系统恢复和业务恢复等。

(4) 服务商的专注度。考察供应商是否专注于灾难恢复,在灾难发生时你的业务是否能够生存就依赖于灾难恢复服务供应商的专业性。如果你的供应商被其他业务牵扯得焦头烂额,他还会保持恢复服务的等级和质量吗?

(5) 服务商的专业程度。灾难恢复服务是专业化程度要求非常高的行业,需要服务商具有先进的技术及完善的方法论,需要完善的灾难备份中心管理制度和专业化的服务团队。

(6) 灾难备份中心的基础设施。是否拥有专业的灾难备份中心,并且具有完善的管理模式,对应《信息安全技术信息系统灾难恢复规范》(GB/T 20988—2007),具有提供何种等级的灾难恢复能力,这是客户选择灾难恢复服务提供商的主要依据。

(7) 设备设施。你的备用设备设施能够保证不会在同一场灾难中和生产系统的设备设施同时失效吗?在灾难发生时,服务商的备用设备设施能够提供必需的保证吗?如网络、通信、安全保障、食宿安排和媒体接待等。

(8) 灾难恢复团队。"人员"是灾难规划中很重要的一部分。一个专业的有丰富知识经验的团队有助于灾难业务的操作和维护。灾难恢复服务商应熟悉信息系统架构,拥有一定规模的灾难恢复服务团队,包括业务连续性专业人员、专职的管理人员、技术人员、运行人员和安全人员,并且人员配置合理,职责分明。

(9) 测试和演练。未经测试的恢复计划是无效的。在技术设备设施到位后应该安排基于场景的测试和演练,确认灾难恢复预案的完整性和可用性。

(10) 成长性。服务商是否能够和你一起成长?是否能够根据你的发展需要变更、提高服务支持能力?服务商是否投入了足够的人员应对新技术的发展?是否有能力持续支持你的关键系统依赖的设备和技术?

(11) 服务商的长期承诺。灾难恢复服务商特别是灾难恢复外包服务商本身需要有持续长久运营的能力,这需要高等级的灾难备份中心、强大的技术支持团队以及提供多等级、多厂家、多平台的灾难恢复解决方案。

(12) 地理区域。需要充分考虑服务商的服务是否有地理区域限定,你的需求会不会受到限制?

(13) 交通。服务商的服务场所是否能够快速地到达?如到飞机场、干线公路的距离等。

(14) 意外事件的应对计划。服务商是否有自己的发电机或者其他紧急供电的计划和设备?在服务商发生意外时是否有合适的响应体系和计划?

(15) 合同服务。仔细考察合同中提供的服务范围和服务质量保证,确保合同中描述的内容确实能够满足你的灾难恢复需求,并且关注合同生效的前提和合同终止的条件。

(16) 价格。不要将价格作为你选择服务的第一要素。只有在确信其服务范围和服务质量都可以满足要求的情况下,服务的价格才有可比性。

第四节 灾难备份中心建设

一、建设灾难备份中心的重要意义

随着计算机管理技术和网络技术的发展,为了提高企业业务管理水平、增强企业市场竞争能力,越来越多的企业开始使用计算机来处理内部日常事务和外部业务往来,从而使得这些企业越来越依赖于系统管理数据和业务信息。尤其是在企业业务不断增加、数据量成倍增长乃至出现数据膨胀现象时,由此所引发的企业从数据膨胀,到计算机性能提高,再导致新一轮数据膨胀的循环现象不断加剧,进而又在企业中引起新的数据安全恐慌,数据失效问题时有发生。建设灾难备份中心的目的就是在于防止一些灾难性的小概率事件可能对集中式信息系统造成的不可恢复的原始数据丢失,这些灾难性事件可能包括火灾、地震、电源故障及一些人为的操作失误等。

现代企业管理非常重视总体拥有成本(TCO)。所谓TCO,实际上是由实际成本、使用成本和风险成本三项数据组成。实际成本和使用成本在企业的建设与生产中往往容易引起人们重视,因而考虑得非常周到。而风险成本不仅是企业看不见、摸不着的东西,也是企业运作时很难预料和把握的内容。在使用计算机系统的企业中,风险成本包含用于管理关系到企业生命的各项数据与信息的安全、正常、可靠的高速运行的所需费用。所以,为将风险成本降至最低,同时使企业长期处于最佳状态,对企业业务和计算机管理与控制系统数据进行全面存储备份是一项绝对值得的、也是必要的投资。

我们知道,随着企业计算机系统建设计划的逐步实施,用户的日常业务同计算机系统的联系越来越紧密。因此,业务主机系统的运行出现故障所带来的业务影响范围会被迅速扩大,而客户对企业计算机业务系统的连续运行,业务系统、用户数据的高可用性以及业务计算机系统抵御突发性灾难的能力的要求也必然急剧提高。

总之,用户建设灾难备份恢复中心的意义如下:
(1)重要业务数据在灾难发生后得以有效保护;
(2)重要业务在灾难发生后可以在设定的时间内恢复,从而实现业务的连续运行;
(3)业务计算机系统抵御突发性灾难的能力和级别提高;
(4)进一步提高声誉,增强客户及潜在客户的信心;
(5)扩大对同行业竞争对手的优势。

二、灾备中心选址

国家标准《信息安全技术 信息系统灾难恢复规范》中关于灾难备份中心选址问题有如下叙述:"选择或建设灾难备份中心时,应根据风险分析的结果,避免灾难备份中心与生产中心同时遭受同类风险。灾难备份中心还应具有方便灾难恢复人员或设备到达的交通条件,以及数据备份和灾难恢复所需的通信、电力等资源。"军事用途灾难备份中心建设还要注意保密性和防备敌方打击。

因此,灾难备份中心的选址应遵循以下主要原则。
(1)策略性。明确对灾难备份中心的定位,即灾难备份中心的建设目的是防范什么样的灾难事件,在灾难发生的时候又能够提供何种服务。根据定位的不同,在中心选址时应采取不同的策略,例如,灾难备份中心要在局部战争条件下提供服务,选址时就不能靠近军事目标或准军事目标。

(2) 风险性。选择或建设灾难备份中心时,要注意备选的场址所包含的风险是否在单位所容忍的风险范围之内,或者是否符合所制定灾难恢复规划或业务连续计划的要求。例如,考虑生产中心与灾难备份中心之间应保持适当的距离,避免因同一灾难导致两个中心同时处于灾难事件当中。

(3) 科学性。选择或建设灾难备份中心时,应对备选的场址进行相关的场地风险分析,科学、全面地评价各备选的场址。

(4) 适合性。对于选定的场址:首先,要符合《电子计算机场地通用规范》(GB/T 2887—2000)的要求;其次,要关注场址周边环境、地质地理条件、市政配套条件、电力供应条件以及通信服务商所能提供的服务能力等诸多因素,判断是否适合建设灾难备份中心。

(5) 便捷性。对于灾难备份中心,其周边应有多条道路用于保证相关人员和物资能顺利、快速到达。

三、灾难备份中心基础设施的要求

(一) 基础设施涵盖的范围

备用基础设施是灾难恢复所需的、支持灾难备份系统运行的建筑、设备,包括介质的场外存放场所、备用的机房及工作辅助设施,以及允许灾难恢复人员连续停留的生活设施。按照工作性质可以将其分为工作设施、辅助设施、生活设施三个部分,如表6-10所列。

表6-10 备用基础设施分类

设施类型	设施名称	说 明
工作设施	信息系统工作设施	位于灾难备份中心的核心区域的信息系统设备及相关配套设备,主要包括计算机机房、主操作室、通信机房、介质机房和信息系统设备测试维修机房等
	保障系统工作设施	位于灾难备份中心的保障设备区域,用来保障灾难备份中心 7×24h 连续运行的设施,主要包括供配电设施、空调暖通设施、给排水设施、消防设施、监控设施和货运设施等
辅助设施	灾难备份中心辅助设施	用于灾难备份中心运行所需的配套设施,主要包括灾难备份中心办公室、会议室、资料室、值班室、仓库、客户接待室、客户休息室、客户活动区域、停车场和货物装卸区等
	灾难恢复辅助设施	灾难备份中心中提供灾难恢复用途的设施,主要包括灾难恢复指挥中心、灾难恢复座席区、办公区、新闻发布中心(多媒体室)、会议室和打印传真室等
	灾难恢复培训设施	灾难备份中心中提供用于灾难恢复或业务连续性培训的设施,主要包括:培训教室、模拟演练室和培训人员办公室等

(续)

设施类型	设施名称	说　　明
生活设施	保障人员生活设施	提供给灾难备份中心 7×24h 连续运行而配备的人员生活所必需的设施,主要包括宿舍、食堂、健身房、阅览室等生活设施
	灾难恢复人员生活设施	提供给灾难恢复或灾难恢复培训人员所需要的生活设施,主要包括客房和食堂等生活设施

(二) 基础设施规划原则

(1) 经济性。根据灾难恢复或业务连续计划的需求不同,选择或建设灾难备份中心时应根据实际情况,给出适当的基础设施规划,降低成本。

(2) 空间性。根据灾难恢复或业务连续计划的需求和面临的风险不同,针对灾难备份中心的特点应留有足够预留空间,避免由于预留空间不足影响到灾难备份中心正常运行。例如,由于货运通道过于狭窄,导致某些特定设备不能顺利搬运。

(3) 可靠性。根据灾难备份中心的特点,规划时应注重基础设施的可靠性,尽量避免由于单故障点造成的风险。

(4) 低调性。应考虑周边环境,不宜采用比较醒目的方式强调灾难备份中心,避免在特定条件下成为公众普遍关注的焦点,宜采用融入周边环境的方式。

(5) 合理性。应充分考虑各类设施之间的相互关系,合理布置,留有足够的扩展空间。

(6) 管理性。应注重采用易于管理的技术或方法,提高灾难备份中心的工作效率,增强管理能力。

(三) 主要基础设施的建设要点

1. 建筑物

选择或建设灾难备份中心时,主体建筑物应满足以下要求。

(1) 甲类建筑物,其抗震设防能力比国家规定的设计规范要求高一个等级。

(2) 注重当地气象因素,避免灾害性天气对建筑物或内部设施造成损失。

(3) 关注建筑物各楼层的承重能力,工作设施区域的承重力至少要达到 600kgf/m^2 (6kPa)。

(4) 了解建筑物各楼层的层高,合理进行选择、规划和使用。

(5) 明确供电、给排水、通信条件等资源情况,分析同灾难恢复或业务连续性需求之间的差异。

2. 工作设施

工作设施是备用基础建设中最重要的部分,包括信息系统工作设施和保障系统工作设施。信息系统工作设施是所有备用基础建设中最核心的部分,而保障系统工作设施是灾难备份中心 7×24h 连续正常运行的重要保障。

进行信息系统工作设施选择或建设时,需要考虑到装饰、电力、空调、消防和场地环境监控等要点。

（1）装饰：所有装饰材料应是不燃、难燃或者阻燃的，装饰层面材料的外表面平滑且不易积灰尘，无关的管线和桥架不能进入机房。

（2）电力：对于信息系统而言，需要一个独立的、可靠的、稳定的电力供应系统，不能与其他的用电设备或装置共用同一路电源。

（3）空调：空调系统必须独立地运行，能够自动地将温度和湿度控制在特定的范围，保持正压并保持洁净度。

（4）消防：要将火灾对信息系统运行的伤害减到最少，消防系统必须能够自动地监控场地状况，当设定条件符合时立即有效灭火。

（5）场地环境监控：监控系统应能有效地对机房内的环境条件、设备运行情况、安全情况等诸多因素进行有效监控，一旦发现情况能立即向有关人员报警，并提供基本记录供解决故障时使用。

第五节 灾难恢复的组织管理

一、灾难恢复的组织机构

即使单位具有良好的安全系统，信息安全风险依然存在，意外事件通常是不可避免的。当事故或灾难发生时，有关人员要准备好第一时间做出响应。灾难恢复组织机构是对灾难事件做出相应反应的核心力量。

灾难恢复的组织机构由管理、业务、技术和行政后勤等人员组成，分为灾难恢复领导小组、灾难恢复规划实施组和灾难恢复日常运行组。灾难恢复的组织机构应强调信息畅通，协调合作，高效决策，有效执行。

在灾难恢复组织机构的框架内，信息畅通是第一要务，在灾难发生时，迅速可靠地将必要的信息通知相关人员，进行人员的召集和决策，是灾难恢复机构的首要任务。

灾难恢复机构强调的协调合作包含了内部协作和外部协作。在灾难发生后，信息系统的灾难恢复除了各技术恢复小组的通力合作外，还必须与后勤保障、环境安全、财务、法律、保险等各个部门协调，共同完成信息系统灾难恢复的工作。同时，信息系统的灾难恢复工作可能还需要外部力量的协助，例如，设备厂商、开发厂商的技术支持人员、执法机构、救护机构、电力保障和媒体等外部力量的协调。这些部门机构的协作和协调也是顺利高效完成灾难恢复工作必不可少的，必须有专门的人员和组织体系去实现。

在灾难发生时，平时的决策体系将很难发挥应有的作用，应当根据需要设置扁平化的、有专家参与的决策支持体系。决策人员应当被授予较高的权限，包括人员物资调用和财务支出的权限等，以保证决策的高效性，因为在面临灾难时短短几分钟的拖延都可能造成致命的后果。

任何决策都必须在得到执行后才能够产生应有的效果，除了平时在制度和训练上进行提高外，还应该在组织机构上进行关注。在灾难发生时，任何人都可能因为任何的原因不能及时出现，对于关键的岗位和职位都应该设置替代人员。

灾难恢复机构中除了提供灾难发生时必需的组织机构外，还应该包括灾难恢复日常管理人员，以提供灾难恢复工作培训和认证、灾难恢复策略咨询服务、灾难恢复建设支持、灾难恢复系统运营维护服务支持、灾难应急响应和灾难恢复工作支持等。可聘请外部机构协助或参与灾难恢复规划实施工作，也可委托外部机构承担灾难恢复的部分或全部工作。

预先确定了灾难恢复组织机构，有了灾难恢复计划，更重要的一点是确保在灾难发生时，这个组织机构的成员可以迅速地召集在一起，机构成员对各自的角色都应非常清楚。当然，由于大多数的灾难都是意外发生的，根据灾难发生的情况，机构的成员可能不易于集中，也可能已经分散，这时可利用当时该灾难恢复组织机构中可联系到的人员组成一个响应小组。

灾难恢复的组织机构可以是常设机构，也可根据灾难恢复规划的要求临时设立。机构中的工作岗位可以是专职岗位，也可以是兼职岗位。灾难恢复组织机构的具体情况需要在灾难恢复预案中准确说明。

二、灾难恢复组织的外部协助

任何单位都不是独立于社会之外而存在，在遭受灾难袭击时及时获得外部的理解和援助，加强对外合作和沟通可以尽量减少或避免灾难事件带来的负面影响和损失。灾难恢复的外部协助可能涉及如下内容。

（1）同业机构间合作。灾难恢复机构应加强与业务密切相关的同业机构的协调联系，相互合作，分享经验，共同评估可能面临的风险因素，共同制定灾难恢复策略，提高行业整体风险防范和灾难恢复能力。

（2）厂商与客户合作。单位应与设备及服务提供商、通信和电力部门等保持联络和协作，以确保在灾难发生时能及时通报准确情况并获得适当支持，确保灾难恢复的顺利进行。

（3）主管机构协调。识别支持灾难恢复和业务连续性的机构并与之进行协调，识别和建立与紧急事件管理机构的联络方式，应与相关管理部门保持联络和良好关系，以确保在灾难发生时能及时通报准确情况并获得适当支持。

（4）新闻媒体交流。制定、协调、评价和演练在危机情况下与媒体交流的计划，以确保在灾难发生时能及时通报准确情况，当然如果涉密的机构做好保密工作。

第六节　灾难恢复技术支持和运行维护

一、技术支持和运行维护的目标和体系构成

由于不同行业对灾难恢复策略有不同的等级要求，相应地，对灾难备份系统的运行维护及技术支持能力的要求也有所不同且各有侧重。但总体而言，对灾难备份系统进行运行维护及技术支持的目标是：保障灾难备份系统在灾难恢复和运行阶段的正常运作，保障能提供切换和运行时的技术支持，从而使制定的灾难恢复策略得到切实保证。

（1）组织架构。单位应确定对灾难备份系统建立必要的技术支持及运行维护的组织架构。在该组织架构中，应确定日常运行维护的部门及技术支持的部门，并确定日常运行

维护部门和技术支持部门各自的职责分工,从而确保灾难恢复预案及灾难备份系统的各个部分都有责任部门来进行维护和管理。

(2) 运行维护要求。单位应确定对灾难备份系统所需进行维护的范围及所应达到的要求。在单位本身设有灾难备份中心的情况下,应对灾难备份中心的各项基础设施确定日常维护要求;在单位建有数据备份系统的情况下,应对数据备份系统的运行确定日常维护及技术支持要求。

(3) 运行维护方式。单位应根据自身的环境及技术条件,确定对所需维护的范围实行日常维护及技术支持。

(4) 管理制度。根据以上各项内容,单位应确定与之相适应的运行管理制度,从而将对灾难备份系统运行维护和技术支持的各项要求明确落实到各部门的管理制度、工作流程及操作流程中。

二、技术支持和运行维护的组织结构

单位自建灾难备份中心并自行管理的情况下,需要考虑建立组织架构的问题。在确定技术支持及运行维护体系的组织架构时,应确定各部门归属关系、工作职责及部门中所需的职能岗位及岗位职责。

灾难备份中心应设置支持维护团队,负责对灾难备份系统的日常运行及一线支持工作,其组织结构如图 6-12 所示。

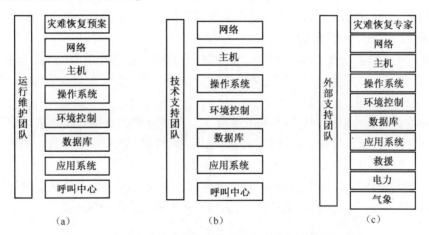

图 6-12 灾难备份中心技术支持及运行维护体系的组织结构

(1) 运行维护团队。运行维护团队主要负责系统的日常维护和监控,可以按照网络、主机、操作系统、环境控制、数据库、应用系统和呼叫中心等不同领域设置负责人员或者团队。运行维护机构除了要保障灾难备份系统的正常运行外,还要负责灾难恢复预案的更新,包括人员、技术手册、操作流程的变更等。同时,运行维护团队还要负责记录和报告运行过程中发现的问题,包括业务人员和最终用户通过呼叫帮助中心报告的问题。这些问题应该由运行维护团队进行评估和分类,部分问题由日常维护手段加以解决,对于日常维护手段不能解决的问题应该提交给技术支持团队进行解决。

(2) 技术支持团队。技术支持团队负责技术体系、设备的更新、调整和问题解决。该团队可以按照负责的领域对应运行维护团队设置网络、主机、操作系统、环境控制、数据库、应用系统和呼叫中心等负责人员或团队,其中呼叫帮助中心负责问题的记录和转发。在条件合适的情况下,可以与运行维护机构设置统一的呼叫帮助中心,统一负责问题的记录、分类和跟踪处理。团队的人员应该具有较高的专业技能,能够解决较为复杂的技术问题,并且有能力根据既定方案执行相关领域的技术升、更新和恢复。

由于技术支持团队在灾难备份中心的现场环境下工作,承担故障排除及技术支持等工作,故对运行维护团队的技术支持要求可以适当降低。

(3) 外部支持团队。外部支持团队不是灾难备份中心的常设机构,他们依据合同或约定在需要的时候提供专业的服务和支持。他们有可能是设备厂商,在必要时提供备用机、配件更换、专业维修;也有可能是公共服务机构,在必要时提供人员救护、安全保障、灾难预警等服务;也有可能是灾难恢复专业服务商在灾难发生时提供专业的指导和人员支持。外部支持团队虽然不是常设机构,但是外部支持团队是对灾难备份中心重要的支持服务力量,是内部机构无法替代的。外部支持力量除了在必要时提供的服务和支持外,还应该考虑利用外部专业支持力量在平时对内部技术支持和运行维护团队开展培训和训练,提高自身的专业水平。

三、灾难备份中心运行维护的内容和制度管理

(一) 运行维护的内容

当单位确定建立灾难备份中心或灾难备份系统时,就必须考虑与之相适应的一系列运维护要求。通常,与灾难备份中心及灾难备份系统相关的运行维护有以下几方面内容。

(1) 基础设施维护。基础设施维护是针对单位自行管理的灾难备份中心或计算机机房而言的。通常应包括以下内容:供配电系统维护、发电机维护、UPS 维护、空调系统维护和消防系统维护等。

对各类基础设施的维护要求,通常包括:对各类设施确定日常运行的监控要求及定期维护要求等,确保这些基础设施在关键时刻能够切实起到作用。

(2) 灾难备份系统维护。灾难备份系统的维护与单位所建立的数据备份策略及灾难恢复策略有关,通常包括以下内容:数据备份介质的保管、数据备份系统的运行维护、备用数据处理系统及备用网络系统的运行维护等。

对以上各类系统的维护要求,通常包括:对备份介质确定存取和保管要求,对数据备份系统确定日常监控、操作及维护要求,对备用数据处理系统及备用网络系统则应确定常规巡检及定期维护要求等,确保灾难恢复所需的数据、设备和系统在灾难时刻真正有效、可靠、可用。

(3) 灾难恢复预案的维护。灾难恢复预案是发生灾难时进行恢复工作的计划、流程和方法。灾难恢复预案必须与恢复人员、恢复技术、恢复目标和范围的调整同步更新,才能够保证灾难恢复预案的有效性。对灾难恢复预案的维护应规定更新维护的周期、内容、负责人员(机构),预案更新和发布的流程等。

(二) 运行维护管理制度

为了达到灾难恢复目标,灾难备份中心应建立各种操作和管理制度,用以保证:数据

份的及时性和有效性；备用数据处理系统和备用网络系统处于正常状态，并与生产系统的参数保持一致；高效的应急响应和恢复处置工作。

管理制度的建立需与单位的组织架构、运行维护要求及运行维护方式相适应。管理制度可以划分成管理层面、工作层面及监控层面，如图6-13所示。

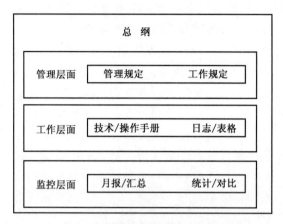

图6-13　管理制度的三个层面

灾难备份中心应建立各种操作和管理制度如下：
（1）灾难备份的流程和管理制度；
（2）灾难备份中心机房的管理制度；
（3）按介质特性对备份数据进行定期存取、验证和转储管理制度；
（4）硬件系统、系统软件和应用软件的运行管理制度；
（5）灾难备份系统的变更管理流程；
（6）灾难恢复预案以及相关技术手册的保管、分发、更新和备案制度；
（7）非灾难恢复用的信息系统运行管理制度；
（8）安全管理规定；
（9）基础设施维护的工作规程及操作手册；
（10）各部门及岗位的管理规定；
（11）应急处理工作规程和操作手册。

第七节　灾难恢复预案的实现

一、灾难恢复预案的内容

灾难恢复预案是定义信息系统灾难恢复过程中所需的任务、行动、数据和资源的文件，用于指导相关人员在预定的灾难恢复目标内恢复信息系统支持的关键业务功能。灾难恢复预案用于响应和处理单位面临的灾难性事件。一两个人或者一两个部门是无法响应整个灾难性事件的。灾难恢复预案在灾难性事件被发现开始启用直到所有信息系统被完全恢复为止。灾难恢复预案回答灾难发生时谁应该在哪里应该做什么，如何尽快接管被中断的业务或信息系统的运行，以及在灾难事件结束后如何将业务和信息系统恢复到正常状态。

灾难恢复预案的开发必须适合单位的人员编制、组织结构特点,适合灾难恢复策略的实现,具有实用性、易用性、可操作性和及时更新的特点,并经过完整的试测和演练。灾难恢复预案的开发可以由单位的内部人员自行完成,也可以同灾难恢复专业服务商合作开发。从以往的经验看,单位完全自行开发灾难恢复预案将耗费大量的人力物力,而且还可能因为缺乏灾难恢复项目实施的实际操作经验,在灾难真正发生时不能起到预期的效果,造成极大的损失。一般来说,灾难恢复预案的开发应该以单位内熟悉业务流程和本机构信息系统架构的高级管理人员为主,同时配合具有灾难恢复项目实施经验的第三方共同完成。

作为单位资深的管理人员,可以更好地了解实际的需求以及灾难恢复预案的可行性,而作为有灾难恢复项目实施经验的第三方则可以带来灾难恢复领域的专业知识和科学方法,提供已经被验证过的灾难恢复预案的模板和样稿,带来新的工作视角。单位在开发自己的灾难恢复预案时,可以在成熟模板的基础上添加、补充单位的实际信息以构成完整的灾难恢复预案。同时,作为第三方人员,会更主动地去把握项目的整体进度和实施周期、实施成本和实施成果,能够更好地协调和平衡不同业务部门间的协作。

通常,单位会为应对灾难发生和保障业务连续性而制定一系列的相关计划,针对信息系统的灾难恢复预案只是其中之一。相关计划的目标和范围如表 6-11 所列。

表 6-11　与紧急/灾难事件相关的计划类型

计划名称	目　标	范　围
业务连续计划	提供重大中断恢复期间维持重要业务运行的规程	涉及到业务处理,和 IT 相关的仅限于其对业务处理的支持
灾难恢复预案	提供在灾难备份中心促进恢复能力的详尽规程	通常聚焦于 IT 问题
业务恢复(或继续)计划	提供灾难后立即恢复业务运行的规程	涉及到业务处理;不聚焦于 IT 问题;和 IT 相关的仅限于其对业务处理的支持
紧急/灾难事件响应处置	提供为应对物理威胁、减少生命损失或伤害以及保护财产免遭损失的协调性规程	聚焦于特定设施中的人员和财产;不基于业务处理或 IT 系统功能
危机通信和公关计划	提供向个人和公众散发状态报告的规程	涉及到与个人和公众的通信;不聚焦于 IT 问题

(1) 业务连续计划。业务连续计划(BCP)是灾难事故的预防和反应机制,是一系列事先制定的策略和规划。它关注在中断期间和之后维持机构的业务功能。BCP 可以专门为某个特定的业务处理编写,也可以涉及到所有关键的业务处理。IT 系统在 BCP 中被认为是对于业务处理的支持。风险分析和业务影响分析、恢复策略和方案、灾难恢复预案以及业务恢复计划都可以附加在 BCP 之后。

(2) 灾难恢复预案。灾难恢复预案应用于重大的、灾难性的事件,通常情况下这意味着生产中心在相当长的一段时间内无法进入,需要在灾难备份中心恢复指定的系统、应用或者计算设备。灾难恢复预案用于紧急事件后在灾难备份中心恢复目标系统。它的范围可能和 IT 应急计划和事件响应计划重叠,但是它不关心那些不需要启用灾难备份中心的问题和故障的处理。

(3) 业务恢复(或继续)计划。业务恢复计划又称业务继续计划,它涉及到在紧急事件后对业务处理的恢复,但和业务连续计划不同,它在整个紧急事件或中断过程中缺乏确保关键业务处理连续性的规程。BRP 的制定应该与灾难恢复预案和业务连续计划进行协调。

(4) 紧急/灾难事件响应处置。在发生有可能对人员的安全健康、环境或财产构成威胁的事件时,为设施中的人员提供的响应规程。紧急/灾难事件响应处置可以附加在 BCP 之后,也可以独立执行。

(5) 危机通信和公关计划。应该在灾难之前做好其内部和外部通信规程的准备工作。危机通信和公关计划通常由负责公共联络的机构制定。危机通信和公关计划规程应该和所有其他计划协调以确保只有受到批准的内容公布于众。危机通信和公关计划通常指定特定人员作为在灾难反应中回答公众问题的唯一发言人。

二、灾难恢复预案的管理

(一) 灾难恢复预案的管理内容

灾难恢复预案的管理包括对灾难恢复预案的保存与分发、更新管理和问题控制。经过审核和批准的灾难恢复预案,应做好保存与分发工作,包括:应作为保密文件保管,由专人负责保存与分发;可以以多种形式的介质复制保存在不同的安全地点,应保证在生产中心以外的安全地点存放有灾难恢复预案;应加强版本管理、分发和回收,在每次修订后所有复制统一更新,并保留一套以备查阅,原分发的旧版本应销毁。

灾难恢复预案包含一系列的附件,包括操作脚本、操作流程、通讯录等内容,在整个生命周期中这些内容都会发生一系列的变更和调整。灾难恢复预案是一系列的包含特定使用人员和读者的文档组,保证这些文档的准确性直接关系到灾难恢复操作的顺利和准确。如何在整个生命周期内确保让合适的人员拿到最准确的信息,这就是灾难恢复预案版本控制和发布管理的首要目标。

灾难恢复预案应该定期/不定期地进行更新和审核。灾难恢复预案的更新和审核通常在下列情况发生时进行。

(1) 灾难发生;
(2) 演习演练;
(3) 年度审计;
(4) 单位人员、目标、系统架构、外部环境(自然环境、法律环境)发生调整。

灾难恢复预案的调整应该依照风险分析、业务影响分析、需求分析、策略制定、设计、实现、测试、培训的过程进行,但并不是说每次更新都必须执行所有过程,应该根据变更调整的层面向下顺序进行。例如,由于单位新增关键业务和关键信息系统后就应该按照业务影响分析-需求分析-策略制定、设计和实现-测试-培训的顺序进行;如果只是设备升级,那么只要进行相关的实现-测试-培训流程就可以了。

每一次的演习、演练或者实际发生的灾难都会考验现有的制度、流程和技术等,我们应该根据事后的总结,对发现的问题和缺陷提出改进方案,并据此更新灾难恢复预案,逐步提高它的可行性和执行效率。在演习演练及日常培训中,每个参与的人员都有义务记录发现的问题和自己的建议,应为他们提供标准的操作执行、问题和建议等记录表,有利于最后的统计和汇总,并通过更深入的分析找出灾难防范方面的漏洞和缺陷。除了在灾难恢复预案方面的更新,减少漏洞避免灾难发生是更加重要的。

(二) 灾难恢复预案的管理原则

(1) 必须集中管理灾难恢复预案的版本和发布。灾难恢复预案的具体内容除了涉及信息技术管理部门外,还涉及业务部门、后勤保障部门、专业产品和服务厂商等。除了设备、系统、技术方案脚本的变更,还可能涉及其他部门、人员、合同内容和流程的变更。这些变更必须由统一的小组或人员汇总更新后进入新的版本,并在相关管理人员审核后发布,以确保不会发生混淆和冲突。在版本控制体系中集中建立版本序号、更新频度和职责分工等。

(2) 为了建立有效的版本控制体系,必须建立规范的灾难恢复预案的问题提交、解决、更新、跟踪和发布的渠道和流程。随着单位的发展、环境的改变、人员的调整及技术的进步,灾难恢复预案一定会存在各种各样的缺陷或需要改进地方,更完善的灾难恢复预案会带来更快的恢复速度和更大的恢复成功保证。规范的问题提交、更新和发布的渠道和流程能够更有效、更全面地减少灾难恢复预案中的缺陷,保证相关人员尽快获得最新的灾难恢复预案信息。

(3) 建立相关的保密管理规定,保证灾难恢复预案中涉及的秘密信息得到保护。灾难恢复预案中对系统的描述、通信端口、地理信息、人员信息和服务合同信息的描述可能涉及到单位的技术秘密和商业秘密,如果被别有用心的人员利用,会对单位造成重大的损害。在灾难恢复预案的保存和发布渠道方面要进行严密的控制,根据密级和工作需要分别发布,新的版本发放后应取回老版本的资料进行销毁。

(4) 灾难恢复预案在内容管理方面应注意内容的分布和粒度,可根据版本和内容的更新频度将灾难恢复的内容进行适当的分布。例如,将管理制度(包括灾难分级、组织机构、责任分工、更新管理和版本控制发布等)、主要工作流程(包括通知汇报、损害评估和恢复管理等)、工作要点提示等变更频度不高的内容放入灾难恢复预案主体内容。对于一些独立性较强(如人员疏散手册)或更新频繁的(如人员联系手册、操作手册、恢复手册、线/网路图和备品/备件手册)可以作为附件单独地进行版本的升级和发布。

(5) 建立合理的灾难恢复预案的保管制度,强调存放的安全性和易取得性。灾难恢复预案是在灾难时使用的文档,但平时需要对此进行培训、演练。易取得性是为了保证在灾难发生时迅速地获得灾难恢复预案的指导和帮助。例如,办公室内的文件柜就不是一个很好的存放地点,在灾难发生时,办公室可能无法进入;现在各单位常用的办公网络虽然可以作为发布平台但并不适合作为保管平台,因为当灾难发生时,这些网络和平台完全可能处于不可用的状态。易取得性必须经得住灾难环境的考验。

(三) 灾难恢复预案的管理方法

前面已提及,灾难恢复预案的管理应该关注灾难恢复预案的变更管理、问题管理、版本管理和发布管理。

1. 变更管理

变更管理在实际上一直很难全面做到，关键在于变更管理制度的缺失，变更范围很难判断，个别人员责任心不够强以致执行疏漏等。

以下为成功推行变更管理的要点。

（1）管理人员的支持。管理阶层要负责确保可能的变更经过评估、监督、追踪实施过程的进行。

（2）拟定计划。拟定变更管理规范，定义变更、制定权责分配、执行与记录变更的方式、判断所提改变是否有安全考虑，以及变更后检讨与改善机制、后续监测措施。

（3）变更时需提交的信息。变更前应说明所提议改变的技术基础，对于安全、健康和环保的冲击和改变，所需的时间、授权要求，是否需修改操作程序和流程，相关人员是否需培训，是否有相关信息需更新等。

（4）利用既有机制。尽量利用公司内部既有机制，如 Help Desk、公文流转系统等。

2. 问题管理

问题管理是发现并监视问题，直到找出根本原因并进行修复的过程和方法。问题管理通过提交问题报告，引起变更管理人员对问题的注意。变更管理人员协调相关技术及业务人员找出问题发生的原因，并提交解决方案。更新灾难恢复预案之后，变更管理小组关闭问题报告，变更恢复流程或恢复脚本，问题提交人员关闭问题报告。下面介绍一个问题管理的标准流程。

（1）识别及记录。发现问题的人员提交问题报告，说明问题的表现，并初步判定问题的原因。

（2）分类。问题管理人员判定问题修复的优先级，并根据问题的优先级和类型提交给相关技术和业务人员。

（3）解决。相关技术人员和业务人员针对问题报告进行分析，找出问题的根本原因并提交解决方案。

（4）更新。管理人员根据提交的解决办法更新灾难恢复预案。

（5）追踪及审查。审计人员定期审查问题报告的解决及预案的更新情况。

3. 版本管理和发布管理

版本管理和发布管理是保证灾难恢复预案更新有序、有效并及时传达的必要管理内容。版本更新和发布管理一般需要经过以下几个过程。

（1）版本编号规则定义。版本编号规则的定义是进行版本管理的基础。版本编号一般分级编制，对每个级数必须清晰地定义调整的范围和权限。一般而言，会定义一个最小的调整阈值，如固定的周期、问题严重程度和变更量等。对于不超过该阈值的变更不进行版本的更新，防止频繁的版本变更造成资源的浪费和用户的混乱。

（2）基础版本创建。首先必须定义某段时间内基础版本，基础版本可能是正式发布的试用版（征求意见版），也可能是正式版的某个版本，所有的更新请求和问题报告必须根据该阶段的基础版本提交，直到下一个基础版本的正式发布。定义基础版本是为了避免问题报告和更新管理的重复和冲突。

（3）变更记录和汇总。更新管理团队提交的更新要求应该被书面记录和汇总，定期或不定期地记入内控版本的灾难恢复预案中，变更的记录和汇总应该由统一的机构或人员负责,避免冲突或混乱。

(4) 版本更新。在更新积累到一定程度,超过版本更新规则定义的最小阈值后,可以为内控版本给定一个新的公开版本编号,并通过发布渠道向用户发布。

(5) 新版本发布。灾难恢复预案的发布必须注意易获取和保密的原则。对于授权用户,灾难恢复预案应该是易获取的;对于非授权用户而言要注意保密。

三、灾难恢复预案的培训

任何纸面上完美的计划都必须经过实践的考验,没有人可以保证团队内的所有人员都会对文档的描述有完全一致的认识。通过对所有相关流程的培训和演练,你可以发现对描述目标的不够一致的理解和流程中的错误和缺陷等。培训不但可以使相关人员认识灾难恢复工作的重要性,认识自己的职责还可以培养他们面对复杂环境的信心和冷静处理问题的能力。让所有相关人员获得必要的培训是单位成功应对灾难,减少损失的关键。

为了使相关人员了解信息系统灾难恢复的目标和流程,熟悉灾难恢复的操作规程,灾难恢复预案的教育工作应该贯穿在整个灾难恢复预案的规划、建设和维护的各个阶段。在组织灾难恢复预案的教育和培训过程中应注意以下环节。

在灾难恢复策略规划的初期,应该开始灾难恢复观念的宣传教育工作。各个职能部门必须清楚地认识到灾难恢复管理的目的、意义、过程和工作方法。保证灾难恢复策略的先进性、前瞻性和合理性。

在灾难恢复系统建设阶段,应让相关人员了解灾难恢复系统建设的流程、特点以及应该遵循的标准和规范等。保证满足用户对灾难恢复系统的功能要求、性能要求、质量要求和工期要求等。

在灾难恢复预案的制定阶段,应让相关人员了解预案的构成、工作方法、理论体系和职责分工等。灾难恢复预案不单单是信息技术部门的工作,还需要业务部门、后勤保障部门等人员的参与。特别是灾难恢复预案的制定不仅仅涉及本单位内部的具体情况,为了保证预案的完整性和可行性,相关人员也必须学习灾难恢复方法、常识指引、最佳实践和法律规范要求等相关知识。预案中的任何缺陷和考虑不周都可能会延误灾难的恢复过程,甚至造成更大的灾难。

在灾难恢复预案的演习演练阶段,演习演练不仅是对灾难恢复预案的演练和验证,也是对相关操作人员和业务人员最好的培训和教育手段之一。在灾难恢复演习演练前,应组织相关参与人员熟悉自己的角色、职责和具体的作业内容,并通过演习演练检验学习的效果和灾难恢复预案的可行性。在演习演练结束后应组织总结和讲评,发现缺陷和不足,并提出改进措施。

在灾难恢复预案的更新维护阶段,除了定期地进行演习演练外,还应该关注变更的管理和发布,应对变更影响范围内的操作、业务人员第一时间安排通知和再教育。对新近入职和转职人员在正式上岗前,也应该保证至少一次的灾难恢复和应急的流程制度和技能的教育。保证业务、操作人员在灾难发生时的响应是正确的和一致的。

除了在各个阶段要完成不同的培训教育任务外,对于不同等级和部门的人员培训教育的内容和目标也不尽相同。

作为机构管理者,必须知道信息系统灾难可能造成的影响,明确决策的依据、流程和权限。

作为灾难恢复指挥人员,必须知道机构灾难恢复策略、应急响应的流程、通信清单、物资储备和调度资源的范围与方法等。

作为评估小组人员,必须掌握相关的评估测试技术工具的使用、工作流程、工作表格、简报的原则和恢复技术手段。

作为信息技术恢复人员,必须掌握相关领域的技术基础知识和基本操作,明确灾难恢复时操作的范围和权限,必须使用的命令和脚本,并知道操作指令下达的渠道和工作结果回报的格式及渠道。

作为信息技术恢复支持人员,可能会分属于不同的部门提供相关的物资、财务、运输、法律、保险、医疗等服务支持和技术支持。恢复支持人员除了必须了解本部门/领域的工作流程、工作技能外,还必须了解在灾难发生时,适用流程制度体系的差异,如紧急调拨、现场采购、交通路线调度和纠纷赔偿处理等,均会与正常运作时的情况有较大的不同。

一个成功的灾难恢复预案的培训还需要有一个完备的培训计划。准备一个好的培训计划是一件艰巨的工作。培训计划应定义培训的目标、方式、师资来源和培训范围,如果需要,还应该将接受培训的人群进行划分,针对不同的人员类别和不同等级制定不同的培训目标,如管理层、恢复团队成员、保障团队成员、外部厂商服务商人员、业务人员和一般员工等。

在灾难恢复预案的培训中应该区分不同的培训对象,并提出不同的培训要求,安排不同的培训计划。除了定义培训的目标和对象和时间计划外,还应定期地更新培训教程和培训目标。培训计划不能影响关键业务的开展。应根据培训和训练中发现的问题及时更新灾难恢复预案,并根据更新的结果适当调整培训内容。

四、灾难恢复预案的演练

建立灾难备份系统和制定灾难恢复预案,最终的目的是希望一旦发生灾难性事件时,可以利用灾难备份系统以及相应的灾难恢复预案完成信息系统的恢复,保持业务的连续性。所有的组织都不希望看到:出现灾难情况时,他们所建立的灾难备份系统或灾难恢复预案无效或不能及时地进行恢复业务。因此,如何检验和确保灾难备份系统的有效性、如何检验和确保灾难恢复预案的有效性、如何确保相应的灾难恢复预案可以顺利地由灾难恢复团队执行和运作,这都成为一个单位建立灾难备份系统和灾难恢复预案后必须面对的问题。

要回答上面的问题,检验灾难备份系统的有效性、灾难恢复预案的有效性,演练是一个重要的手段和方法。通过演练,可以发现灾难备份系统的缺失或灾难恢复预案的不足,并加以改进,以便确保相应的灾难备份系统和灾难恢复预案可以在危机关头提供有效的保护和支持。

(一) 演练的目的

根据各个等级的灾难备份系统策略,可以进行不同类型的演练,但整体上讲,演练一般需要达到以下的目标。

1. 验证能力

灾难恢复是一个系统工程,包含基础环境、灾难备份系统、相关的恢复预案和组织协调等,通过演练,对相应的内容是否可以支撑灾难时的业务恢复需求进行检验。

关于基础环境部分,需要对灾难恢复时的场地、业务恢复环境、配套设施和灾难恢复时 IT 系统所依赖的基础设施,如 UPS、供电、机房环境和进入控制等各个方面的能力是否可以满足灾难恢复的需要进行检验。

关于灾难备份系统,需要对数据备份系统、备用数据处理系统、备份网络系统等各个方面进行检验和验证。对灾难备份系统的运营和管理能力也是一种检验,通过演练,可以对灾难备份系统在日常运营管理情况、数据同步情况、系统版本管理情况、灾难备份中心的响应及时性和有效性进行检验和验证。

通过演练,也是对整个灾难恢复执行过程中组织协调能力的检验和验证。在灾难发生时,需要面对媒体公关、客户安抚、员工指引等各项工作的有序开展和及时协调等多方面的工作,对灾难恢复的组织机构、人员操作和工作协调均有着较高的要求。通过演练也可以检验单位是否已经具备了相应的应变能力和执行力,确保在基础环境、灾难备份 IT 系统等硬件基础上,各项相关方面都已经准备有序。

以上各个方面的能力只有通过演练和演习才能体现出来,也只有通过以上各个方面能力的整体综合检验,才可以确保灾难备份系统和灾难恢复预案可以信赖的,可以在发生灾难事件时具备相应的灾难恢复能力。

2. 发现不足

建立灾难备份系统和制定灾难恢复预案,只是一个基础和起点,并不是一个一劳永逸的工作。

对于初次建立的灾难备份系统和灾难恢复预案,需要通过演练和演习来发现不足。对于已经进入正常运营的灾难备份系统和灾难恢复预案,由于业务、IT 系统的变化和变更以及组织架构的变化和调整,也需要不断地进行演练和演习,以发现和解决问题,确保灾难备份系统和灾难恢复预案的正确性、有效性和可操作性。

3. 流程改进

为了灾难备份系统的有效恢复,在灾难恢复预案中定义了不少的流程和规范,这些工作流程和规范在相当大的程度上保证了在灾难事件的危机情况下各项工作的有序执行与有效恢复。

这些流程和规范会随着技术和业务的发展不断变化和优化。通过演练和演习,我们可以发现流程和规范上的不足,不断进行改进,确保灾难恢复工作可以有效的运作。

4. 锻炼团队

所有的工作都是由人来完成的,灾难备份系统的可用性和有效性需要依靠运营团队,灾难恢复预案的执行、系统的恢复和业务的连续性需要依靠各个恢复团队的有效执行。因此,如何保证各个团队以及相关人员对灾难恢复工作熟悉和有效执行是灾难恢复的关键。

通过演练,可以使灾难恢复的指挥团队、技术恢复团队、业务恢复团队和后勤保障团队等熟悉、了解相关的策略、流程和方法;通过演练,使相关团队的人员能进行实际操作和完成具体的工作内容,使相关人员掌握相关的技术和规程;通过演练,也使各个业务部门、后勤部门和公关控制部门了解情况和处理的方法,在整体上保证灾难恢复和业务连续性。

特别是在灾难危机情况下,人员的心理和生理均会有不同程度的冲击,在平时通过演练和演习,使相关人员和团队对相关工作和流程有一定的熟悉和掌握,可以有效地避免危急情况下出现的混乱情况和保证各项工作有序开展。

(二) 演练的方式

根据不同的需要和具体的情况,灾难恢复的演练可以有多种不同的形式和深度,在熟悉灾难恢复预案、组织协调以及人员的工作执行能力等各个方面进行演练和检验。

总体上讲,演练的主要方式有桌面演练、模拟演练、实战演练等。据演练的深度,可分为系统级演练、应用级演练、业务级演练等。根据演练的准备情况,可分为计划内的演练、计划外的演练等。

即检验灾难备份系统和灾难恢复团队在计划安排情况下和非计划安排、突然通知的情况下的应变能力和实际恢复效果。

下面对各种主要的演练方式进行介绍。

1. 桌面演练

桌面演练,顾名思义就是采用会议等方式在室内进行的模拟演练,所有演练工作和参与的人员均采用工作坊或会议等形式,对可能的灾难情景进行模拟演练,往往不牵扯真正的系统切换、业务恢复和实地操作,主要参与人员根据灾难情景假设,表述自己的响应和处理行动,并对灾难恢复期间的组织协调、职责分工、需要进行的工作和具体内容进行纸面或口头的表述和演练。

桌面演练具有实施容易、成本低廉、风险低等特点,往往在进行培训、场景演练和一些大型演练之前的准备工作中采用。

通过桌面演练,可以检验各个参与人员和团队是否熟悉和明了自己的职责、任务,可以检验组织协调工作的路径和方式是否清晰和适用等,也可以检验灾难恢复预案是否与实际情况和组织架构相适应,使各个相关人员对灾难恢复的场景、流程、任务和指挥协调方式进行熟悉和掌握,使各个恢复团队和相关人员对全局有一个整体的了解和掌握,使得一旦发生问题可以更有效地进行灾难恢复工作。

桌面演练是一种"纸上谈兵"的演练形式。由于桌面演练形式、内容和方式的特点,它往往不能实际检验灾难备份系统和灾难恢复预案的实际效果,它主要的作用和目的在于对人员、手册、流程等方面进行培训和一定程度上的检验。

2. 模拟演练

模拟演练一般采用实际灾难备份系统和利用灾难恢复预案进行模拟的系统切换和进行业务恢复的模拟演练。大多数灾难备份系统和灾难备份预案采用模拟演练进行业务连续性能力的检验。

模拟演练一般包含以下工作:事前的准备工作,制定相应的演练工作计划,演练前的准备会议和分工,使用备份系统进行系统切换和系统恢复,使用备份网络进行网络切换和恢复,依照灾难恢复预案进行相应的业务恢复工作,在灾难备份系统完成系统恢复和网络恢复后进行业务的模拟演练和检验。

在进行模拟演练时,可能会一定程度上对正常的业务服务产生影响,如在进行灾难恢复演练时,为保证业务的处理不发生混乱,可能会短时间中断参与演练地区的正常对外服务,具有一定的风险。因此,一些单位的模拟演练往往会选择在业务处理影响较小的夜间和假期进行。

通过模拟演练,可以相当真实地检验灾难备份系统的可用性、有效性,可以检验灾难备份系统和灾难恢复预案是否可以满足业务恢复的需求和业务连续性的策略要求,可以有效地检验各个恢复团队的工作能力、对灾难恢复流程和任务的掌握程度、各个部门与各个恢复团队的相互配合和组织协调情况。

通过模拟演练,可以在相当程度上使参与人员熟悉灾难的场景、工作任务的执行过程、工作的流程和组织协调方法,使得一旦发生灾难时可以保持冷静和镇定,并且可以根据平时的模拟演练所得到的经验和积累进行相应的恢复工作。

3. 实战演练

桌面演练和模拟演练均是利用灾难备份系统和灾难恢复预案,在灾难备份系统上进行业务的恢复和模拟演练,并不真正将生产运行系统切换到备份系统上对外提供正常的业务服务。在一些单位中,特别是一些关键的业务和公众服务支持系统,为确保灾难恢复的有效性,有进行实战演练的需要。

实战演练与模拟演练不同的是:在灾难备份系统上完成系统恢复和业务恢复后,会将业务处理真正切换到灾难备份系统上,由灾难备份系统提供正常的业务服务,所有实战演练期间的业务处理均由灾难备份系统提供服务和进行处理。原来的生产系统可以进行必要的系统维护或为灾难备份系统提供后续支持。

实战演练说起来容易做起来有相当的难度。由于系统切换的复杂性,在进行系统切换和业务恢复时,可能会存在一定的风险因素,包括系统的风险和业务恢复的风险,并且也可能会存在短时间的服务中断,实际能进行实战演练的灾难备份系统并不是非常多。但是,通过实战演练,可以最大程度地检验灾难备份系统和灾难恢复预案的有效性和恢复能力。

灾难恢复的演练主要可以归纳为以上三种方式。根据其深度的不同,以上各种演练方式还可以分为系统级演练、应用级演练和业务级演练。

(1) 系统级演练,主要是根据需要和实际情况仅进行 IT 系统级的演练,确认和检验灾难备份系统能进行必要的恢复工作,保证能提供某一个范围的系统恢复能力,如主机系统的恢复演练和网络系统的恢复演练等。

(2) 应用级演练,主要指根据需要和实际情况,进行整个业务应用系统的恢复,并且主要侧重于 IT 应用系统的恢复,通常为信息技术部门内部进行的演练和检验。并不会引入业务部门的参与进行大规模的业务演练工作。

(3) 业务级演练,主要指根据需要和实际情况,进行包含业务部门和各个分支机构参与的灾难备份恢复演练工作,会在前面系统级演练、应用级演练的基础上,由业务恢复团队或业务部门、分支机构进行业务的恢复和处理,以检验灾难恢复能力。

根据演练的准备情况,演练还可以分为计划内演练和计划外演练。

(1) 计划内演练,主要指事先进行详细的演练工作计划,并且各参与人员事前已经明确得到通知和有相应的准备。演练工作基本上按计划进行。

(2) 计划外演练,主要指各个恢复团队和相关系统在事前没有得到通知的情况下,采用突然通知的方式进行某种灾难场景的演练,可以进一步真实模拟灾难危机发生时的特点和情况,检验灾难备份系统、灾难恢复预案、灾难恢复各个相关人员的应急处理和反应,检验系统和业务的恢复能力和恢复情况。

事实上,随着灾难备份系统、灾难恢复预案和组织的建立与完善,以上多种演练方式会在一次演练中混合使用或交替采用,甚至一个大型灾难备份系统的演练可能包含以上各种演练方式。通过以上各种演练,可以使得系统和业务的恢复能力和恢复效果得到有效的检验,使得灾难恢复团队得到有效的锻炼和检验。

(三) 演练的过程管理

各个单位,应根据自身的灾难备份策略和灾难恢复预案,确定不同的演练方式和内容,并组织进行演练。

在演练过程中,主要关注和明确以下主要内容。

1. 场景管理

所有的灾难恢复演练均需要基于一个灾难的场景或假设,这个场景或假设代表着灾难备份系统、灾难恢复预案所防备的风险和需要面对的危机情况。

对于风险和灾难,可能会有多种情况,如火灾、地震、台风、系统故障和电力中断等,对于演练的场景,必须有一定的代表性和针对性。

对于多数灾难恢复预案演练的场景,我们往往基于最坏的考虑,如像生产系统不能使用或无法提供服务这样的场景或假设,这样的场景和假设可以代表大多数的灾难情况以及造成的后果,不用拘泥于具体的场景和情况,将主要注意力集中到如何进行系统恢复和业务恢复。

当然,为了进行一些针对性较强的演练,根据平时出现过或具有直接威胁的风险可以专门设计相关的场景演练,以增强灾难场景的真实感和现场感,并且适当演练针对各种灾难事件的响应和决策流程,如以主机环境电力中断、空调系统严重故障、机房受到水淹威胁为场景进行演练。

因此,针对演练的主要目的和需要解决的问题,可以设计不同的场景和假设进行演练。

2. 组织和团队

灾难恢复预案中一个重要的内容是明确相关的灾难恢复组织架构,并且依靠相应的组织和团队进行灾难恢复工作。演练的重要目的也是培训和锻炼相关的组织和团队能真正掌握有关的流程和任务,保证在灾难的情况下能进行有效及时的恢复。

演练的组织架构与灾难恢复预案中明确的组织架构一致,主要包括以下团队。

(1) 灾难恢复演练指挥小组负责灾难恢复演练期间总体的协调指挥和决策,一般包括灾难恢复演练总指挥、灾难恢复演练协调人、通信小组及助理人员等。灾难恢复的总指挥一般由单位的直接负责人担任或其指定的授权人担任。

(2) 灾难恢复评估小组成员由各系统专家组成,负责演练期间对灾害损害的范围、大小及可能需要的修复时间和修复资源进行评估。

(3) 灾难恢复技术小组负责具体演练期间系统的恢复工作,一般包括环境设施恢复小组、主机系统恢复小组、应用系统恢复小组和网络恢复小组等,每个小组包括组长和恢复技术人员若干。

(4) 灾难恢复支持小组主要负责演练期间后勤保障和技术支持等，主要包括后勤支持小组、厂商支持、业务支持以及法律和保险支持等。

3. 演练过程的管理

(1) 基于演练的场景和假设前提下，制定演练的方案和计划，并得到演练领导小组的审批和批准。

(2) 根据相关的计划，在演练前进行准备会议，明确人员安排、职责分工、任务安排和时间计划，并根据演练的需要落实相应的资源，如备份主机资源、人员安排、业务部门的配合要求、演练使用的案例和基础数据清单等。

(3) 需要清晰地定义指挥协调机制，包括汇报的路径和流程、指挥协调的工作方法和机制、各个团队和单位的协调配合机制，以确保整个演练过程的顺利进行，并且需要参与演练的各个团队和人员对相关的工作汇报、指挥协调机制达到应有的了解和掌握。

(4) 根据演练的规模和复杂程度，可能需要对于演练中出现的问题如何处理、如何跟进以及如何知会相关人员和单位给出一定的指引。在灾难事件和演练过程中，由于灾难事件的不确定性和系统/业务的复杂性，随时可能出现意外的情况和问题，需要适当安排应急处理人员和相应的工作流程使问题能得到及时的处理，相应的信息可以及时合理地进行沟通，保证整个演练的顺利进行。

在完成以上准备工作后，便可以根据有关的计划和灾难恢复预案进行演练。在演练中，根据计划，各个恢复团队使用灾难恢复预案中的流程和手册进行系统恢复和业务恢复，通过有关的工作，检验相关的流程和手册的有效性和正确性，并检验各个工作需要的时间和相互的配合，在整体上检验灾难恢复的成效和所需时间是否符合单位的策略和需求。

对大型灾难备份系统进行的演练和演习，还可能需要专业的方法和专业的手段进行组织准备工作，适当的情况下，可以利用专业的灾难恢复服务商的力量提供协助，借鉴专业的成功经验和业界的最佳实践指导，建立相关的演练模式和流程。

4. 演练过程的记录

对于灾难恢复演练，需要全程进行记录，记录的目的是检查各项工作的完成情况，是否按时间计划进行，中间出现的问题和需要改进的地方。

在演练过程中以及将来在灾难恢复工作中，需要建立一些记录表格或表单，对工作内容、开始时间、结束时间和当时的情况等进行填写和记录。有效保存当时的情况以及所进行的处理，对事后的总结和评估十分有意义。

在演练过程中，若具体的情况和操作过程与灾难恢复预案中定义的流程和操作命令有不符的情况，必须进行相应的调整和补充，相关的人员必须详细记录有关的操作步骤和过程，以便在后续的完善工作中对灾难恢复预案和流程进行调整和优化。

有关的记录、各方专家和资源提供协助与制定解决方案等重要基础资料，灾难期间和恢复过程中的主要情况、采取的措施和策略、具体的操作过程，如同刑侦工作需要保留现场一样，在可能的情况下均应留有一定的记录，用于问题的追踪和处理的留底。同样，在演练过程中也需要建立良好的记录工作习惯和工作流程，为事后的总结和评估等后续工作提供重要的支持和基础。

(四)演练的总结和评估等后续工作

演练完成后,需要进行总结和评估工作。对演练的效果、灾难备份系统的能力、团队的执行情况和整体恢复效果进行总结和评估,以改善相关的灾难恢复预案、工作流程和工作团队等各个方面的内容,确保一旦发生灾难,可以进行有效的恢复,保证单位的业务连续性和对外的服务水平。

1. 总结和评估

演练的总结和评估十分重要,在演练完成后,总结和评估工作不应拖得太久,应尽快进行,以保证有关的问题和意见能及时发现和处理。

在演练总结时,可能需要各个恢复团队和重要人员进行汇报和小结,通过演练的汇报和小结,参与者可能会发现灾难恢复策略和流程中忽略的一些重要的需求和问题,从而帮助单位有效地改善灾难恢复预案和策略,提高单位的灾难恢复能力。

通过演练的总结和评估,可以对灾难恢复预案的有效性、各恢复团队和相关人员的执行情况、人员对计划和手册的熟悉程度进行评估,对整个业务恢复的成效和时间要求是否达到预期的效果和目标进行总结和评估,从而对单位的灾难恢复能力和效果有一个清晰的认识和检验。

通过演练和总结,也可以对参与演练的各个团队和单位的管理层、员工带来一定的心理安慰,使得相关的人员对灾难的情况、恢复的流程和恢复的成效有相当的熟悉和了解,增强应对灾难的信心和防止灾难事件发生时出现的混乱情况。

2. 完善和调整

实践是检验真理的唯一标准,通过演练,对灾难备份系统和灾难恢复预案进行全面的检验和测试,对灾难恢复团队和各个相关人员进行全面的锻炼和培养,对各项工作和团队成员之间的相关性和依赖关系进行全面的体现和梳理。

在演练过程中,可能会发现不少问题和变化,这可能与灾难备份系统的复杂性、灾难事件的不确定性,以及业务和IT系统的发展变化有着密切的关系。通过演练,使相应的流程和工作内容得以完善和调整,相应的灾难恢复预案得以完善和优化,以确保整个灾难备份系统和灾难恢复预案能始终保持良好的可用性和有效性,从而保证单位的灾难恢复能力和业务连续性。

在完善有关的系统和预案后,需要根据前述章节的灾难恢复预案的管理方法进行版本更新和维护,并进行适当的分发和保存,才能算完整地完成灾难恢复的演练工作。

本 章 小 结

灾难恢复需求是整个体系结构合理、协调工作的核心。根据确定的灾难恢复需求目标,可选取体系结构中的相应技术和规划措施来统筹考虑,将其集成起来,统一、协调地工作,从而为信息系统提供整体的灾难恢复解决方案。灾难恢复需求的确定需要进行风险分析、业务影响分析,并确定灾难恢复目标。

灾难恢复计划与措施是灾难恢复体系结构的重要组成部分,它以实现灾难恢复指标为目的,结合多种灾难备份与恢复技术,对整个灾难恢复系统进行统一管理。灾难恢复计划与措施的建立和实施过程,实际上是进行一个运营的项目,因此也涉及到项目管理的方方面面。

信息系统的使用或管理组织(以下简称组织)应结合其具体情况建立灾难恢复的组织机构,并明确其职责,其中一些人可负责两种或多种职责,一些职位可由多人担任。灾难恢复日常运行组的主要职责是负责协助灾难恢复系统实施,灾难备份中心日常管理,灾难备份系统的运行和维护,灾难恢复的专业技术支持,参与和协助灾难恢复预案的教育、培训和演练,维护和管理灾难恢复预案,突发事件发生时的损失控制和损害评估,灾难发生后信息系统和业务功能的恢复,以及灾难发生后的外部协作。

灾难恢复流程是指在主数据中心发生计算机系统故障或灾难事件时,为了尽可能减少对业务造成的损失,而制定的抢救措施、故障隔离措施、恢复步骤和方法、与各有关部门和人员的联系方式等。灾难恢复流程是控制风险的一种有效方法,是灾难备份恢复的一个重要组成部分。灾难恢复流程的内容应尽量详尽,并易于操作。

作 业 题

一、选择题

1. 信息系统灾难恢复规范中对第五级灾难恢复能力规定的 RTO 和 RPO 分别是(   )。
   A. 数分钟至2天、0至30分钟
   B. 数小时至2天、数小时至1天
   C. 数小时至2天、0至30分钟
   D. 数分钟至2天、数小时至1天

2. 下列关于灾难恢复的说法中,不正确的是(   )。
   A. RTO 的长短反应了一个容灾系统性能的好坏
   B. RPO 是灾难发生后,信息系统或业务功能从停顿到恢复使用时的时间要求
   C. 在降级运行时间内,系统的保护和自愈能力较弱
   D. 我国的相关规定将灾难恢复分为六个等级

3. 灾备中心的日常运营管理要求包括(   )。
   A. 7×24h 的要求
   B. "小概率、高风险"的管理要求
   C. "演练为主,实操为辅"的日常管理要求
   D. 工作重复性较强,质量控制难度较大

4. 灾难恢复系统建设具有(   )。
   A. 复杂性
   B. 有限性
   C. 关联性
   D. 连续性

5. 基于知识的风险分析方法有(   )。
   A. 问卷调查
   B. 会议讨论
   C. 网络投票
   D. 人员访谈

6. 风险分析中的定量分析关键指标是(   )。
   A. 年度发生率
   B. 资产价值
   C. 年度损失期望
   D. 暴露因数

7. 风险计算是采用适当的方法与工具确定威胁利用脆弱性导致信息系统灾难发生的可能性,主要包括(   )内容。
   A. 计算灾难发生的可能性
   B. 计算灾难发生后的损失
   C. 计算风险值
   D. 计算灾难恢复时间

8. 评价资产的安全属性有(　　)。
   A. 完整性　　　　B. 机密性　　　　C. 可用性　　　　D. 扩展性
9. 总体拥有成本英文简写是(　　)。
   A. TEO　　　　B. TCO　　　　C. CEO　　　　D. CIO
10. 用于表示灾难发生后恢复系统运行所需时间的指标是(　　)。
    A. RIO　　　　B. RTO　　　　C. RPO　　　　D. TCO
11. SHARE 78 国际组织提出的标准,可将灾难恢复解决方案分为(　　)。
    A. 8 级　　　　B. 5 级　　　　C. 7 级　　　　D. 4 级
12. 远程复制的两种复制模式是(　　)。
    A. 半同步远程复制　　　　　　　　B. 同步远程复制
    C. 半异步远程复制　　　　　　　　D. 异步远程复制

二、填空题

1. 灾难恢复系统建设要考虑_____和_____之间的平衡,找到一个最佳方案。
2. 风险分析方法有:_____、_____、_____、_____。
3. 信息系统脆弱性主要从_____、_____考虑。
4. 灾难发生造成业务中断,可能造成的损失主要包括_____、_____、_____。
5. 对信息系统造成威胁的因素有_____、_____、_____。
6. 业务影响分析需要从_____、_____来收集相关的信息。
7. 一般从服务客户群及影响、服务时间和响应要求、业务可替代性、_____、_____方面考虑业务系统的恢复优先级。
8. 业务影响分析报告一般包括_____、_____和_____等内容。
9. 信息系统灾难恢复建设内容包含_____、_____和_____。
10. 灾难恢复系统的指标是_____、_____。
11. 灾难恢复建设分_____、_____、_____、_____、_____五个阶段。
12. 灾难备份中心的选址应遵循的原则是:_____、_____、_____、_____、_____。
13. 灾难恢复的演练可以有多种不同的形式和深度,演练的主要方式有:_____、_____、_____等。据演练的深度可分为:_____、_____、_____等。根据演练的准备情况可分为:_____、_____等。

三、简答题

1. 风险分析的要素有哪些?
2. 风险分析的目标有哪些?
3. 描述五级风险等级划分方法。
4. 风险分析报告主要内容有哪些?
5. 简述灾难恢复成本的组成。
6. 灾难恢复项目的成本来源于哪些方面?
7. 灾难恢复系统成本主要来源哪些方面?
8. 简要描述国标信息系统的灾难恢复等级。

9. 简述灾难恢复建设的主要内容。
10. 简述灾难恢复需求分析过程。
11. 简述灾难备份中心的选址原则。
12. 简述灾难恢复日常运行组的主要职责。
13. 简述灾难恢复流程的内容。

附录 信息系统灾难恢复规范

中华人民共和国国家标准 GB/T 20988—2007
信息安全技术 信息系统灾难恢复规范

1 范 围

本标准规定了信息系统灾难恢复应遵循的基本要求。

本标准适用于信息系统灾难恢复的规划、审批、实施和管理。

2 规范性引用文件

下列文件中的条款通过本标准的引用而成为本标准的条款。凡是注日期的引用文件,其随后所有的修改单(不包括勘误的内容)或修订版均不适用于本标准,然而,鼓励根据本标准达成协议的各方研究是否可使用这些文件的最新版本。凡是不注日期的引用文件,其最新版本适用于本标准。

GB/T 5271.8—2001 信息技术 词汇第 8 部分:安全

GB/T 20984 信息安全技术 信息安全风险评估规范

3 术语和定义

GB/T 5271.8—2001 确立的以及下列术语和定义适用于本标准。

3.1 灾难备份中心 backup center for disaster recovery

备用站点 alternate site 用于灾难发生后接替主系统进行数据处理和支持**关键业务功能**(3.6)运作的场所,可提供**灾难备份系统**(3.3)、备用的基础设施和专业技术支持及运行维护管理能力,此场所内或周边可提供备用的生活设施。

3.2 灾难备份 backup for disaster recovery

为了**灾难恢复**(3.9)而对数据、数据处理系统、网络系统、基础设施、专业技术支持能力和运行管理能力进行备份的过程。

3.3 灾难备份系统 backup system for disaster recovery

用于**灾难恢复**(3.9)目的,由数据备份系统、备用数据处理系统和备用的网络系统组成的信息系统。

3.4 业务连续管理 business continuity management BCM

为保护组织的利益、声誉、品牌和价值创造活动,找出对组织有潜在影响的威胁,提供建设组织有效反应恢复能力的框架的整体管理过程。包括组织在面临灾难时对恢复或连续性的管理,以及为保证业务连续计划或灾难恢复预案的有效性的培训、演练和检查的全部过程。

3.5 业务影响分析 business impact analysis BIA

分析业务功能及其相关信息系统资源、评估特定灾难对各种业务功能的影响的过程。

3.6 关键业务功能 critical business functions
如果中断一定时间,将显著影响组织运作的服务或职能。

3.7 数据备份策略 data backup strategy
为了达到数据恢复和重建目标所确定的备份步骤和行为。通过确定备份时间、技术、介质和场外存放方式,以保证达到**恢复时间目标(3.17)**和**恢复点目标(3.18)**。

3.8 灾难 disaster
由于人为或自然的原因,造成信息系统严重故障或瘫痪,使信息系统支持的业务功能停顿或服务水平不可接受、达到特定的时间的突发性事件。通常导致信息系统需要切换到灾难备份中心(3.12)运行。

3.9 灾难恢复 disaster recovery
为了将信息系统从**灾难(3.8)**造成的故障或瘫痪状态恢复到可正常运行状态、并将其支持的业务功能从灾难造成的不正常状态恢复到可接受状态,而设计的活动和流程。

3.10 灾难恢复预案 disaster recovery plan
定义信息系统灾难恢复过程中所需的任务、行动、数据和资源的文件。用于指导相关人员在预定的灾难恢复目标内恢复信息系统支持的关键业务功能。

3.11 灾难恢复规划 disaster recovery planning DRP
为了减少灾难带来的损失和保证信息系统所支持的**关键业务功能(3.6)**在灾难发生后能及时恢复和继续运作所做的事前计划和安排。

3.12 灾难恢复能力 disaster recovery capability
在灾难发生后利用灾难恢复资源和灾难恢复预案及时恢复和继续运作的能力。

3.13 演练 exercise
为训练人员和提高灾难恢复能力而根据**灾难恢复预案(3.10)**进行活动的过程。包括桌面演练、模拟演练、重点演练和完整演练等。

3.14 场外存放 offsite storage
将存储介质存放到离主中心(3.14)有一定安全距离的物理地点的过程。

3.15 主中心 primary center
主站点 primary site
生产中心 production center
主系统所在的数据中心。

3.16 主系统 primary system
生产系统 production system
正常情况下支持组织日常运作的信息系统。包括主数据、主数据处理系统和主网络。

3.17 区域性灾难 regional disaster
造成所在地区或有紧密联系的邻近地区的交通、通信、能源及其他关键基础设施受到严重破坏,或大规模人口疏散的事件。

3.18 恢复时间目标 recovery time objective RTO
灾难发生后,信息系统或业务功能从停顿到必须恢复的时间要求。

3.19 恢复点目标 recovery point objective RPO
灾难发生后,系统和数据必须恢复到的时间点要求。

3.20 重续 resumption
灾难备份中心(3.1)替代**主中心**(3.14),支持**关键业务功能**(3.6)重新运作的过程。

3.21 回退 return
复原 restoration

支持业务运作的信息系统从**灾难备份中心**(3.1)重新回到**主中心**(3.14)运行的过程。

4 灾难恢复概述

4.1 灾难恢复的工作范围

信息系统的灾难恢复工作,包括灾难恢复规划和灾难备份中心的日常运行、关键业务功能在灾难备份中心的恢复和重续运行,以及主系统的灾后重建和回退工作,还涉及突发事件发生后的应急响应。

其中,灾难恢复规划是一个周而复始、持续改进的过程,包含以下几个阶段:
——灾难恢复需求的确定;
——灾难恢复策略的制定;
——灾难恢复策略的实现;
——灾难恢复预案的制定、落实和管理。

4.2 灾难恢复的组织机构

4.2.1 组织机构的设立

信息系统的使用或管理组织(以下简称"组织")应结合其日常组织机构建立灾难恢复的组织机构,并明确其职责。其中一些人可负责两种或多种职责,一些职位可由多人担任(灾难恢复预案中应明确他们的替代顺序)。

灾难恢复的组织机构由管理、业务、技术和行政后勤等人员组成,一般可设为灾难恢复领导小组、灾难恢复规划实施组和灾难恢复日常运行组。

组织可聘请具有相应资质的外部专家协助灾难恢复实施工作,也可委托具有相应资质的外部机构承担实施组以及日常运行组的部分或全部工作。

4.2.2 组织机构的职责

4.2.2.1 灾难恢复领导小组

灾难恢复领导小组是信息系统灾难恢复工作的组织领导机构,组长应由组织最高管理层成员担任。领导小组的职责是领导和决策信息系统灾难恢复的重大事宜,主要如下:
——审核并批准经费预算;
——审核并批准灾难恢复策略;
——审核并批准灾难恢复预案;
——批准灾难恢复预案的执行。

4.2.2.2 灾难恢复规划实施组

灾难恢复规划实施组的主要职责是负责:
——灾难恢复的需求分析;
——提出灾难恢复策略和等级;
——灾难恢复策略的实现;
——制定灾难恢复预案;

——组织灾难恢复预案的测试和演练。

4.2.2.3 灾难恢复日常运行组

灾难恢复日常运行组的主要职责是负责：

——协助灾难恢复系统实施；
——灾难备份中心日常管理；
——灾难备份系统的运行和维护；
——灾难恢复的专业技术支持；
——参与和协助灾难恢复预案的教育、培训和演练；
——维护和管理灾难恢复预案；
——突发事件发生时的损失控制和损害评估；
——灾难发生后信息系统和业务功能的恢复；
——灾难发生后的外部协作。

4.3 灾难恢复规划的管理

组织应评估灾难恢复规划过程的风险、筹备所需资源、确定详细任务及时间表、监督和管理规划活动、跟踪和报告任务进展以及进行问题管理和变更管理。

4.4 灾难恢复的外部协作

组织应与相关管理部门、设备及服务提供商、电信、电力和新闻媒体等保持联络和协作，以确保在灾难发生时能及时通报准确情况和获得适当支持。

4.5 灾难恢复的审计和备案

灾难恢复的等级评定、灾难恢复预案的制定，应按有关规定进行审计和备案。

5 灾难恢复需求的确定

5.1 风险分析

标识信息系统的资产价值,识别信息系统面临的自然的和人为的威胁,识别信息系统的脆弱性,分析各种威胁发生的可能性并定量或定性描述可能造成的损失,识别现有的风险防范和控制措施。通过技术和管理手段,防范或控制信息系统的风险。依据防范或控制风险的可行性和残余风险的可接受程度,确定对风险的防范和控制措施。信息系统风险评估方法可参考 GB/T XXX《信息安全风险评估指南》。

5.2 业务影响分析

5.2.1 分析业务功能和相关资源配置

对组织的各项业务功能及各项业务功能之间的相关性进行分析,确定支持各种业务功能的相应信息系统资源及其他资源,明确相关信息的保密性、完整性和可用性要求。

5.2.2 评估中断影响

应采用如下的定量和/或定性的方法,对各种业务功能的中断造成的影响进行评估：

——定量分析:以量化方法,评估业务功能的中断可能给组织带来的直接经济损失和间接经济损失；
——定性分析:运用归纳与演绎、分析与综合以及抽象与概括等方法,评估业务功能的中断可能给组织带来的非经济损失,包括组织的声誉、顾客的忠诚度、员工例如的信心、社会和政治影响等。

5.3 确定灾难恢复目标

根据风险分析和业务影响分析的结果,确定灾难恢复目标,包括:
——关键业务功能及恢复的优先顺序;
——灾难恢复时间范围,即 RTO 和 RPO 的范围。

6 灾难恢复策略的制定

6.1 灾难恢复策略制定的要素

6.1.1 灾难恢复资源要素

支持灾难恢复各个等级所需的资源(以下简称"灾难恢复资源")可分为如下 7 个要素:
——数据备份系统:一般由数据备份的硬件、软件和数据备份介质(以下简称"介质")组成,如果是依靠电子传输的数据备份系统,还包括数据备份线路和相应的通信设备;
——备用数据处理系统:指备用的计算机、外围设备和软件;
——备用网络系统:最终用户用来访问备用数据处理系统的网络,包含备用网络通信设备和备用数据通信线路;
——备用基础设施:灾难恢复所需的、支持灾难备份系统运行的建筑、设备和组织,包括介质的场外存放场所、备用的机房及灾难恢复工作辅助设施,以及容许灾难恢复人员连续停留的生活设施;
——专业技术支持能力:对灾难恢复系统的运转提供支撑和综合保障的能力,以实现灾难恢复系统的预期目标。包括硬件、系统软件和应用软件的问题分析和处理能力、网络系统安全运行管理能力、沟通协调能力等;
——运行维护管理能力:包括运行环境管理、系统管理、安全管理和变更管理等;
——灾难恢复预案。

6.1.2 成本效益分析原则

根据灾难恢复目标,按照灾难恢复资源的成本与风险可能造成的损失之间取得平衡的原则(以下简称"成本风险平衡原则")确定每项关键业务功能的灾难恢复策略,不同的业务功能可采用不同的灾难恢复策略。

6.1.3 灾难恢复策略的组成

灾难恢复策略主要包括:
——灾难恢复资源的获取方式;
——灾难恢复能力等级(见附录 A),或灾难恢复资源各要素的具体要求。

6.2 灾难恢复资源的获取方式

6.2.1 数据备份系统

数据备份系统可由组织自行建设,也可通过租用其他机构的系统而获取。

6.2.2 备用数据处理系统

可选用以下三种方式之一来获取备用数据处理系统:
——事先与厂商签订紧急供货协议;
——事先购买所需的数据处理设备并存放在灾难备份中心或安全的设备仓库;
——利用商业化灾难备份中心或签有互惠协议的机构已有的兼容设备。

6.2.3 备用网络系统

备用网络通信设备可通过 6.2.2 所述的方式获取；备用数据通信线路可使用自有数据通信线路或租用公用数据通信线路。

6.2.4 备用基础设施

可选用以下三种方式获取备用基础设施：
—— 由组织所有或运行；
—— 多方共建或通过互惠协议获取；
—— 租用商业化灾难备份中心的基础设施。

6.2.5 专业技术支持能力

可选用以下几种方式获取专业技术支持能力：
—— 灾难备份中心设置专职技术支持人员；
—— 与厂商签订技术支持或服务合同；
—— 由主中心技术支持人员兼任；但对于 RTO 较短的关键业务功能，应考虑到灾难发生时交通和通信的不正常，造成技术支持人员无法提供有效支持的情况。

6.2.6 运行维护管理能力

可选用以下对灾难备份中心的运行维护管理模式：
—— 自行运行和维护；
—— 委托其他机构运行和维护。

6.2.7 灾难恢复预案

可选用以下方式，完成灾难恢复预案的制定、落实和管理：
—— 由组织独立完成；
—— 聘请具有相应资质的外部专家指导完成；
—— 委托具有相应资质的外部机构完成。

6.3 灾难恢复资源的要求

6.3.1 数据备份系统

组织应根据灾难恢复目标，按照成本风险平衡原则，确定：
—— 数据备份的范围；
—— 数据备份的时间间隔；
—— 数据备份的技术及介质；
—— 数据备份线路的速率及相关通信设备的规格和要求。

6.3.2 备用数据处理系统

组织应根据关键业务功能的灾难恢复对备用数据处理系统的要求和未来发展的需要，按照成本风险平衡原则，确定备用数据处理系统的：
—— 数据处理能力；
—— 与主系统的兼容性要求；
—— 平时处于就绪还是运行状态。

6.3.3 备用网络系统

组织应根据关键业务功能的灾难恢复对网络容量及切换时间的要求和未来发展的需

要,按照成本风险平衡原则,选择备用数据通信的技术和线路带宽,确定网络通信设备的功能和容量,保证灾难恢复时,最终用户能以一定速率连接到备用数据处理系统。

6.3.4 备用基础设施

组织应根据灾难恢复目标,按照成本风险平衡原则,确定对备用基础设施的要求,包括:
—— 与主中心的距离要求;
—— 场地和环境(如面积、温度、湿度、防火、电力和工作时间等)要求;
—— 运行维护和管理要求。

6.3.5 专业技术支持能力

组织应根据灾难恢复目标,按照成本风险平衡原则,确定灾难备份中心在软件、硬件和网络等方面的技术支持要求,包括技术支持的组织架构、各类技术支持人员的数量和素质等要求。

6.3.6 运行维护管理能力

组织应根据灾难恢复目标,按照成本风险平衡原则,确定灾难备份中心运行维护管理要求,包括运行维护管理组织架构、人员的数量和素质、运行维护管理制度等要求。

6.3.7 灾难恢复预案

组织应根据需求分析的结果,按照成本风险平衡原则,明确灾难恢复预案的:
—— 整体要求;
—— 制定过程的要求;
—— 教育、培训和演练要求;
—— 管理要求。

7 灾难恢复策略的实现

7.1 灾难备份系统技术方案的实现

7.1.1 技术方案的设计

根据灾难恢复策略制定相应的灾难备份系统技术方案,包含数据备份系统、备用数据处理系统和备用的网络系统。技术方案中所设计的系统,应:
—— 获得同主系统相当的安全保护;
—— 具有可扩展性;
—— 考虑其对主系统可用性和性能的影响。

7.1.2 技术方案的验证、确认和系统开发

为确保技术方案满足灾难恢复策略的要求,应由组织的相关部门对技术方案进行确认和验证,并记录和保存验证及确认的结果。

按照确认的灾难备份系统技术方案进行开发,实现所要求的数据备份系统、备用数据处理系统和备用网络系统。

7.1.3 系统安装和测试

按照经过确认的技术方案,灾难恢复规划实施组应制定各阶段的系统安装及测试计划,以及支持不同关键业务功能的系统安装及测试计划,并组织最终用户共同进行测试。

确认以下各项功能可正确实现：
　　——数据备份及数据恢复功能；
　　——在限定的时间内，利用备份数据正确恢复系统、应用软件及各类数据，并可正确恢复各项关键业务功能；
　　——客户端可与备用数据处理系统通信正常。

7.2　灾难备份中心的选择和建设

7.2.1　选址原则

选择或建设灾难备份中心时，应根据风险分析的结果，避免灾难备份中心与主中心同时遭受同类风险。灾难备份中心包括同城和异地两种类型，以规避不同影响范围的灾难风险。

灾难备份中心应具有数据备份和灾难恢复所需的通信、电力等资源，以及方便灾难恢复人员和设备到达的交通条件。

灾难备份中心应根据统筹规划、资源共享、平战结合的原则，合理地布局。

7.2.2　基础设施的要求

新建或选用灾难备份中心的基础设施时：
　　——计算机机房应符合有关国家标准的要求；
　　——工作辅助设施和生活设施应符合灾难恢复目标的要求。

7.3　专业技术支持能力的实现

组织应根据灾难恢复策略的要求，获取对灾难备份系统的专业技术支持能力。

灾难备份中心应建立相应的技术支持组织，定期对技术支持人员进行技能培训。

7.4　运行维护管理能力的实现

为了达到灾难恢复目标，灾难备份中心应建立各种操作规程和管理制度，用以保证：
　　——数据备份的及时性和有效性；
　　——备用数据处理系统和备用网络系统处于正常状态，并与主系统的参数保持一致；
　　——有效的应急响应、处理能力。

7.5　灾难恢复预案的实现

灾难恢复的每个等级均应按第8章的具体要求制定相应的灾难恢复预案，并进行落实和管理。

7.5.1　灾难恢复预案的制定

灾难恢复预案的制定应遵循以下原则：
　　——完整性：灾难恢复预案（以下称预案）应包含灾难恢复的整个过程，以及灾难恢复所需的尽可能全面的数据和资料；
　　——易用性：预案应运用易于理解语言和图表，并适合在紧急情况下使用；
　　——明确性：预案应采用清晰的结构，对资源进行清楚的描述，工作内容和步骤应具体，每项工作应有明确的责任人；
　　——有效性：预案应尽可能满足灾难发生时进行恢复的实际需要，并保持与实际系统和人员组织的同步更新；

——兼容性：灾难恢复预案应与其他应急预案体系有机结合。

在灾难恢复预案制定原则的指导下，其制定过程如下：

——起草：参照附录 B 灾难恢复预案框架，按照风险分析和业务影响分析所确定的灾难恢复内容，根据灾难恢复能力等级的要求，结合组织其他相关的应急预案，撰写出灾难恢复预案的初稿；

——评审：组织应对灾难恢复预案初稿的完整性、易用性、明确性、有效性和兼容性进行严格的评审。评审应有相应的流程保证；

——测试：应预先制定测试计划，在计划中说明测试的案例。测试应包含基本单元测试、关联测试和整体测试。测试的整个过程应有详细的记录，并形成测试报告；

——完善：根据评审和测试结果，纠正在初稿评审过程和测试中发现的问题和缺陷，形成预案的审批稿；

——审核和批准：由灾难恢复领导小组对审批稿进行审核和批准，确定为预案的执行稿。

7.5.2 灾难恢复预案的教育、培训和演练

为了使相关人员了解信息系统灾难恢复的目标和流程，熟悉灾难恢复的操作规程，组织应按以下要求，组织灾难恢复预案的教育、培训和演练：

——在灾难恢复规划的初期就应开始灾难恢复观念的宣传教育工作；

——预先对培训需求进行评估，包括培训的频次和范围，开发和落实相应的培训/教育课程，保证课程内容与预案的要求相一致，事后保留培训的记录；

——预先制定演练计划，在计划中说明演练的场景；

——演练的整个过程应有详细的记录，并形成报告；

——每年应至少完成一次有最终用户参与的完整演练。

7.5.3 灾难恢复预案的管理

经过审核和批准的灾难恢复预案，应按照以下原则进行保存和分发：

——由专人负责；

——具有多份复制在不同的地点保存；

——分发给参与灾难恢复工作的所有人员；

——在每次修订后所有复制统一更新，并保留一套，以备查阅；

——旧版本应按有关规定销毁。

为了保证灾难恢复预案的有效性，应从以下方面对灾难恢复预案进行严格的维护和变更管理：

——业务流程的变化、信息系统的变更、人员的变更都应在灾难恢复预案中及时反映；

——预案在测试、演练和灾难发生后实际执行时，其过程均应有详细的记录，并应对测试、演练和执行的效果进行评估，同时对预案进行相应的修订；

——灾难恢复预案应定期评审和修订，至少每年一次。

附录 A
（规范性附录）
灾难恢复能力等级划分

A.1 第 1 级基本支持

第 1 级灾难恢复能力应具有技术和管理支持如表 A.1 所列。

表 A.1 第 1 级——基本支持

要 素	要 求
数据备份系统	a）完全数据备份至少每周一次； b）备份介质场外存放
备用数据处理系统	—
备用网络系统	—
备用基础设施	有符合介质存放条件的场地
专业技术支持能力	—
运行维护管理能力	a）有介质存取、验证和转储管理制度； b）按介质特性对备份数据进行定期的有效性验证
灾难恢复预案	有相应的经过完整测试和演练的灾难恢复预案
注："—"表示不作要求	

A.2 第 2 级备用场地支持

第 2 级灾难恢复能力应具有技术和管理支持如表 A.2 所列。

表 A.2 第 2 级——备用场地支持

要 素	要 求
数据备份系统	a）完全数据备份至少每周一次； b）备份介质场外存放
备用数据处理系统	配备灾难恢复所需的部分数据处理设备，或灾难发生后能在预定时间内调配所需的数据处理设备到备用场地
备用网络系统	配备部分通信线路和相应的网络设备，或灾难发生后能在预定时间内调配所需的通信线路和网络设备到备用场地
备用基础设施	a）有符合介质存放条件的场地； b）有满足信息系统和关键业务功能恢复运作要求的场地
专业技术支持能力	—

(续)

要素	要求
运行维护管理能力	a) 有介质存取、验证和转储管理制度； b) 按介质特性对备份数据进行定期的有效性验证； c) 有备用站点管理制度； d) 与相关厂商有符合灾难恢复时间要求的紧急供货协议； e) 与相关运营商有符合灾难恢复时间要求的备用通信线路协议
灾难恢复预案	有相应的经过完整测试和演练的灾难恢复预案
注："—"表示不作要求	

A.3 第3级 电子传输和部分设备支持

第3级灾难恢复能力应具有技术和管理支持如表 A.3 所列。

表 A.3 第3级——电子传输和部分设备支持

要素	要求
数据备份系统	a) 完全数据备份至少每天一次； b) 备份介质场外存放； c) 每天多次利用通信网络将关键数据定时批量传送至备用场地
备用数据处理系统	配备灾难恢复所需的全部数据处理设备，并处于就绪状态或运行状态
备用网络系统	a) 配备灾难恢复所需的通信线路； b) 配备灾难恢复所需的网络设备，并处于就绪状态
备用基础设施	a) 有符合介质存放条件的场地； b) 有符合备用数据处理系统和备用网络设备运行要求的场地； c) 有满足关键业务功能恢复运作要求的场地； d) 以上场地应保持7×24h 运作
专业技术支持能力	在灾难备份中心有： a) 7×24h 专职计算机机房管理人员； b) 专职数据备份技术支持人员； c) 专职硬件、网络技术支持人员
运行维护管理能力	a) 有介质存取、验证和转储管理制度； b) 按介质特性对备份数据进行定期的有效性验证； c) 有备用计算机机房运行管理制度； d) 有硬件和网络运行管理制度； e) 有电子传输数据备份系统运行管理制度
灾难恢复预案	有相应的经过完整测试和演练的灾难恢复预案

A.4 第4级 电子传输及完整设备支持

第4级灾难恢复能力应具有技术和管理支持如表 A.4 所列。

表 A.4 第 4 级——电子传输及完整设备支持

要　素	要　求
数据备份系统	a) 完全数据备份至少每天一次； b) 备份介质场外存放； c) 每天多次利用通信网络将关键数据定时批量传送至备用场地
备用数据处理系统	配备灾难恢复所需的全部数据处理设备，并处于就绪或运行状态
备用网络系统	a) 配备灾难恢复所需的通信线路； b) 配备灾难恢复所需的网络设备，并处于就绪状态
备用基础设施	a) 有符合介质存放条件的场地； b) 有符合备用数据处理系统和备用网络设备运行要求的场地； c) 有满足关键业务功能恢复运作要求的场地； d) 以上场地应保持7×24小时运作
专业技术支持能力	在灾难备份中心有： a) 7×24h专职计算机机房管理人员； b) 专职数据备份技术支持人员； c) 专职硬件、网络技术支持人员
运行维护管理能力	a) 有介质存取、验证和转储管理制度； b) 按介质特性对备份数据进行定期的有效性验证； c) 有备用计算机机房运行管理制度； d) 有硬件和网络运行管理制度； e) 有电子传输数据备份系统运行管理制度
灾难恢复预案	有相应的经过完整测试和演练的灾难恢复预案

A.5 第5级实时数据传输及完整设备支持

第五级灾难恢复能力应具有技术和管理支持如表 A.5 所列。

表 A.5 第 5 级——实时数据传输及完整设备支持

要　素	要　求
数据备份系统	a) 完全数据备份至少每天一次； b) 备份介质场外存放； c) 采用远程数据复制技术，并利用通信网络将关键数据实时复制到备用场地
备用数据处理系统	配备灾难恢复所需的全部数据处理设备，并处于就绪或运行状态
备用网络系统	a) 配备灾难恢复所需的通信线路； b) 配备灾难恢复所需的网络设备，并处于就绪状态； c) 具备通信网络自动或集中切换能力
备用基础设施	a) 有符合介质存放条件的场地； b) 有符合备用数据处理系统和备用网络设备运行要求的场地； c) 有满足关键业务功能恢复运作要求的场地； d) 以上场地应保持7×24小时运作

(续)

要素	要求
专业技术支持能力	在灾难备份中心 7×24 小时有专职的： a) 计算机机房管理人员； b) 数据备份技术支持人员； c) 硬件、网络技术支持人员
运行维护管理能力	a) 有介质存取、验证和转储管理制度； b) 按介质特性对备份数据进行定期的有效性验证； c) 有备用计算机机房运行管理制度； d) 有硬件和网络运行管理制度； e) 有实时数据备份系统运行管理制度
灾难恢复预案	有相应的经过完整测试和演练的灾难恢复预案

A.6 第 6 级 数据零丢失和远程集群支持

第六级灾难恢复能力应具有技术和管理支持如表 A.6 所列。

表 A.6 第 6 级——数据零丢失和远程集群支持

要素	要求
数据备份系统	a) 完全数据备份至少每天一次； b) 备份介质场外存放； c) 远程实时备份，实现数据零丢失
备用数据处理系统	a) 备用数据处理系统具备与生产数据处理系统一致的处理能力并完全兼容； b) 应用软件是"集群的"，可实时无缝切换； c) 具备远程集群系统的实时监控和自动切换能力
备用网络系统	a) 配备与主系统相同等级的通信线路和网络设备； b) 备用网络处于运行状态； c) 最终用户可通过网络同时接入主、备中心
备用基础设施	a) 有符合介质存放条件的场地； b) 有符合备用数据处理系统和备用网络设备运行要求的场地； c) 有满足关键业务功能恢复运作要求的场地； a) 以上场地应保持 7×24 小时运作
专业技术支持能力	在灾难备份中心 7×24 小时有专职的： a) 计算机机房管理人员； b) 专职数据备份技术支持人员； c) 专职硬件、网络技术支持人员； d) 专职操作系统、数据库和应用软件技术支持人员
运行维护管理能力	a) 有介质存取、验证和转储管理制度； b) 按介质特性对备份数据进行定期的有效性验证； c) 有备用计算机机房运行管理制度； d) 有硬件和网络运行管理制度； e) 有实时数据备份系统运行管理制度
灾难恢复预案	有相应的经过完整测试和演练的灾难恢复预案

A.7 灾难恢复能力等级评定原则
如要达到某个灾难恢复能力等级,应同时满足该等级中7个要素的相应要求。

A.8 灾难备份中心的等级
灾难备份中心的等级等于其可支持的灾难恢复最高等级。
示例:可支持1至5级的灾难备份中心的级别为5级。

附录 B
(资料性附录)
灾难恢复预案框架

B.1 目标和范围
定义灾难恢复预案中的相关术语和方法论,并说明灾难恢复的目标,如恢复时间目标(RTO)和恢复点目标(RPO)。说明预案的作用范围,解决哪些问题,不解决哪些问题。

B.2 组织和职责
描述灾难恢复组织的组成、各个岗位的职责和人员名单。灾难恢复组织应包括应急响应组、灾难恢复组等。

B.3 联络与通讯
列出灾难恢复相关人员和组织的联络表。包含灾难恢复团队、运营商、厂商、主管部门、媒体、员工家属等。联络方式包括固定电话、移动电话、对讲机、电子邮件和住址等。

B.4 突发事件响应流程

B.4.1 事件通告
任何人员在发现信息系统相关突发事件发生或即将发生时,应按预定的流程报告相关人员,并由相关人员进行初步判断、通知和处置。

B.4.2 人员疏散
提供指定的集合地点和替代的集合地点,还包括通知人员撤离的办法,撤离的组织和步骤等。

B.4.3 损害评估
在突发事件发生后,应由应急响应组的损害评估人员,确定事态的严重程度。由灾难恢复责任人召集相应的专业人员对突发事件进行慎重评估,确认突发事件对信息系统造成的影响程度,确定下一步要采取的行动。一旦系统的影响被确定,应将最新信息按照预定的通告流程通知给相应的团队。

B.4.4 灾难宣告
应预先制定灾难恢复预案启动的条件。当损害评估的结果达到一项或多项启动条件时,组织将正式发出灾难宣告,宣布启动灾难恢复预案,并根据宣告流程通知各有关部门。

B.5 恢复及重续运行流程

B.5.1 恢复
按照业务影响分析中确定的优先顺序,在灾难备份中心恢复支持关键业务功能的数据、数据处理系统和网络系统。描述时间、地点、人员、设备和每一步的详细操作步骤,同时还包括特定情况发生时各团队之间进行协调的指令,以及异常处理流程。

B.5.2 重续运行

灾难备份中心的系统替代主系统,支持关键业务功能的提供。这一阶段包含主系统运行管理所涉及的主要工作,包含重续运行的所有操作流程和规章制度。

B.6 灾后重建和回退

最后阶段是主中心的重建工作,中止灾难备份系统的运行,回退到组织的主系统。

B.7 预案的保障条件

预案的保障条件如下:
——专业技术保障;
——通信保障;
——后勤保障。

B.8 预案附录

预案的附录如下:
——人员疏散计划;
——产品说明书;
——信息系统标准操作流程;
——服务级别协议和备忘录;
——资源清单;
——业务影响分析报告;
——预案的保存和分发办法。

附录 C
(资料性附录)
某行业 RTO/RPO 与灾难恢复能力等级的关系示例

C.1 RTO/RPO 与灾难恢复能力等级的关系

表 C.1 说明信息系统灾难恢复各等级对应的 RTO/RPO 范围。

表 C.1 RTO/RPO 与灾难恢复能力等级的关系

灾难恢复能力等级	RTO	RPO
1	2 天以上	1 天至 7 天
2	24 小时以上	1 天至 7 天
3	12 小时以上	数小时至 1 天
4	数小时至 2 天	数小时至 1 天
5	数分钟至 2 天	0 至 30 分钟
6	数分钟	0

参 考 文 献

[1] 中国信息安全测评中心. 信息系统灾难恢复基础[M]. 北京:航空工业出版社,2009.
[2] 刘建毅,李欣一. 信息系统灾难恢复与能力评估[M]. 北京:北京邮电大学出版社,2017.
[3] 林康平,孙杨. 数据存储技术[M]. 北京:人民邮电出版社,2017.
[4] 周建峰,张宏,许少红. 数据存储、恢复与安全应用实践[M]. 北京:中国铁道出版社,2015.
[5] 王改性,师鸣若. 数据存储备份与灾难恢复[M]. 北京:电子工业出版社,2009.
[6] 吴晨涛. 信息存储与IT管理[M]. 北京:人民邮电出版社,2015.
[7] 郭果. 数据恢复技术基础实验指导[M]. 北京:科学出版社,2014.

作业题参考答案

第一章

一、选择题
1. ABCD 2. ABC 3. ABCD 4. ABC

二、填空题
1. 软件资源、计算资源、网络资源、存储资源
2. 硬件底层驱动程序、操作系统、数据库、应用软件
3. 存储层、服务器层、核心层、外部接入层
4. 内部存储、外部存储
5. 数据级、系统级、应用级

三、简答题
简答题内容可以在教材中找到，限于版面，请读者自行到书中查阅，以下章节同。

第二章

一、选择题
1. ABCD 2. ABCD 3. ABC 4. A 5. B 6. C 7. ABC 8. C 9. BC
10. BC 11. AC 12. A 13. D 14. B 15. C 16. A 17. A 18. BD 19. CD
20. C 21. A 22. D 23. C 24. D 25. BCD 26. D 27. B 28. A 29. D 30. D

二、填空题
1. 高速缓冲存储器、主存储器、辅助存储器三级
2. 文件系统
3. 簇
4. 磁道、扇区、柱面
5. 柱面
6. 手动、自动
7. 盘片、磁头、盘片主轴、控制电机
8. IDE、SATA、SCSI、SAS、FC
9. 软件 RAID、硬件 RAID
10. 基于文件系统式的、基于子系统式、基于卷管理器
11. 写时复制快照技术、重定向写快照技术
12. 预复制、重构、重构

13. SSD、SAS、SATA、NL-SAS

14. 检验盘单点故障

第三章

一、选择题

1. AC 2. B 3. ABD 4. ACD 5. ABCD 6. ABC 7. ABC 8. ABC 9. ACD 10. ABC 11. ABC

二、填空题

1. 16、126

2. SCSI 线缆、光纤通道

3. 统一型 NAS、网关型 NAS

4. NAS 内嵌操作系统、文件共享协议、网络互连协议

5. FC-SAN、IP-SAN

6. FC 通道、TCP 协议

7. 服务器、网络基础设施、存储

8. 单交换组网、双交换组网

9. 存储层、基础管理层、应用接口层、访问层

10. 公有云、私有云、混合云

11. 数据访问、共享

12. NFS、CIFS

第四章

一、选择题

1. B 2. D 3. ABCD 4. B 5. C 6. D 7. C 8. ABC

二、填空题

1. 数据恢复技术

2. 软件级恢复、物理级恢复

3. 病毒感染

4. winhex

5. DisGen

6. FAT32、NTFS

7. 判定故障、制作数据镜像、分析故障源、选择修复手段、扫描修复、导出结果

第五章

一、选择题

1. D 2. ABCD 3. BCD 4. ABCD 5. CD 6. ABCD 7. D 8. C 9. A

10. B 11. C 12. D 13. B

二、填空题

1. 备份管理

2. 生产中心

3. 系统故障、事务故障、介质故障

4. 恢复

5. 备用数据处理系统、备用网络系统

6. DAS-Base 结构、LAN-Base 结构、LAN-Free 架构、Server-Free 结构

7. SAN、局域网

8. 离线数据

第六章

一、选择题

1. A 2. B 3. ABCD 4. ABCD 5. ACD 6. AC 7. ABC 8. ABC 9. B 10. B 11. C 12. BD

二、填空题

1. 业务连续性、总成本

2. 基于知识的分析方法、基于模型的分析方法、定量分析方法、定性分析方法

3. 技术脆弱性、管理脆弱性

4. 直接经济损失、间接经济损失、负面影响损失

5. 人为因素、环境因素

6. 业务系统情况、业务中断影响/损失

7. 业务系统之间的关联性、业务数据重要性

8. 业务功能影响分析、业务功能恢复条件、业务功能分类

9. 灾难备份系统、支持维护体系、灾难恢复管理制度

10. RTO(恢复时间目标)、RPO(恢复点目标)

11. 分析评估、构架设计、开发实施、启动管理、持续维护

12. 策略性、风险性、科学系、适合性、便捷性

13. 桌面演练、模拟演练、实战演练、系统级演练、应用级演练、业务级演练、计划内的演练、计划外的演练